浙江省城市盾构隧道安全建造与智能养护重点实验室

SOFT SOIL ELECTROOSMOTIC
COMPOSITE TECHNOLOGY

软土电渗复合技术

崔允亮　齐昌广 ◎ 著

ZHEJIANG UNIVERSITY PRESS
浙江大学出版社
·杭州·

图书在版编目(CIP)数据

软土电渗复合技术/崔允亮，齐昌广著．—杭州：浙江大学出版社，2023.8

ISBN 978-7-308-24093-2

Ⅰ.①软… Ⅱ.①崔… ②齐… Ⅲ.①软土地基一电渗透一复合技术 Ⅳ.①TU471

中国国家版本馆 CIP 数据核字(2023)第 150648 号

软土电渗复合技术

崔允亮　齐昌广　**著**

责任编辑　金佩雯　蔡晓欢
责任校对　潘晶晶
封面设计　浙信文化
出版发行　浙江大学出版社
（杭州市天目山路 148 号　邮政编码 310007）
（网址：http://www.zjupress.com）
排　　版　杭州星云光电图文制作有限公司
印　　刷　杭州高腾印务有限公司
开　　本　710mm×1000mm　1/16
印　　张　15.75
字　　数　300 千
版 印 次　2023 年 8 月第 1 版　2023 年 8 月第 1 次印刷
书　　号　ISBN 978-7-308-24093-2
定　　价　80.00 元

前　言

随着经济的迅速发展，基础设施建设和环境保护中的软土处理问题成为研究热点。一方面，原状淤泥质软土地基或吹填软土地基具有含水率大、压缩性高、渗透性差、抗剪强度低等不良工程特性，使得在这些地区进行工程建设前，必须首先对软土地基进行有效的处理。另一方面，淤泥脱水处理困难，随着河流、湖泊清淤逐步成为常态，产生的大量废弃淤泥也急需一种高效的处理方式。为满足工期紧张的工程建设和日趋严格的环保要求，电渗复合真空预压和电渗复合地基技术成为研究的关注点。目前，电渗复合真空预压技术存在加固不均匀、能耗高等缺点，电渗复合地基技术尚处在起步阶段，需要进行大量的工作对该技术的可行性、处理效果和工作机理进行深入研究。基于此，本书围绕软土电渗复合技术研究的不足，在国家自然科学基金项目“电渗增强桩加固软土地基机理与承载特性研究（51508507）”，浙江省自然科学基金项目“电渗提高预制桩承载力机理与计算方法研究（LQ16E080007）”“电渗复合地基法处治软基的加固机理研究（LY21E080007）”，浙江省交通厅科研计划项目“电渗联合真空预压加固滩涂软基技术研究（2017004）”，浙江省教育厅科研计划项目“电渗联合预制桩处理软土地基机理与计算方法研究（Y201533738）”等的资助下，开发了一系列电渗复合真空预压技术用于加固软土地基和处理废弃淤泥，还开发了一系列电渗复合地基技术用于加固软土地基。我们对软土的电运动学参数和絮凝处理后的电动特性进行了深入研究，研究了无机絮凝剂、有机絮凝剂和复合絮凝剂联合电渗真空预压处理废弃淤泥的机理；进行了电渗真空预压处理软土地基的室内试验，验证了该方法处理淤泥和地基的可行性，进行了电渗单桩复合地基和电渗群桩复合地基的模型试验，验证了电渗复合地基技术的可行性；基于上述试验分别提出了电渗真空预压和电渗复合地基的成套设计方法，建立了利用有限元软件进行电渗复合技术的数值分析的方法，为电渗复合技术的现场应用提供了设计分析方法；依托实际工程，介绍了两个电渗复合技术的实施案例，为现场应用提供参考。

本书是围绕电渗复合技术目前存在的问题及不足而给出具体解决方式的一个

深度总结，旨在帮助相关从业者了解软土电渗复合处理技术可行的应用方案，为进一步推广应用电渗复合技术提供一定参考。本书共 10 章，主要包括：绪论、电渗复合真空预压技术开发、电渗复合地基技术开发、土体电动参数试验分析、电渗复合真空预压处理疏浚淤泥试验、电渗复合真空预压处理软土地基试验、电渗复合地基技术处理软土地基试验、电渗复合技术设计方法、电渗复合技术数值分析方法、电渗复合技术现场实施例。

本书的分工如下：第七章和第 8.3 节由齐昌广撰写，其他章节由崔允亮撰写。

本书的撰写得到了多位老师和同行指导、建议和帮助，在此表示衷心的感谢！特别感谢导师刘汉龙教授对我的博士论文的指导，这是我完成本书的重要基础。另外感谢项鹏飞、王粱志、张兵兵在攻读硕士期间为本书做出的重要贡献，感谢齐昌广副教授与我共同撰写本书。同时，对配合本研究的相关工程技术人员和合作单位一并表示衷心的感谢。

本书引用了大量的参考文献，包括各类学术期刊和专著，但难免会有疏漏之处，在此敬请谅解和表示感谢！由于作者水平、能力及可获得的资料有限，书中难免存在不妥之处，敬请各位专家、同行和读者批评指正。

崔允亮

2023 年 3 月于杭州

目　录

第1章 绪 论

1.1 引 言

改革开放以来，我国经济发展取得了巨大的进步，尤其是东部沿海地区经济发展迅速，目前正在进行大规模的工程建设。而在东部沿海地区广泛分布着大量软土。这些软土土体具有含水率高、压缩性高、孔隙比大、渗透性差、灵敏度高、抗剪强度低等特点。因此，在工程建设前，必须对这些软土地基（软基）进行有效的处理，如图 1.1 所示。

图 1.1 软土地基处理

随着沿海发达城市的土地资源日趋紧张，各地政府纷纷将目标投向沿海的滩涂地区。随着吹填技术的不断成熟，吹填造陆成为沿海地区增加土地面积的一种重要方式。然而，经吹填形成的地基土的工程特性差，固结度较低，工后沉降量较大，相较于天然软土地基而言承载力更低，十分不利于工程建设，而且处理难度更大。

除此之外，在“碳中和”的大背景下，社会各界越来越关注环境保护。而淤泥是软土的一种，除了具有软土本身的特点外[1-2]，其成分复杂，通常含有有机质、生活垃圾及有害病原体，有些甚至含有重金属。淤泥主要存在于河道中，是由于雨水冲刷土体表面，土颗粒随水流入河道，并在重力作用下逐渐沉淀于河道底部，再和落叶、树枝等发酵形成的有机质混合而形成的土体。淤泥会随着时间的推移逐渐在河道堆积，影响河道航运和水体质量，降低河道的储水能力，易导致洪涝和干旱。因此，政府部门每年都会组织清理河道淤泥（如图 1.2 所示），对每条河道实施轮换清理，轮换清理时间间隔 3～5 年。因此每年会产生大量河道淤泥。疏浚产生的淤泥如果处理不当，依然会对环境和社会造成负担。这使得淤泥处理形势逐渐严峻。

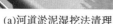

(a)河道淤泥湿挖法清理　　(b)河道淤泥干挖法清理

图 1.2　河道淤泥清理方法

过去疏浚淤泥直接采取掩埋或堆放处理。这种处理方式占用了大量土地资源，并且淤泥中可能含有重金属、烃类等污染物[3]，会造成二次污染。目前在淤泥处理领域，常用的方法是机械脱水，如图 1.3 所示，但是这种方法也存在诸多弊端。首先，机械脱水后的淤泥含水率还是较高，达到了 85%左右，减容效果有限。其次，机械脱水对存在污染物的淤泥的处理能力有限，无法去除其中的重金属。最后，机械每天处理的淤泥量有限，如果面对大规模的淤泥，无法在短时间内处理完毕，并且机械在长时间使用后容易出现很多问题，需要人工维护。

基于上述工程背景，本书利用 21 世纪以来各个学科之间相互交叉融合而提出的一种土力学和电学相互结合的新型软土加固方法——电渗复合技术，来解决软土加固的实际问题。本书重点介绍了电渗复合真空预压技术和电渗复合地基技术，特别关注了电渗复合技术的理论、参数、分析及设计方法，并且用试验和现场案例证明了该技术的可行性。

(a)带式压滤机

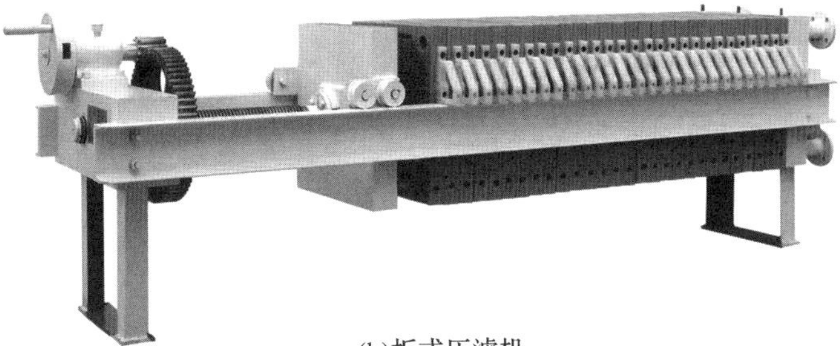

(b)板式压滤机

图 1.3 机械脱水设备

1.2 电渗技术原理

在岩土工程的研究范畴中，电渗法主要应用于软土地基处理和污染土电动修复两大领域。以下主要对软土加固方面的电渗技术原理进行介绍。

1.2.1 电渗复合真空预压原理

(1)电渗原理

自发现电渗现象至今已有200多年的时间。与地基处理相关的教材、专著大多将电渗法放在排水固结法的章节下进行介绍，这主要是从宏观方面考虑到了电渗法在地基处理中的作用。土中的水分为结合水和自由水，结合水又分为强结合水和弱结合水。传统的地基处理方法如堆载预压法和真空预压法能排出土体中的自由水，但不能排出土体中的结合水。在土体中施加电场，破坏了原有的土颗粒与水之间的静电平衡，使弱结合水脱离土颗粒，从阳极向阴极移动并通过阴极的排水通道排出土体，这就是电渗。在电场作用下，与电渗同时发生的阴离子向阳极移动的现象被称为电泳。除此之外,还存在着离子迁移和电解反应。如式(1-1)、(1-2)和图 1.4[4] 所示。

电解反应(M 为金属):

阳极处:$M-ne^{-}=M^{n+}$,$2H_2O-4e^{-}\rightarrow 4H^{+}+O_2\uparrow$ (1-1)

阴极处:$M^{n+}+nOH^{-}=M(OH)_n$,$2H_2O+2e^{-}\rightarrow 2OH^{-}+H_2\uparrow$ (1-2)

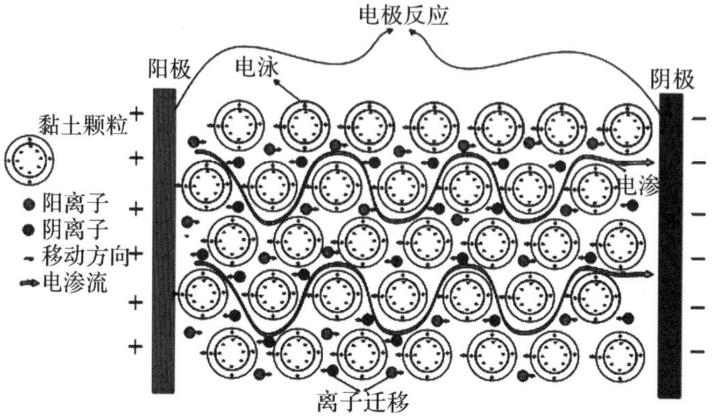

图 1.4 电动学现象(电渗、电泳、离子迁移、电极反应)

(2)电渗加固原理

①通过排水固结。

②在土中阴极附近的碱性环境下,溶液中的自由 Ca^{2+} 离子与 OH^{-} 离子发生了火山灰反应,生成的水化硅酸钙和水化铝酸钙使得土体的承载力大幅提升。反应方程式如下:

$$Ca^{2+}+2OH^{-}+SiO_2\rightarrow CSH \quad (1\text{-}3)$$

$$Ca^{2+}+2OH^{-}+Al_2O_3\rightarrow CAH \quad (1\text{-}4)$$

(3)真空预压原理及与电渗复合原理

真空预压法是将要处理的软土置于密封环境中,插上排水板,再将密封装置内部抽真空,此时软土将在大气压的作用下从排水板处排水,逐渐开始脱水固结。电渗复合真空预压原理主要来自协同作用,如图 1.5 所示。电渗过程存在电解反应,电极两侧易产生气体,使得电极脱空,并且电渗加固土体容易产生裂缝,从而降低电渗效率。真空预压法后期淤堵效应严重,渗透系数低。而两者复合使用后,真空负压可抽走电渗气体并愈合裂缝,电渗可提高真空预压后期渗透系数。

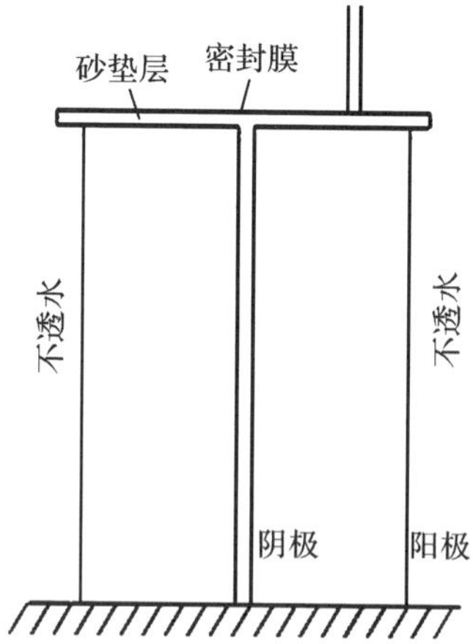

图 1.5 电渗复合真空预压原理

1.2.2 电渗复合地基原理

电渗复合地基是在桩体周围设置导电高分子材料作为电极，其既可作为阳极用于电渗固结，又可作为阴极用于电渗辅助打设桩体施工。在桩间土中打设导电塑料排水板作为阴极，可以同时将真空泵连接到导电塑排板上，提高导电塑排板的排水能力，并在电路中设置直流电源、电压表、电流表和开关。土体的电阻率可采用四极法进行测量。然后接通直流电源。为了保证人身安全，当电路中电流超过 3.6mA 时，电源会自动断电。在电场的作用下，土体中的阴离子向阳极桩体移动，而吸附在土颗粒表面的阳离子则拖拽水分子逐渐向导电塑料排水板移动，并在阴极和阳极处分别形成氢氧化物和胶结物质，进而提高桩侧摩阻力和桩间土体的强度，故可提高复合地基的承载力特征值，达到软土地基沉降控制的目的。这也是电渗复合地基法的原理所在，如图 1.6 所示。

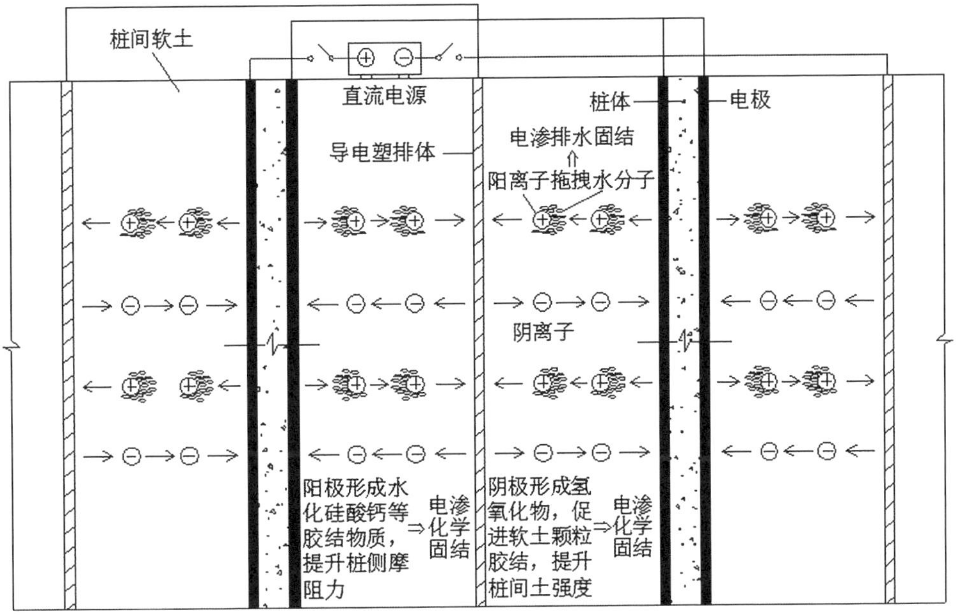

图 1.6 电渗复合地基原理

1.3 电渗法研究进展

1.3.1 电动特性研究

(1)电导率

土壤电导率的初期理论研究主要根据颗粒导电和颗粒不导电两种假设，建立了不同的电导率或电阻率模型。Archie[5]认为颗粒不导电，提出饱和纯净砂土电导率模型，在该模型中，土体电导率与孔隙水电导率存在线性关系。Waxman[6]认为颗粒导电，提出黏土的电阻率模型，在该模型中，土体和水成为两个并联电阻。以上电导率理论很好地解释了土中的导电机理，然而却不实用。为此，需要通过试验建立电导率和影响因素之间的经验公式，以便完善理论公式的不足之处。特别是在工程实践和数值模拟中，根据得到的电导率经验公式，可以调整一些影响参数，提高工程实践中的泥浆处理效率或研究对数值模拟中孔压、电势和沉降结果的影响。Abu-Hassanein[7]通过试验证明了电阻率与液限塑限、颗粒级配、水力渗透系数等土的物理力学性质指标间存在相关性，并且指出要考虑这些参数的变化。刘国华等[8]用改进的 Miller Soil Box(米勒土壤箱)装置进行正交试验测定不同影响因素对电阻率的影响的主次关系：含水率＞孔隙水的导电性＞饱和度＞土的种类，并建立了基于推广阿尔奇公式的黏土电阻率模型，将其应用到了实际工程。查甫生等[9]建立了非饱和黏性土的电阻率结构模型，也探讨了土电阻率的影响因素的主次关系，并通过试验揭示了该种土的电阻率特性。储旭等[10]在压力和温度相同的情况下，用 Miller Soil Box 装置测定了 3 种土样的电阻率，分析了含水率和电势梯度与土体电阻率之间的关系，并拟合出了电阻率的计算公式。李瑛等[11]在用 Miller Soil Box 装置测定含水率、温度和孔隙水含盐量对软黏土电导率影响的同时，分析了电渗过程中导电机制的变化。储亚等[12]根据膨胀土吸水膨胀过程会改变土体物理力学性质，从而改变电阻率这一特点，通过电阻率相关指标对膨胀土的膨胀特性进行预测。吴辉等[13]根据吴伟令[14]的高岭土的电导率与孔隙之间的经验公式，建立了考虑电导率变化的数值模型，得到的考虑电导率变化的数值模型与实际试验结果更为接近。

(2)电渗透系数

电渗透系数(k_e)是单位电势梯度下的渗流水的流速，表征流体在电场作用下通过孔隙骨架的难易程度。k_e 的理论模型推导参照了水力渗透系数的理论模型，均是先假设和分析得到流速方程，再对比耦合流动线性方程，最后得到 k_e 的理论表达式。k_e 的理论表达式主要有 Helmholtz-Smoluchowski 和 Schimid 两种典型的理论表达式[15-16]，均很好地反映了 k_e 的影响因素。此后，诸多学者研究了 k_e 的影响因素，以期改变主要影响因素，从而提高电渗效率。Win 等[17]用自制的电渗固结仪研究了新加坡海相黏土的 k_e 特性，新加坡海相黏土的 k_e 为 $10^{-8}\sim10^{-9}\,m^2\cdot(s\cdot V)^{-1}$。Xie 等[18]研究了饱和度下降导致的 k_e 变化，并得到了非饱和土渗透率和相对电渗透率之间的拟合公式。Zhou 等[19]先对有效电渗系数和总电渗系数进行了区分，再用试验揭示了内部因素（初始含水量、电解质类型、盐含量和腐殖质含量）和外部因素（电势梯度、电极材料和电极间距）对有效电渗系数和总电渗系数的影响。吴建奇等[20]研究了 3 种同价位不同半径的离子对电化学法加固软土地基效果的影响，得出阳离子注入会使 k_e 有所提高的结论。周亚东等[21]通过自制试验装置测量了不同孔隙比土的 k_e，得出了 k_e 与孔隙比之间存在线性关系的结论，并拟合出了两者线性关系的经验公式。

而对于絮凝剂是否影响 k_e，一些学者也展开了研究。Lockhart[22]认为离子型絮凝剂可以明显改善沉淀和排水的速度，进而提高 k_e，其方式与盐类相同。Reddy 等[23]往淤泥中分别混入聚丙烯酰胺（PAM）和聚丙烯酸（PAA），发现在相同电势梯度下，PAM 和 PAA 浓度不同，k_e 会随之增加或减少。胡平川[24]用化学注浆的方式将絮凝剂 PAA、PAM 注入待处理的土中，结果发现 k_e 并未提高，而整体能耗有降低。Reddy 等[23]与胡平川[24]的结论相差比较大，主要是因为两者加入絮凝剂的方式不同：前者采用整体混合，主要从絮凝的角度出发，絮凝剂和淤泥混合均匀才能充分发挥絮凝的效果，进而增加排水量，提高 k_e；后者采用局部注浆，从减少界面电阻的角度出发，加入的絮凝剂未发挥絮凝作用，只是降低界面电阻，减少能耗，排水量的提高有限，k_e 也就几乎不改变。

1.3.2 试验研究

1807 年，Ruess[25]在 U 形容器中对土体两端施加电压，一段时间后发现阳极处的水位持续下降，阴极处的水位持续上升，说明土体中的孔隙水由阳极向阴极移动，把电源断开后，阳极和阴极之间的水位差不再增大，这是人类第一次发现电渗现象。

Casagrande[26]在一个圆柱体容器中进行竖向一维电渗试验。他将圆柱体顶部设置为阳极、底部设置为阴极，在试验过程中测量土体的含水率、抗剪强度、酸碱度等指标。分析试验数据可得，电渗可以大大降低土体的含水率，提高土体的抗剪强度，土体的液限和塑限都得到了提高。

Lockhart[22]设计了与 Casagrande[26]相似的电渗试验装置，开展一维电渗试验，研究了土体的种类、含盐量、电压、pH 以及电极材料对电渗排水效果的影响。

Lo 等[27]开展堆载电渗复合模型试验，在试验过程中实时测量土体的孔隙水压力变化和电势变化。试验结果表明，土体的电阻在两极附近较大，中间部位较小。试验过程中孔隙水压力的变化与理论解析解结果比较吻合。

Micic 等[28]设计了一个大小为 25.4mm×30.6mm×11.9mm 的模型槽，在模型槽上部能施加竖向荷载。他们在荷载作用下，分别在不同电势梯度和间歇通电的情况下进行多次试验，试验结果表明，模型槽内部土体在外荷载作用下能明显加快电渗排水速率，间歇通电在很大程度上能够减少电极腐蚀，同时显著提高电渗效率。

20 世纪 50 年代，我国专家汪闻韶最早对电渗法开展各种研究，为国内专家学者研究电渗法奠定了坚实的基础[29]。

曾国熙和高有潮[30]在一个 300mm×300mm×150mm 的模型试验箱中进行一维电渗试验，阳极、阴极分别采用直径为 12mm 的铝管、直径为 10mm 的铜管，并使用该装置进行了多次试验，研究了在不同电势梯度、不同通电时间和间歇性通电的条件下土体在电渗过程中排水量、电流、抗压强度等数据的变化规律，其试验结论为后续的模型试验研究提供重要指导。

李瑛等[31-32]设计了一种 200mm×100mm×10mm 的长方体试验装置，对杭州地区的软土进行了水平一维电渗试验，从排水量、含水量、接触电阻、电渗能耗等方面研究了电源电压和土体含盐量对电渗效果的影响。试验结果表明，土体含盐量对电渗的效果具有较为明显的影响，而且存在土体的电渗最优含盐量。对杭州软土来说：土体的含盐量约为 0.3%时最适合电渗；电源电压大小对电渗排水效果的影响很显著，电源电压与电渗排水量成正相关，但是，过高的电源电压也会造成较大的电渗能耗。

龚晓南等[33-34]开展了多种条件下二维轴对称电渗固结试验，通过分析电渗前后土体的固结性状变化得出，土体初始含水量和电压越高，电渗排水效果越好。

陈雄峰等[35]对太湖疏浚底泥进行电渗法脱水试验研究，通过对比电极排形布置和环形布置发现，电极排形布置比环形布置排出疏浚底泥的水更多。原因是在电场作用下，电极环形布置中底泥的水产生自上而下的电渗流，使底泥中的水流距离变长；而电极排形布置中，等电势线与阴阳电极平行，底泥中的水由阳极直接向阴极流动，水流距离相对较短，因此，电极排形布置对底泥的脱水效果更好。

李一雯等[36]在控制电渗时间相同、电压相同、处理面积相同的条件下，进行不同电极排列方式的电渗排水试验，电极排列方式分别为梅花形排列、长方形排列和错位排列。试验结果表明，电极错位排列的排水能力最好，梅花形排列的电流降低最小，但在电渗过程中产生裂缝最大，影响电渗效率。

王柳江等[37]开展了阳极不同方式的电渗试验，分别是一根阴极对应一根阳极、一根阴极对应4根阳极、一根阴极对应8根阳极。结果表明，阴极附近土体布置的阳极数量越多，电渗排水效果越好。

21世纪以来，随着科技的不断发展，各种电动土工合成材料出现在人们的视野中，进一步推动了电渗法的发展。

王协群等[38]介绍了电动土工合成材料EKG的原理和工程应用，并对EKG用于排水固结展开研究，分析土体的超静孔隙水压力和不排水抗剪强度，结果表明，EKG作为兼具导电体和排水体的复合材料，耐腐蚀效果比铜电极更优，而且排水固结作用更好，对软土抗剪强度的提高效果更好。

胡俞晨等[39]采用EKG进行软黏土电渗排水固结模型试验，在电渗过程中监测土体的通电电流、电势、表面沉降等数据的变化。试验结果表明，土体含水量大幅下降，沉降明显，抗剪强度显著提高，EKG在电渗后没有被腐蚀，证明其十分适合作为电渗电极材料。

孙召花等[40]采用导电塑料排水板对湖北梁子湖展示馆吹填地基土进行电渗—真空预压法现场试验，监测电压、电流、孔压、排水速率及地表沉降等数据，试验后土体强度得到明显提高，满足施工要求，表明使用导电塑料排水板进行电渗—真空预压法加固软土地基能缩短处理工期、节约电渗能耗，还能得到明显的加固效果。

1.3.3 理论研究

Esrig[41]最先进行电渗固结理论的推导，得到了一维电渗固结理论及解析解。Esrig[41]所做的假设如下。

土体是均匀分布的，而且是饱和的；土体物理和化学的性质是均匀的，而且不随时间的变化而发生变化；不考虑土体在电场作用下所发生的电泳现象；土体是不可压缩的；电渗所产生的水流速度与电势梯度成正相关；土体的电渗透系数是土体自身的性质，不会随时间的变化而发生变化；产生电场的电源能量全部用来驱动水流；电场强度不随时间的变化而发生变化；不考虑阴阳两个电极处发生的电化学反应；电场强度和水力梯度引起的水流可以相互叠加。

此后，各国专家学者对电渗理论的研究大多基于Esrig[41]一维电渗固结理论进行相关改进。

Wan和Mitchell[42]基于Esrig[41]的一维理论增加了堆载作用和阴阳电极相互反转对电渗固结的影响，得到了这2种情况下固结度的计算方法。由理论结果可知，堆载作用和电极反转2种方法都能提高土体的强度。

Feldkamp 和 Belhomme[43]假设电渗透系数非线性变化，推导出了一维大变形电渗固结理论。

Shang[44]假设电渗透系数为常量，推导出了在堆载作用下的二维电渗固结理论。

Su 和 Wang[45]假设处理面积为矩形，推导出了二维电渗固结理论，并通过分离变量法计算得到了在3种不同排水边界条件下的理论解析解。

胡黎明等[46]在多场耦合理论的基础上，考虑了土体在电渗过程中性质会发生变化的因素，模拟了电渗过程中土体超静孔压、位移以及电场强度变化，并对其进行了分析。

李瑛等[47]推导出了轴对称电渗固结理论，并通过计算得到了其理论的解析解。

徐伟、吴辉等[48-49]建立了真空预压—电渗联合法处理软土地基的固结理论。

Hu 等[50]考虑了电渗过程中参数的非线性变化，推导了软黏土的二维电渗固结理论，并得到了其数值解。

Yuan 和 Hicks[51-54]基于弹塑性土体、非饱和土体的假设推导了多维电渗固结理论。

随着计算机水平的不断提高，以及有限元方法的发展，Lewis 等[55]最先利用有限元方法得到了电场与渗流场耦合作用下二维电渗的数值解，这也是电渗理论在历史上第一次得到数值解。此后，Esrig[41]一维电渗固结理论的假设仍然被认同，同时，专家学者们增加了一些更加贴近实际的假设，使电渗固结理论发展得更加全面。

1.3.4 应用研究

1939年，Casagrande[26]采用电渗法加固了德国某铁路工程的开挖边坡，并且取得了良好的效果。这标志着电渗法首次成功应用于实际工程中，此后，电渗法被不断推广到工程实践中。

Bjerrum 等[56]采用电渗法对挪威某地的高灵敏度软黏土进行加固，在电渗处理120天后，土体的抗剪强度平均提升了4倍以上，取得了较好的效益。这表明电渗法适用于处理灵敏度较高的软土地基。

何汉灏[57]将电渗法和喷射井点法相结合的施工技术应用在铁水包坑工程中。

钟显奇等[58]在珠江电厂的深基坑工程中采用电渗喷射井点法进行排水。

苏德新和李伟[59]将电渗法和井点降水法联用，应用于排涝站工程的降水施工过程中。

积庆臣等[60]采用电渗技术对吹填泥袋坝的淤泥质软土进行固结处理。

Burnotte 等[61]将电渗法应用于加拿大某地的软土地基，并对其进行处理，在通电 48 天后断开电源，土体的抗剪强度平均提升 3～4 倍，且阳极附近土体的强度相较于阴极提升更大，但是阴极附近土体相较于未处理前的土体强度仍有所增加。

胡勇前[62]、张迎春等[63]还将电渗法应用于高速公路软土地基的处理中。

卞有新[64]在某楼栋地下工程中采用电渗井点降水法的施工技术排出淤泥质软土中的水，最终土体含水率由原来的 66%降低至处理后的 33%，取得了良好的经济效益。

朱文元[65]在基坑降水工程中，将电渗井点降水法应用于弱透水层的基坑施工过程中。与常规施工方法相比较，电渗井点降水法施工快捷，大大缩短了施工时间，节约了建设成本，经济效益显著。

王甦达等[66]在云南高速公路的某路段采用电渗法处理过湿填料土填筑的路堤，对电渗处理过湿土填料施工的具体技术进行了研究。研究结果表明，相对于常规方法处理过湿土路堤来说，使用电渗法来处理过湿土路堤更加能降低土体的含水率并减少路堤工后沉降。

1.4　电渗复合真空预压技术研究进展

1.4.1　试验研究

电渗真空预压结合的方式处理低渗透性、高含水率的土体应用比较广泛[67-69]。但是也存在土体加固不均、能耗高、电极腐蚀、排水板堵塞的问题。目前对于电渗真空预压研究主要集中在如何改善这些缺点上。Fu 等[70]采用真空预压结合变间距电渗的方式改善电渗过程中的能耗，结果表明，大间距整体能耗小于小间距能耗。Zhang 和 Hu[71]采用电动土工合成材料(EKG)电极方式缓解金属电极腐蚀，最终试验结果表明使用该方式加固的土体强度更高。王柳江等[72]从排水板插入土体的形式入手，比较了水平和竖直排水板电渗真空预压处理软黏土，得出水平排水板的形式有利于增加沉降，降低土体中电流和有效电势的衰减速率。Liu 等[73]采用阶级真空和阶级电压的方式改善土体加固不均和排水板堵塞，结果表明该方法具有更好的土体加固效果。刘飞禹等[74]采用间歇电渗和分级真空的方式并做了相应的试验，研究证明了该方法的可行性，采用该方式加固的土体效果较好，能耗和电极腐蚀也有一定的改善。

上述研究主要从外部条件入手，改善电渗真空预压的缺点，对电渗真空预压处理软土也具有一定的效果，但是提高性能有限。对此，需要用其他的方式从根本上解决上述问题。

(1)单一种类絮凝剂

首先，诸多学者[75-79]采取了一些方式以改进真空预压的淤堵问题。其中，加入絮凝剂预处理是一种有效的方式。一些学者[80-81]开始从淤泥的淤堵效应出发，提出加入絮凝剂以改善淤堵，从而提高真空预压淤泥处理效率和效果，并做了相应的试验证明絮凝剂的效果。此后，大家在絮凝真空预压领域做了更多的研究。Liu等[82]采取真空预压处理淤泥的方式，在淤泥中添加氯化铁（$FeCl_3$）和阴离子型聚丙烯酰胺(APAM)。研究表明，絮凝剂可以提高排水量和抗剪强度，减少淤泥体积。蒲诃夫等[83]使用APAM预处理疏浚淤泥，然后进行真空预压试验，总结得到絮凝剂可以改善土体不均匀固结，缩短脱水时间，并提出真空最佳介入时间为静置沉积24h后。王东星等[84]使用氢氧化钙[$Ca(OH)_2$]、聚硅酸铝铁(PAFSI)、聚合氯化铝(PAC)、聚二甲基二丙烯基氯化铵（HCA）、APAM共5种絮凝剂联合自制真空预压装置处理疏浚泥浆，发现APAM在沉降速率、时间及含水率等方面表现最优，并且得出适量絮凝剂可以防止淤泥淤堵促进排水的结论。Pu等[85]研究了APAM添加量对脱水过程和土壤性质(即不排水剪切强度、渗透性和可压缩性)的影响，结果表明，在APAM的添加量为0.6%时，显著减少了在真空固结过程中由于细颗粒移动通过PHD过滤器而通常产生的细土壤颗粒的损失，进而缓解排水过滤器的堵塞，加快高含水量疏浚泥浆的脱水过程。

其次，在絮凝真空预压研究的基础上，一些学者[86]将絮凝剂引入电渗处理淤泥中，研究证明，絮凝剂可有效改善淤泥电渗处理中界面电阻高、能耗大和效率低等问题。此后，大家在絮凝电渗领域进行了更多的研究。刘飞禹等[87]利用自制的电渗试验装置，对疏浚淤泥进行了无机絮凝剂 $FeCl_3$ 和硫酸铝[$Al_2(SO_4)_3$]的不同掺入比的电渗排水试验，总结得到絮凝剂的最佳掺入比。Wang等[88]研究了无机絮凝剂 $FeCl_3$ 和 $Al_2(SO_4)_3$ 对真空预压联合电渗法处理疏浚淤泥的排水效果，结论与刘飞禹等[87]添加絮凝剂可以有效提高排水效果相吻合。Hu等[89]采用$Ca(OH)_2$、$FeCl_3$ 和氯化钠（NaCl）等絮凝剂进行电渗真空预压处理淤泥，研究得出，$FeCl_3$ 因其能降低能耗，是最优絮凝剂。但是从阳极腐蚀和所涉及的成本方面来看，$Ca(OH)_2$ 是最经济的。袁国辉等[90]考虑加入不同掺入比的无机絮凝剂氯化钙($CaCl_2$)以优化传统电渗法，结果表明，絮凝剂存在一个最优掺量，在该掺量下电渗效果最优。杨佳乐等[91]采用APAM预处理淤泥，研究絮凝—电渗法联合作用机理以及不同絮凝剂掺入比对电渗排水加固效果的影响规律。

(2)复合絮凝剂

上述已提到一些学者将单一种类絮凝剂引入淤泥处理中,取得了很好的效果,但是也存在一些问题,即采用单一种类絮凝剂无法兼顾成本、效果和环保。无机絮凝剂本质为金属盐,絮凝主要靠"电中和"作用,絮凝效果不如有机絮凝剂,因此使用量大并且容易造成二次污染[92-93]。有机絮凝剂主要由高分子形成"桥接",絮凝团较大,絮凝效果好,但是成本高[94-95]。因此,我们需要一种新型絮凝剂。

复合絮凝剂包含有机、无机絮凝剂中的一种或一种以上,主要有3种类型(无机—无机、无机—有机、有机—有机)和3种合成方式(结构杂化、化学结合杂化、功能杂化)。目前应用比较广泛的类型是无机—有机,合成方式主要是结构杂化,即在室温或高温下通过物理方式共混制备[96-99]。无机—有机复合絮凝剂主要是从协同作用出发,既发挥无机絮凝剂中正电荷金属离子对带负电的土颗粒的电中和作用,形成微絮凝,又发挥有机絮凝剂中高分子基团对土颗粒的吸附架桥作用或活性基团的网捕作用[99]。

Wang 等[100]研究了无机—有机絮凝剂复合过程中的投加顺序对泥浆脱水性能的影响,通过毛细管吸力时间(CST)等试验证明有机絮凝剂投加前应先投加无机絮凝剂。此外,还提出了不同脱水性能的机理:在无机—有机过程中形成较大的团聚和不稳定的胶体颗粒,较有机—无机过程释放较多的结合水进入污泥本体溶液。Mssaa 等[101]提到了一些参数(剂量、pH、混合速度和时间、温度等)对最终复合性能的影响。对于混合的速度,在添加絮凝剂时,应快速 75～700r/min,持续 0.5～3min,然后慢速 30～150r/min,持续 5～30min,这样可以最大程度促进产生絮凝。Wang 等[102]采用有机、无机及复合絮凝剂预处理废弃泥浆,探究其絮凝性能及效果,研究结果表明,复合絮凝剂 APAM+$FeCl_3$ 性能最优。Khoteja 等[103]使用聚丙烯酰胺(PAM)和石灰[$Ca(OH)_2$]复合预处理淤泥,再对淤泥进行真空预压处理,结果证明复合絮凝剂可以缩短处理时间并提高淤泥抗剪强度。Wang 等[104]等采用 APAM 和 $FeCl_3$ 组成的复合絮凝剂与真空预压相结合,对疏浚污泥的处理进行了室内试验。结果证明,添加复合絮凝剂可以有效地提高土壤的渗透性,增加土壤的粒径,从而加快排水速度和提高处理效果。并且,得出复合絮凝剂中 APAM 与 $FeCl_3$ 的最佳比例。Wang 等[105]采用石灰和 APAM 复合预处理疏浚泥浆,然后进行真空预压试验,从土体剪切强度和固结效率等方面来看复合絮凝剂优于单一种类絮凝剂。

1.4.2 数值模拟研究

随着科学技术的发展,通过有限元和有限差分法来解决一些不规则边界、非线性参数、复杂施工过程等工程难题成为现实。对电渗真空预压加固淤泥的问题而言,包含电场、渗流场、应力应变场 3 个物理场,3 个场的耦合问题难以用解析理论分析,利用数值手段可以进行有效的分析。

Esrig[41]首次提出了电渗一维固结理论。Wan 和 Mitchell[42]建立了堆载和电渗作用下的一维电渗固结理论。Lewis 和 Humpheson[55]建立了电渗下的二维瞬态渗流理论,并采用了有限元分析求解,得出了孔压变化的数值解。Shang[106]建立了竖向阴极排水和表面排水的电渗预压固结解析模型,并给出了超载孔隙压力和平均固结度的解析解。苏金强和王钊[107]根据不同边界条件和初始条件,得出了水平二维电渗固结方程的特解。吴伟令[14]和胡黎明等[46]建立了三维下土体位移场、渗流场和电场的多场耦合理论模型,并考虑了土体相关特性参数的非线性关系,最后开发了有限元软件,分析了电场强度、土体位移以及超静孔隙水压力的变化特性,并与传统一维、二维理论结果对比,验证了数值模型的合理性。王柳江等[108]建立了温度、水流、应力耦合作用下的电渗排水多场耦合数学模型,并进行了数值模拟和现场试验,将两者结果进行了对比。吴辉[109]运用吴伟令[14]的多场耦合理论及土体物理力学参数的非线性变化的经验公式,用 COMSOL 软件建立的数值模型分析了电极排布方式、电渗固结等效模型、土体参数非线性变化等电渗固结中的实际问题。Yuan 和 Hicks [54]建立了黏土在大应变多维域中电渗透固结的数值解,同时考虑了利用改性凸轮黏土模型来描述黏土的弹塑性行为和一些经验公式描述土体参数非线性变化。Zhang 和 Hu[110]在吴辉[109]数值模型基础上考虑了土壤 pH 变化和非线性土壤参数,分析结果与实际更为接近。Gan 等[111]在宁波某围垦工程中采用垂直分层动力技术和新型管状 EKG 材料,并根据现场试验和数值模拟证明了垂直分层动力技术在深层土壤加固中的优势。

1.4.3 应用研究

刘凤松和刘耘东[112]以广州中船龙穴造船基地某项目为例,详细介绍了国内首例大面积采用真空—电渗降水—低能量强夯联合的软弱地基加固技术。结果表明,真空—电渗降水—低能量强夯联合的软弱地基加固技术在地基处理深度要求不大,工期紧张,且需要满足一定的承载力要求的地基加固中有一定的推广价值,同时也为电渗法广泛应用提供了强有力的技术支持。

廖敬堂等[113]以虎门港沙田港区 5 号、6 号泊位工程为实例,介绍了真空电渗井点降水及低能量强夯加固的技术原理,对技术要点及施工效果进行分析,归纳了该技术的综合效益,该技术作为一种新的工艺,在软土地的处理中具有一定的推广应用价值。

顾孜昌和张铭强[114]对浙东海相吹填软土进行了电渗联合真空预压法及真空

预压法加固效果的技术与经济对比研究，成果表明电渗联合真空预压加固法具有更好的处理效果，各项指标均优于传统真空预压法。

蒋楚生等[115]采用电渗复合真空预压技术，并结合调整分层数量、电极板间距、通电电压、通电周期等因素，在川南城际铁路IDK87＋180～IDK87＋220段软土地基工程上得到实际应用，处理后的软土地基承载能力良好。

陈建峰和胡芸川[116]采用EKG改进电渗复合真空预压技术，在崇明岛堡镇港北等4座水闸外移工程（堡镇港北闸）项目上得到实际应用，并对相关工艺设计、施工及应用效果进行了总结和分析。

1.5 电渗复合地基技术研究进展

对于挤土桩复合地基，在成桩过程中会引起较大的超静孔隙水压力，桩身的承载力大小主要取决于孔压的消散和土体的触变恢复，而对于水力渗透系数较低软土，这个过程将相当缓慢，桩身往往在成桩3个月后才能达到较理想的承载效果；另外，由于桩身强度远高于土体强度，在很大程度上造成了桩身强度的浪费，故若能合理利用这一点可以降低工程造价；对于非挤土桩复合地基，桩体的承载力大小取决于桩身自身强度的增长和周围土体的抗剪指标，在无较好排水条件下，土体的抗剪强度指标难以实现增长，故非挤土桩复合地基的承载力往往相对挤土桩较小。对此，急需一种方法来提高桩体承载力，并且节约时间。

在电渗法与复合地基法联合应用与研究方面，仅有少数国内外学者提出过设想和进行相关试验，具体概括如下。

Butterfield和Johnston[117]在软土中利用电渗法对金属桩的打设与承载进行了试验研究，将通正电的金属桩作为阳极桩，通负电的金属桩作为阴极桩。试验结果发现：打设时，阳极桩的贯入阻力增长了2倍以上，阴极桩的贯入阻力则降低了3倍以上；施工完成受载时，不论桩体的极性是阳极还是阴极，桩体的承载力都比无电渗情况下的要好很多。

Davis和Poulos[118]提出了利用电渗法降低桩基负摩阻力的设想。

Milligan[119]对1961年进行过的电渗加固既有桩基的耐久性进行了验证，即Soderman和Milligan[120]首次进行了电渗法加固桩基的现场试验，他们利用电渗技术，将一个16.5m长的摩擦桩作为阳极，在115V电压下，仅经过3h，该摩擦桩的承载力由原先的260kN提升到了500kN，增长率为92.3%，设计承载力为350kN，超出设计承载力42.9%，且经过33年后，其承载力几乎保持不变，且未发现过大变形,表明电渗提高桩基承载力的耐久性较好。

Abdel-Meguid 等[121]通过模型试验,验证了高压电动技术可以显著提升海洋软黏土中钢管桩的承压和抗拔承载力,加速海洋软黏土的触变恢复。

Chung[122]将电动修复与渗透反应墙结合起来,提出了一种原位电动反应桩,用于修复铜污染场地。所述的原位电动反应桩是一种活性材料桩体,但未进行桩基或复合地基的承载力与变形研究。

孔纲强等[123-124]提出了电渗法辅助沉桩和联合微型抗滑桩的设想。

余飞等[125]采用铁质电极进行电渗模型试验,形成了一种电化学胶结桩。试验结果表明,胶结桩与周围土体所形成的复合地基的承载力和变形模量均提高了 10 倍左右,且具有较好的水稳性。

项鹏飞[126]将钢管桩作为电渗的电极,开展了电渗增强桩模型试验。试验结果表明,电渗可将桩间土的平均含水率降低 20%,使模型钢管桩的承载力得到大幅提升。

1.6 现有研究的不足之处

1.6.1 电渗法的不足之处

(1)电阻率

含砂率和含水率是影响软黏土电阻率最常见的 2 个因素。软黏土含水率的测量容易,软黏土含砂率的测量可以用含砂量测定仪,也较容易。但目前还没有学者进行过含砂率对软黏土电阻率影响的研究,而含水率对软黏土电阻率影响的研究也仅有少量文献提及。因此,研究含水率与含砂率对软黏土电阻率影响很有必要。

(2)电导率

①通常仅控制单一因素的变化,研究其改变后电导率的变化特征,未研究多因素变化下电导率的变化规律。②测定电导率均在电渗还未发挥作用或者电渗刚发挥作用的时刻,未考虑在电渗过程中含水率、孔隙比等会随时间变化。土体导电机制是随着电渗的进行不断变化的,不能用初始电导率预测电渗过程的电导率。对此,需要研究多因素变化下的电导率,并且改进传统的 Miller Soil Box 装置。

由于絮凝剂能很好地实现固液分离,因此在淤泥处理领域应用逐渐广泛,但是其絮凝后电导率特性未见研究。土体中加入絮凝剂后,从微观角度来看,絮凝剂开始水解,发挥“电中和”或“桥接”作用,形成絮凝团,从而同时改变土体初始的孔隙水成分和孔隙率，属于多因素改变下电导率的变化问题。从宏观角度来看，在电渗过程中，土体中的电势分布和电流大小会发生明显变化，也即土体电导率发生了变化，这些变化则会进一步影响电渗出水量及土体固结过程。为了更合理地反映电渗过程中土体的固结情况，有必要对絮凝后土体电导率的变化规律进行研究。

(3)电渗透系数 k_e

上述研究对于絮凝后的 k_e 的特性不足之处在于：①将含离子型的絮凝剂当作盐对 k_e 的影响，只考虑了其离子特性，未考虑絮凝特性。②认为排水率、排水量和 k_e 之间存在线性关系，未采用标准化方式测量 k_e。③不同地区软黏土的含砂率、含水率往往不同，含砂率、含水率同样是 k_e 最常见的 2 个影响因素，但是对其研究的深度不足。

研究絮凝后土的 k_e，除了可以为电渗固结理论提供支持之外，还有以下 3 个方面的重大意义：其一，通过研究絮凝后土的 k_e，可为电渗法的适用性评价提供参考；其二，从 k_e 的角度出发，可以通过提高 k_e 从而判断最优电渗加固效果的絮凝剂种类及配比；其三，k_e 是电渗计算和数值模拟最重要的参数之一。由此可见，现有对 k_e 的研究严重不足，而 k_e 的研究意义重大，因此，对 k_e 展开系统、全面的研究显得尤为重要。

1.6.2 电渗复合真空预压法的不足之处

(1)试验研究

真空预压技术存在一定缺陷。首先，由于软土颗粒十分细小，固结过程中水会携带大量细小软土颗粒向排水板迁移，软土颗粒会逐渐在排水板的滤膜处聚集，造成滤膜堵塞，进而影响排水效率。其次，淤泥的孔径很小，使得土壤的渗透性很低，不利于真空度向下传递，往往下层含水率过高，在后期容易造成局部塌陷，使得处理后的土体不够均匀。最后，在真空负压下，淤泥中也仅仅能排出与土颗粒结合较弱的自由水，无法排出结合水，排水固结效果有限，通常含水率在 60%左右。

电渗同样也存在一些问题。电渗容易造成阳极腐蚀严重，使得加固不均匀，能耗过大。通常电渗要与其他方式一起使用才能保证脱水效率，比如真空预压，并且在淤泥含水率低于 80%后再开始电渗比较节约能耗，因为在高含水率下，淤泥间电阻很小，在稳压输出时，电流会比较大，大部分电能被用于发热，能耗较高。

电渗复合真空预压方式进一步提高了淤泥处理的效率，并且互补了两者的一些缺点(进一步排出结合水、降低能耗)，是非常有效的结合方式，但是该方法未从根本上改变电渗或真空预压的缺点。因此，需要进一步探究电渗复合真空预压技术的改进方法，以达到高效环保的效果。

(2)数值模拟研究

上述研究主要是验证多场耦合条件下的电渗固结数值模型自身合理性,并完善一些非线性因素对数值模型的影响,因此均采用理论计算和数值模拟的结果互相验证的研究方式,但是数值模型与实测结果对比的研究比较少。数值模型的发展首先应符合理论,理论是数值模型的内在核心,但是一个好的数值模型还需要大量的实践,以便适应各种不同的情况。絮凝剂在电渗真空固结处理土体中越来越常见,但还未见絮凝后土体的电渗固结数值模型的研究,对此,有必要对其进行研究,以丰富电渗真空固结数值模型的应用。

(3)应用研究

上述电渗复合真空预压技术的应用研究较少,涉及的工况不够全面,比如未涉及沿海地区的滩涂软土加固,并且对关键的电源与供电线路、真空密闭系统及沉降的设计方法的研究较少。此外,对电源多采用远程供电,未根据现场情况考虑使用新能源供电,比如,海边土体加固可采用太阳能、风能及潮汐发电,进一步降低成本,并且可探索一条绿色节能环保的新型施工工艺。

1.6.3 电渗复合地基法的不足之处

国外已有电渗法与复合地基法联合使用的模型试验和现场试验研究方面的案例,但电渗复合地基法的理论与设计计算研究远落后于工程实践,尚未形成相关的理论和设计规范;而国内对电渗与复合地基联合的研究还处在初步探索阶段,缺乏系统的试验研究和经典应用的案例,且理论与设计计算方面的探索研究亟须进一步深入。因此,本书对电渗复合地基法的研究具有十分重要的意义。

1.7 本书的主要研究内容

①对软土地基电渗联合真空预压堆载、滩涂软基浅层固化联合真空预压、滩涂软基太阳能电渗联合真空预压 3 项施工技术进行了详细论述,并且主要包含技术方案、施工要点、技术优点、加固原理等关键内容,其中前 3 项技术可为实际工程提供参考。

②研究了电渗增强桩加固软土地基技术的具体实施方式,详细介绍了电渗联合不同类型桩加固软土地基时阴极、阳极的材料以及布置方式,分析了电渗增强桩加固软土地基的机理和技术效果。

③通过室内试验,研究了杭州地区典型软土的电阻率与含水率、含砂率的关

系。同时，关注了加入絮凝剂后杭州疏浚淤泥电动参数的变化机理。采用单一种类絮凝剂和复合絮凝剂预处理淤泥，直接改变淤泥的物理和电动特性(孔径、渗透性、电导率等)。

④使用EKG作为电渗的阴阳极，以此减少腐蚀。使用单一种类絮凝剂和复合絮凝剂预处理淤泥，阐述了有机、无机及复合絮凝剂的选取方法和絮凝机理，对絮凝电渗真空预压试验中排水量、沉降、电流、电势等数据的变化机理进行了深入分析，从处理后土体的含水率和抗剪强度证明该方式可行且有效。

⑤为研究不同含水率的软黏土在低温环境下阳极灌 $FeCl_3$ 溶液后对电渗固结时电流、土样pH、排水量、阳极电势差、电渗能耗、电阻率等的影响，采用自制装置和改进型Miller Soil Box，进行了31组不同工况下的模型试验。为研究滩涂软土路基的有效处理方案，首先通过浅层固化法处理滩涂表面淤泥形成硬壳层，为后续处理提供初步地基承载力，其次用电渗塑料排水板代替常规真空预压法中的塑料排水板插入淤泥地基，在地基表面上覆真空膜并抽真空，电渗塑料排水板既能排水又能导电，将插入地基中的每排电渗塑料排水板间隔作为阴极或阳极，通过直流电源施加直流电，在真空预压的同时进行电渗，真空膜上堆载预压。

⑥对传统的电渗试验方案进行了讨论与改进，详细介绍了电渗复合地基试验方案，为电渗复合地基法的现场试验提供参考。采用宁波软黏土作为试验研究对象，开展了多组不同电源电压、通电时间、排水距离以及不同布桩方式、导电塑料排水板排列方式的电渗复合地基模型试验，从排水量、含水率、有效电势、桩土界面电阻、通电电流、桩周土体沉降、桩周土体的抗剪强度、桩承载力等多个角度进行分析，得到了这些参数的变化规律。

⑦提出了可压缩排水电极设计方法、电源与供电线路设计方法、真空封闭及排水系统设计方法和工期与沉降预测方法，给出了具体的夹砂层地基场地电阻的计算公式和有限元法模拟时电压换算超孔压的计算公式。在模型试验研究结论的基础上，对电渗复合地基法的主要影响因素进行了总结，并初步提出电渗复合地基的设计方法，为后续电渗复合地基法的规范编写提供了参考依据。

⑧使用岩土工程常用商业有限元软件ABUQUS、COMSOL模拟电渗。在ABUQUS中，将电渗固结用负压固结来等效，并基于单元土体的单位渗流量相等的原理推导出了等效负孔压的换算公式。采用这个方法并基于DSC本构模型对真空—电渗—堆载联合加固现场试验进行了有限元分析，通过模拟结果与实测数据的对比证明该等效方法的计算结果满足工程需要。在COMSOL中，采用已有学者研究验证过的3场耦合方程来模拟电渗真空预压过程的孔压、电势和沉降变，并与试验结果对比，进一步验证数值模拟的合理性，推动了数值模拟在真空预压电

渗领域的应用。

⑨提出了一种真空—电渗—堆载联合加固吹填软土地基的方法，开发了新的电极形式和电渗系统，将该方法在现场试验中实施，并开展了常规真空联合堆载预压现场试验，与真空—电渗—堆载联合加固现场试验进行对比，进行了详细的现场监测和地基检测工作。结合依托工程进行了电渗联合真空预压设计和图纸绘制，并进行了详细的技术经济分析。

第2章
电渗复合真空预压技术开发

2.1 引　言

电渗复合真空预压技术是一种有效处理软弱土的方式，诸多学者对其进行了室内试验和现场试验，以求改进该技术的缺点，提升处理效率，节约成本。但是，目前对于该技术应用的研究较少，具有参考价值的工程也较少，一些关键性的现场技术难题依然存在，比如真空膜容易被电极刺破，插设排水板的机械难以在软弱土上施工，电渗耗能大、成本高等。据此，本章针对软土地基和滩涂软基分别开发了对应的施工技术，着重解决上述技术难题。

2.2 软土地基电渗联合真空预压堆载施工技术

2.2.1 技术方案

本章提出一种将电渗与真空预压和堆载预压相结合并同时加固软土地基的方法。电渗与真空预压和堆载预压结合的难题在于：常规电渗系统的电极、导电线路和排水管道等都突出在地面以上，在地基表面铺设真空膜会被电极刺破，堆载会破坏电渗系统。本研究开发了一种既可通电又可排水，同时随地基压缩回弹而压缩和伸长的可压缩排水电极，将这种电极连接全密封导电线路和柔性排水管道，可在真空膜下长期工作，地基沉降时电极管不会上顶刺破真空膜，真空膜上可堆土荷载或者覆水进行堆载预压。真空—电渗—堆载联合加固软基系统如图 2.1 所示，该可压缩排水电极如图 2.2 所示。

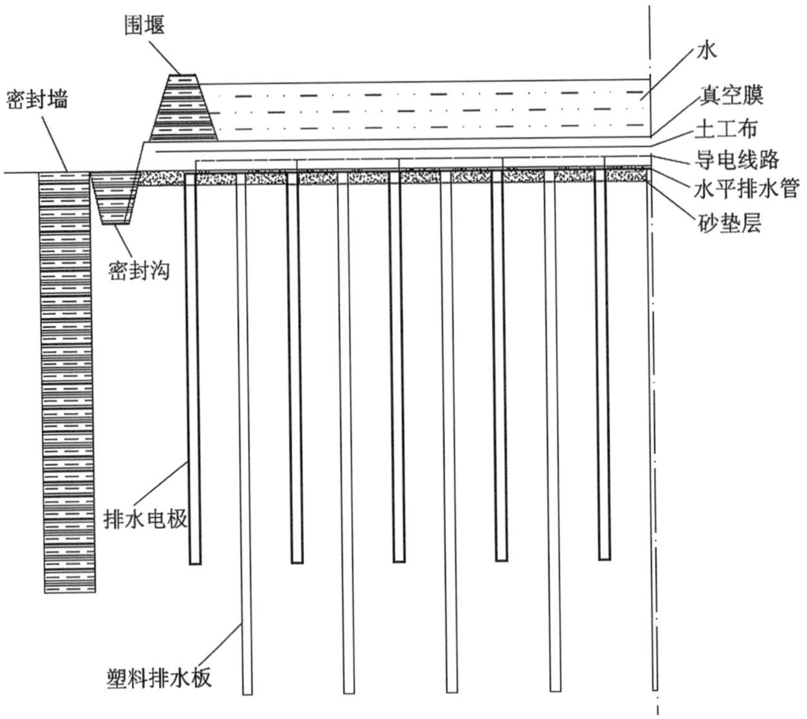

图 2.1 真空—电渗—堆载联合加固软基系统

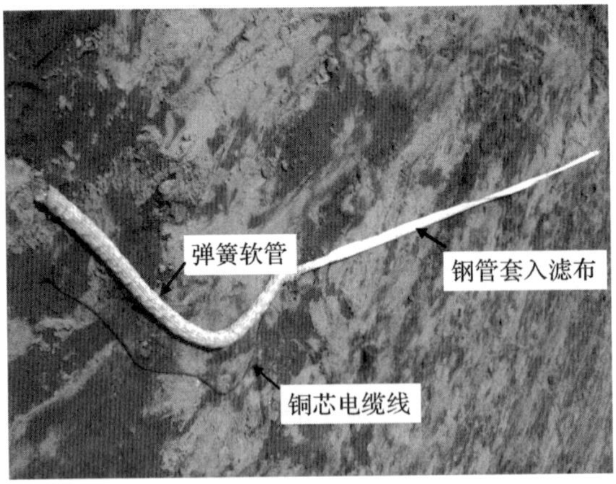

图 2.2 可压缩排水电极

该真空—电渗—堆载联合加固软基系统的核心是一个膜下电渗排水系统，该系统由可伸缩排水电极、导电线路、直流电源、水平排水管和真空泵组成，排水电极、导电线路和水平排水管均处于真空膜下。电极是一种可伸缩排水电极，这种电极既可通电又可排水，同时其上端可伸缩。如图 2.2 所示，电极主要材料为一根镀锌钢管，周身打满小孔，套入用滤布缝制成的滤袋，钢管上端连接一段1.0～1.5m长的弹簧软管和一段1.0～1.5m长的铜芯电缆线；水平排水管采用PPR柔性波纹滤管，由波纹管周身螺旋形打满小孔并用滤布包裹而成。直流电源采用高频脉冲电源，导电线路采用铝芯橡皮线，真空泵采用真空射流泵；膜下电渗排水系统的排水电极插入软基中，排水电极的弹簧软管采用三通与水平排水支管相连，水平排水支管汇总到水平排水主管与真空泵相连；排水电极的铜芯电缆线通过穿刺型绝缘线夹与支导线相连，支导线汇总到主导线与直流电源相连。

2.2.2　施工方法

(1)在软基上铺设30～50cm厚的砂垫层。

(2)如果软基含有夹砂层，需沿加固场地周围打设一圈黏土密封墙防止抽真空过程中场地漏气，黏土密封墙可采用泥浆搅拌桩制作。

(3)在铺设砂垫层和打设密封墙的施工准备时间里制作排水电极和水平排水管。排水电极的制作方法为选取一根镀锌钢管，周身打满小孔，套入用滤布缝制成的滤袋，钢管上端连接一段1.0～1.5m长的弹簧软管和一段1.0～1.5m长的铜芯电缆线，铜芯电缆线通过固定铁环固定在钢管上，弹簧软管和滤袋通过细铁丝绑扎牢固。水平排水管均为PPR波纹滤管，其制作方法为在PPR波纹滤管周身螺旋形打满小孔并用滤布包裹。

(4)利用打板机打设塑料排水板，按照设计的电极间距预留布置排水电极的位置，电极间距优先采取2～3倍的排水板间距。在预留布置电极的位置不打排水板而只利用打板机打孔。如果土质较软，当打板机的打孔钢管压入预定深度后，沿钢管向孔内注入一定量的水，拔出钢管后水可以在孔内起到一定的护壁作用，防止塌孔。成孔后立即人工插入事先制作好的排水电极，排水电极上端的弹簧软管和铜芯电缆线露出地面10cm，用于与水平排水管和导电线路连接。

(5)在场地上布置水平排水管，其中水平排水支管与塑料排水板间距一致，水平排水主管间距10～15m。

(6)将处于同一排的塑料排水板和排水电极连接在同一根水平排水支管上，塑料排水板与支管采用缠绕法连接，即将塑料排水板露出地面的预留段缠绕在水平排水支管上2～3圈。排水电极与支管采用三通连接，将三通突出的一端套入排水电极的弹簧软管，并用宽胶带缠紧防止脱落。支管与主管相连，主管连接真空泵，每1000～1500m^2布置一台真空泵。

(7)将排水电极一排作为阴极，相邻一排作为阳极，分别通过支导线串联。支导线采用铝芯橡皮线，将电极的铜芯电缆线与铝芯橡皮线通过穿刺型绝缘线夹连接,可防止线路系统进水腐蚀或漏电。支导线通过穿刺型绝缘线夹连接主导线,阴极和阳极的主导线分别连接高频脉冲电源的负极和正极。

(8)在水平排水管和导电线路上铺设一层土工布,在土工布上铺设2层真空膜,将电渗排水系统覆盖在膜下,将真空膜压入密封沟,然后回填黏土并压实。

(9)开动真空泵抽真空,并启动直流电源开始电渗,真空预压和电渗同时进行。真空从水平排水主管传递到水平排水支管,再传递到排水电极和塑料排水板的空腔中,并向地基中扩散。电流则通过主导线、支导线,排水电极和电极间的土体传导,在阳极和阴极之间形成电势差。一方面,软土地基中的自由水在真空负压的作用下向塑料排水板和排水电极中汇集。水分子穿过滤布由电极钢管上的小孔进入排水电极空腔内,在排水管内的真空负压作用下排出。另一方面,水分子带极性,在电势差的作用下由阳极向阴极汇集,电渗作用增大了水分子的活性,加快了渗透速度。同时,电渗还对土体中的结合水起作用,促使结合水脱离土颗粒的束缚而排出,进一步降低土体的含水率。在真空和电渗的复合作用下,土体迅速排水固结,地基产生固结沉降。排水电极的弹簧软管在地基沉降过程中被压缩,排水电极的铜芯电缆线为柔性材料,在地基沉降中弯曲变形,因而排水电极不会由于地基沉降而上顶刺破真空膜。

(10)抽真空5~10d,膜下真空度达到80kPa以上,在检查确定真空膜无漏气并且电渗系统稳定工作之后,在真空膜上进行堆载预压。堆载可采取2种方法:一是在真空膜上修建黏土围堰,然后在围堰内覆水;二是在真空膜上铺设一层土工布和一层砂垫层后堆土。在膜上堆载后,真空预压、电渗和堆载预压三者同时进行,直至沉降达到卸载标准。膜下电渗排水系统保证了真空膜的完整性,为膜上堆载创造了条件。堆载作用为地基施加附加应力,真空和电渗排水作用产生的孔隙被及时压缩,软土地基沉降增大,排水电极被进一步压缩。排水过程中如因故障卸载检修时,地基产生一定量的回弹,排水电极的弹簧软管也随之回弹伸长,保证了电渗系统不被破坏。

2.2.3 技术优点

真空—电渗—堆载联合加固方法的优点如下。

(1)该方法中排水电极、导电线路和水平排水管均覆盖在真空膜下,为保持真空膜的完整性和真空膜上堆载创造了条件。电极管为新型可伸缩排水电极,不必伸出真空膜外,保持了真空膜的完整性,电极管在地基沉降中可压缩,不会上顶刺破真空膜,在卸载地基回弹时可随之回弹伸长,可防止破坏电渗系统;导电线路为全密封结构,防水、防腐蚀,可在膜下长期工作;水平排水管采用柔性波纹滤管代替常规使用的PVC硬塑圆管,可同时与排水电极和塑料排水板方便地连接,并能适应场地的不均匀变形；直流电源为高频脉冲电源，比以往电渗中常用的可控硅整流器和直流电焊机作电源成本更低也更节省电力。

（2）电渗、真空预压和堆载预压构成一个完整的系统，3种方法有机结合，优势互补。电渗增大软土地基中水的渗透能力，加快真空预压的固结速度并能进一步降低土壤含水率；真空预压为电渗排水提供真空压力使土体压密固结，并为电渗提供覆盖膜防止雨水回灌；堆载预压可在真空联合电渗排水的同时增加土体的附加应力，使土体更快更好地压密固结。

（3）该方法中电渗、真空预压和堆载预压3种工艺同时进行，不需要独立施加作用的时间，大大节约了工期。

（4）电渗加固软土地基需要外力对土体进行压密，由于常规电渗系统不能堆载，因此通常的做法是拔除电渗系统进行强夯处理。该方法中，膜下电渗排水系统为真空膜上堆载创造了条件，使堆载预压与电渗的联合使用成为可能。堆载预压可以取代强夯的作用使土体压密固结，从而节约成本。

总之，电渗、真空预压和堆载预压3种地基处理方法结合在一起进行，并且优势互补，特别适用于渗透系数小的淤泥质软土地基。本章将通过现场试验，验证3种工艺结合缩短地基处理工期并提高地基处理效果的作用，证明其是一种快速加固吹填软土地基的实用方法。

2.2.4　加固原理

新提出的真空—电渗—堆载预压联合加固方法的固结机理如下。在真空—电渗—堆载预压排水系统中，真空泵通过不断对膜下和竖向排水通道内气体进行抽吸运动，使得气体被排出，从而形成真空状态，然后真空度会通过竖向排水通道向周围的上体中扩散。竖向排水通道周围的孔隙水压力逐渐降低，并且低于远离竖向排水通道处的土体的孔压。因此，这个真空度差会形成一个水力梯度。孔隙水逐渐向竖向排水通道汇集，并从排水电极和塑料排水板中排出。由真空作用形成的水流可以通过达西定律来描述：

$$Q=k_h i_h A \tag{2.1}$$

式中：k_h 为水平水力渗透系数；i_h 为由真空预压引起的水力梯度；A 为水流通过的土体截面面积。

同时，直流电压通过电极施加到土体中。在直流电压作用下，孔隙水中的阳离子携带水分子一起向阴极移动，从而加快了流向阴极的水流流速。更重要的是，电渗激发了土颗粒表面结合水层的水分子的活性，使其能够突破双电层的限制，真空预压和堆载预压等外力就很难影响到结合水层中的水分子。这就是为什么电渗方法对粒径细、渗透性小的材料(比如双电层很厚的粉土或黏土)十分有效。由电渗引起的水流可以通过与真空引起的水流类似的表达式来表达:

$$Q=k_e i_e A \tag{2.2}$$

式中:i_e 为电压梯度,可表达为 $i_e=\mathrm{grad}(f)$,其中 f 为土体中的电压;k_e 为电渗透系数。在合适的排水条件下,电渗在土体中形成负的超孔压 u_e。

堆载预压在这种联合加固方法中也发挥着很重要的作用。它给处理的地基施加了一个附加应力 σ'_s,这个附加应力可以将电渗和真空排水形成的土体孔隙压密。因此,堆载预压使土体固结更快速、更有效。

由真空引起的负孔压 u_v 和由电渗引起的负孔压 u_e 增加了土体的有效应力,但不改变土体的总应力。堆载通过施加一个附加的应力 σ'_s 提高土体的有效应力。因此,土体中的有效应力可以表达为:

$$\sigma'=\sigma-u_v-u_e+\sigma'_s \tag{2.3}$$

有效应力的增加把土颗粒更紧密地挤压在一起,导致处理场地的沉降。可压缩排水电极的可压缩部分在地基沉降过程中被压缩,从而使电渗排水系统可以在真空膜下长期工作,并且可以在真空膜上堆载预压。总的来说,电渗、真空预压和堆载预压通过把各自的优点结合在一起,互相补充,相互作用,形成了一个完整的系统。值得注意的是,这 3 种方法是同时施加的,不需要各自独立的处理工期,因而不仅可以提高加固效果,还可以节约地基处理工期。

2.3 滩涂软基电渗联合真空预压施工技术

电渗联合真空预压法处理软基施工工艺相对复杂,目前国内对于电渗联合真空预压施工技术研究较少,本节在调研和试验的基础上,对电渗联合真空预压处理滩涂软基施工技术进行了一个相对完整的总结,为现场施工提供参考,并针对滩涂吹填地基处理进行了新施工技术研发。

2.3.1 浅层固化联合真空预压施工技术

(1)固化技术

固化法适用于处理淤泥、淤泥质土等细颗粒吹填土地基。固化法处理吹填土地基可分为浅层固化处理和深层固化处理两类。浅层固化处理吹填土地基的深度宜不小于 1.5m。可采用水泥、石灰、粉煤灰、矿渣以及各类成品固化剂。应根据吹填土的种类和性质,固化剂的主要物理、化学性质与使用性能,加固要求、施工条件等选择固化剂种类、固化剂材料配比及添加量。使用前应进行调配试验和现场固化试验。固化剂的使用不应造成对环境的污染。

当采用浅层固化处理吹填土时，土颗粒最大粒径不宜大于 15mm，且大于 10mm 的土颗粒宜小于土总重量的 5%；吹填土中有机质含量占比不宜大于 10%。浅层固化吹填土应选择能提高吹填土力学性能的固化剂，并应符合下列规定。

①固化剂的技术性能指标应符合现行行业标准《土壤固化剂》(CJ/T 3073)的有关规定。

②液体固化剂溶液的固体含量不得大于 3%，不得有沉淀或絮凝现象；粉状固化剂的细度为 0.074mm，标准筛筛余量不得大于 15%。

③固化剂类型应根据土质情况经室内试验确定。

固化剂材料类型可根据地基处理预期提高的强度要求进行选择。

①高强度的可选择普通硅酸盐水泥、矿渣硅酸盐水泥、火山灰质硅酸盐水泥等水泥固化剂。

②中低强度的可选择以粉煤灰、矿渣、石灰等为主要成分的固化剂材料。

浅层固化吹填土配合比设计可按下列步骤进行。

①原材料试验。

②试件制备。

③固化吹填土凝结时间、体积安定性试验。

④固化吹填土无侧限抗压强度测定。

⑤确定设计配合比。

原材料试验应选取有拟固化吹填土及固化剂试样进行。

①吹填土的颗粒分析、液限和塑限、有机质含量、含水率、pH。

②对水泥固化剂应测定其强度等级，初、终凝时间和安定性。

③对石灰固化剂宜测定有效氧化钙和氧化镁的含量。

固化吹填土混合料室内试验应符合下列规定。

①固化吹填土混合料的配合比应准确，拌和均匀，达到最佳含水率状态，并满足各项技术指标要求。

②按拟定的配合比配料，进行标准击实试验，通过标准击实试验，确定固化吹填土混合料最佳含水率和最大干密度。

③固化吹填土混合料的凝结时间应大于 4h，凝结时间试验可按现行行业标准《土壤固化剂》(CJ/T 3073)的有关规定执行。

④固化吹填土混合料的体积安定性应符合现行行业标准《土壤固化剂》(CJ/T 3073)的有关规定，固化吹填土试样经 65℃蒸养 24h 后，应在蒸煮箱中自然冷却，

试件表面不得有裂纹。

⑤固化吹填土混合料抗压强度试件应在(20±2)℃的温度下保湿养护6d,浸水1d,再取出进行无侧限抗压强度试验,并取不少于6个试件的平均值。

浅层固化吹填土地基可按现行行业标准《建筑地基处理技术规范》(JGJ 79)中换填垫层法的有关规定进行承载力、沉降量等计算。

(2)浅层固化施工要点

浅层固化吹填土的施工方法可分为管内混合处理法和场地混合处理法两大类,管内混合处理法仅适用于吹填土场地地基承载力要求较低的浅层固化处理。大面积吹填土浅层固化施工前应通过试验段施工确定施工参数。

吹填土浅层固化施工气温宜高于4℃,并应避免雨天施工。

浅层固化吹填土施工时采用的固化剂用量应高于室内配合比试验确定的用量。使用液体固化剂时,应增加设计浓缩液用量的10%~20%。使用粉状固化剂时,应增加干土重量的1%~2%。

管内混合处理吹填土的施工设备可由吹填土输送泵管、管道药剂混合器、固化剂材料控制器、吹填土布料器等组成。

根据固化剂性状的不同,场地混合浅层处理吹填土的施工设备可分为粉剂材料施工设备和浆液剂施工设备两类。粉剂材料施工设备可由空压机、粉剂储存器、喷雾计量器、喷粉器、挖掘机、拖拉机泥土搅拌器等组成;浆液剂施工设备可由制浆调和器、浆液储存器、高压供浆泵、供浆计量器、吹填土淤泥涂行走机、高压旋喷混合搅拌器等组成。

管内混合处理法施工应符合下列规定。

①施工参数应根据吹填土土质条件、吹填泵送设备、加固要求等,结合试验或工程经验确定,并在施工中严格控制施工参数。

②宜采用带有计量设备的固化剂添加装置进行固化剂的添加与混合。

③应按施工参数和材料用量施工,并做好各项记录。

场地混合处理法施工应符合下列规定。

①施工前应清除待固化土表面或下承层表面的杂物、草根、乱石等,并采取场地排水措施,使表面平整,无积水。

②固化处理前应检测待固化土的实际含水率,当不能满足要求时应对固化土采取处理措施。

③采用粉状固化剂进行固化施工时,应根据吹填土表层地基承载力条件选择机械拌和或人工拌和。

④采用液体固化剂进行固化施工时,宜用液体固化剂水溶液的85%~90%直

接掺入吹填土中拌和，其余 10%～15%的水溶液可在成型后喷洒封层。

⑤应严格按施工参数和材料用量施工，并做好各项记录。

(3)电渗联合真空预压施工技术

参照第 2.2 节。

2.3.2　太阳能电渗联合真空预压技术

(1)技术方案

这种滩涂围垦吹填淤泥夹砂层地基加固结构如图 2.3～2.6 所示，包括：螺旋钢丝导电排水板、太阳能电源、双排钢板桩、自凝灰浆防渗墙、自凝灰浆承载板、吹填淤泥层、一般软土层和夹砂层；吹填淤泥夹砂层地基从上至下依次为吹填淤泥层、一般软土层、夹砂层和一般软土层；所述螺旋钢丝导电排水板包括导电软管、预制混凝土桩尖和高弹性螺旋钢丝；所述导电软管管壁内嵌入高弹性螺旋钢丝，导电软管周身设有排水孔，导电软管外包有滤布，所述螺旋钢丝导电排水板穿越夹砂层段表面包有绝缘胶布，螺旋钢丝导电排水管底端设有预制混凝土桩尖；所述吹填淤泥层顶部设有自凝灰浆承载板，吹填淤泥夹砂层地基四周设有自凝灰浆防渗墙，所述自凝灰浆防渗墙由双排钢板桩围成；所述太阳能电源通过支架放置在自凝灰浆承载板上，相邻 2 根螺旋钢丝导电排水管的高弹性螺旋钢丝通过导线分别与太阳能电源的正极和负极连接，压气泵(真空泵)与正极(负极)的螺旋钢丝导电排水管连接。

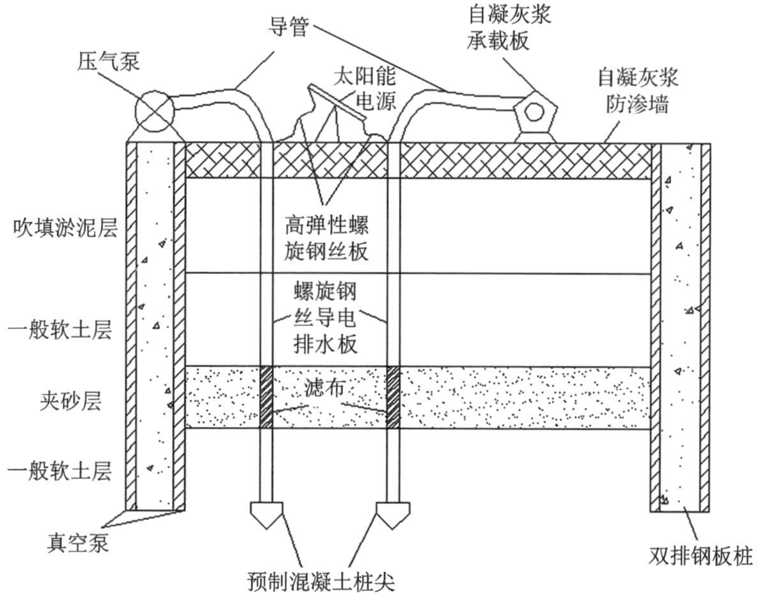

图 2.3　滩涂围垦吹填淤泥夹砂层地基加固结构的纵断面

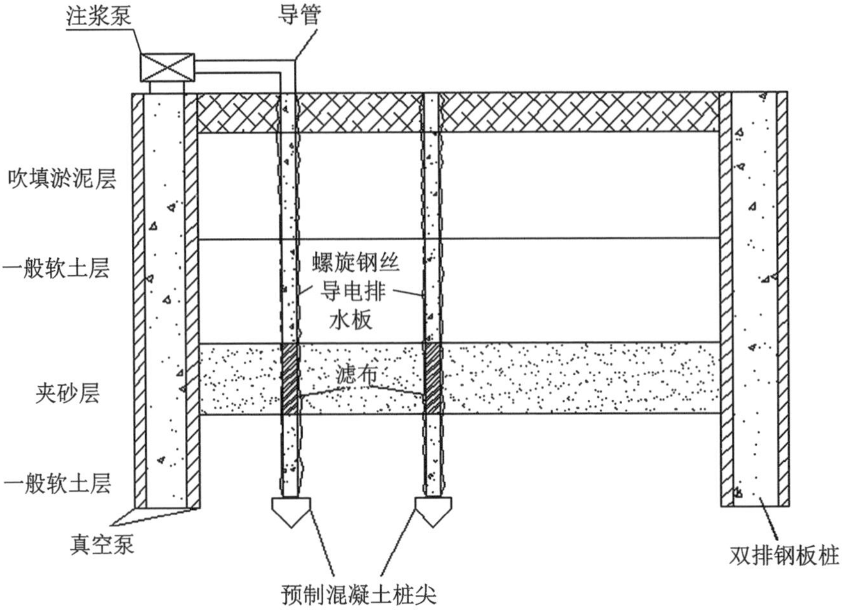

图 2.4 螺旋钢丝导电排水管注浆形成水泥浆桩

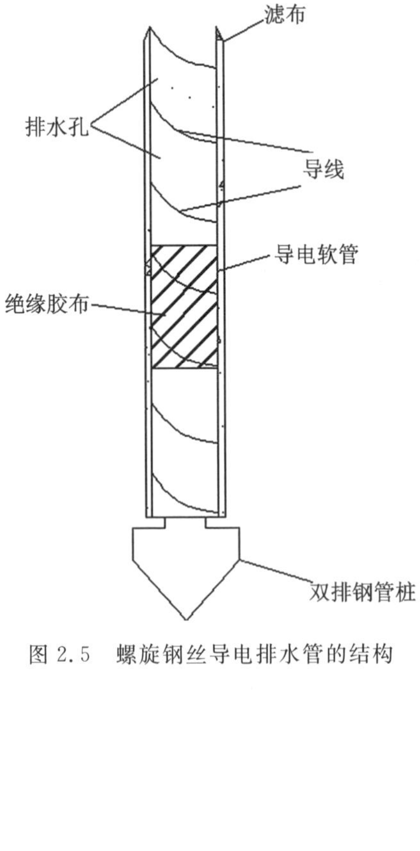

图 2.5 螺旋钢丝导电排水管的结构

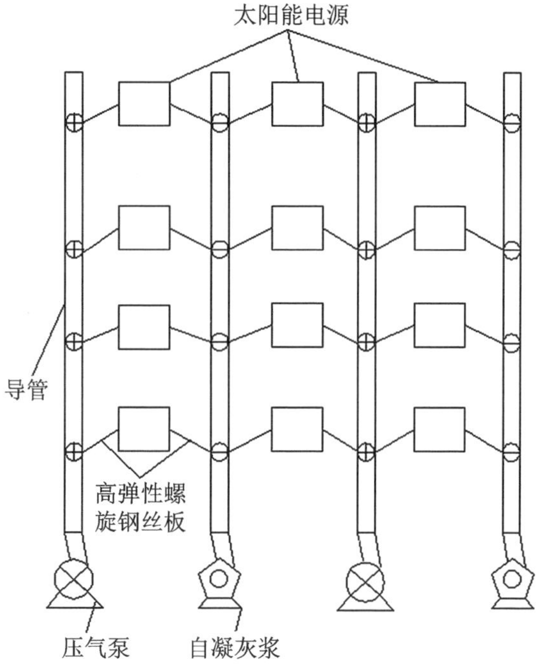

图 2.6 电渗排水注浆系统平面布置

(2)施工方法

①在吹填淤泥夹砂层地基四周插入双排钢板桩。

②在吹填淤泥层上方注入自凝灰浆,自凝灰浆凝固成自凝灰浆承载板。

③在双排钢板桩之间通过泥浆护壁法开挖自凝灰浆槽,自凝灰浆槽的深度贯穿夹砂层,并进入夹砂层下部的一般软土层的深度达 1.0m 以上,向自凝灰浆槽内灌入自凝灰浆,自凝灰浆凝固成自凝灰浆防渗墙。

④制作螺旋钢丝导电排水管,并根据夹砂层深度在螺旋钢丝导电排水管的相应位置包裹绝缘胶布,在螺旋钢丝导电排水管底端设置预制混凝土桩尖。

⑤按照矩形或正三角形布置,采用钢沉管桩机将螺旋钢丝导电排水管插入吹填淤泥夹砂层地基并达到设计的地基处理深度。

⑥将相邻 2 根螺旋钢丝导电排水管的高弹性螺旋钢丝通过导线分别与太阳能电源的正极和负极连接,将太阳能电源通过支架放置在自凝灰浆承载板上。

⑦与太阳能电源的正极连接的螺旋钢丝导电排水管通过导管连接压气泵,与太阳能电源的负极连接的螺旋钢丝导电排水管通过导管连接真空泵。

⑧启动真空泵,通过螺旋钢丝导电排水管向吹填淤泥夹砂层地基外进行真空排水;启动压气泵,通过螺旋钢丝导电排水管向吹填淤泥夹砂层地基内增压;启动

太阳能电源。

⑨吹填淤泥夹砂层地基排水处理完成后拆除上部的太阳能电源、压气泵和真空泵，保留螺旋钢丝导电排水管在吹填淤泥夹砂层地基内，将螺旋钢丝导电排水管通过导管连接注浆泵，向螺旋钢丝导电排水管内注入水泥浆，形成柔性细长桩。

(3)技术优点

1)快速形成施工作业面，省时高效

本施工方法通过在吹填淤泥层上方灌入自凝灰浆形成自凝灰浆承载板，解决了人员和机械无法进入淤泥地基施工的难题，大大减少了传统吹填淤泥施工后等待固结的时间消耗。

2)解决夹砂层漏气问题，可直接进行真空预压

本方法在基坑四周利用双排钢板桩、自凝灰浆等修筑自凝灰浆防渗墙，有效解决了夹砂层地基的漏气问题，同时克服了淤泥地基无法施工水泥或泥浆搅拌墙的问题。另外，自凝灰浆承载板和自凝灰浆防渗墙形成了一个密闭的空间，取消了常规真空预压采用的真空膜，可直接在地基内进行真空预压。

3)多功能螺旋钢丝导电排水管促进土层排水，稳固地基

当电渗系统开始工作时，其在吹填淤泥夹砂层地基中形成电渗流，促进了水分子从阳极向阴极流动，而压气则提高了吹填淤泥夹砂层地基中的孔隙压力差，并提高了地基排水效果，达到降低土层中含水量的目的。另外，当吹填淤泥夹砂层地基排水完成后，采用注浆处理的方式封闭排水通道，从而形成细长型柔性桩，将吹填淤泥夹砂层地基变成桩土复合地基，提高了吹填淤泥夹砂层地基承载力。

4)绿色环保耗能低，拆装方便易维护

相邻的螺旋钢丝导电排水管之间的电渗系统工作所需要的能源均靠设置在每对电极之间的太阳能电源提供。采用太阳能作为电渗能源能耗低，绿色环保，有利于减少相应的电渗能源消耗所造成的成本。另外，太阳能电源设置在自凝灰浆承载板上，用表面的支架进行固定安装，方便后期的拆卸，利于施工和维护，以及变换阴阳极等设置。

5)导电软管强度高、韧性好，导电性能好

导电软管内嵌的高弹性螺旋钢丝可保证螺旋钢丝导电排水管在压气或抽气过程中不被压爆或吸扁，内嵌钢丝导电可提高导电软管的导电效果，而且高弹性螺旋钢丝可提高螺旋钢丝导电排水管的柔性和强度。导电软管由聚乙烯、环氧树脂或丙烯酸酯树脂、石墨、炭黑，以及铜、铝、锌、铁或镍粉末中的一种或多种制作而成，强度高，韧性好，导电性能好。

2.4　本章小结

①总结了滩涂软基浅层固化电渗联合真空预压施工技术。滩涂吹填淤泥浅层固化处理深度宜小于 2m，可采用水泥、石灰、粉煤灰、矿渣以及各类成品固化剂，并根据吹填土的种类和性质，固化剂的主要物理、化学性质与使用性能，加固要求，施工条件等选择固化剂种类、固化剂材料配比及添加量，使用前应进行调配试验和现场固化试验。

②浅层固化吹填土的施工方法可分为管内混合处理法和场地混合处理法两大类，管内混合处理法仅适用于吹填土场地基承载力要求较低的浅层固化处理，场地混合浅层处理吹填土的施工可分为粉剂材料施工和浆液剂施工两类。

③总结了电渗联合真空预压施工工艺，并全面总结了夹砂层地基密封施工、插板施工、水平排水系统施工、铺膜和压膜施工、电渗施工等工艺，为电渗联合真空预压现场施工提供参考。

④开发了滩涂围垦吹填淤泥夹砂层地基加固结构及施工方法专利技术，采用导电排水管作为排水电极，采用自凝灰浆墙作为场地密封和真空覆盖层，采用太阳能电池系统供电进行电渗联合真空预压施工，预压完成后在导电排水管内注浆封堵排水通道并形成复合地基，为滩涂软基土地处理提供了新的思路。

第3章 电渗复合地基技术开发

3.1 引 言

电渗联合不同种类的桩加固软土地基,需要根据实际情况,设置对应的阴极、阳极。阴极、阳极的设置是电渗联合不同类型的桩加固软土地基的关键技术,目前电渗增强桩加固软土地基技术所用的阳极导电材料虽然没有统一的规定,但大多是与桩绑定或者就是桩本身,仅电渗联合沉管灌注桩技术的阳极与桩相互独立。合理的阴极、阳极的设置,可以在很好地实现加快超孔隙水压力的消散、土体固结、提高桩—土界面强度等有益效果的同时节约工程成本、缩短工程周期。至于不同阳极导电材料的不同电渗增强桩哪一种的实际效果更加好,还需要后期模型试验研究和工程实践来进行验证。

3.2 电渗增强桩技术实施方式

电渗增强桩技术实施步骤:设计阴极、阳极→平整场地、设备进场→将阴极、阳极(桩)打入指定位置→电渗排水→电渗完毕,取出阴极材料,清理场地。

电渗增强桩技术实施方式的重点是阴极、阳极的设置,而打桩过程并无特别之处,故本章在介绍电渗增强桩技术实施方式时,着重介绍阴极、阳极的布置方式。

3.2.1 电渗联合钢管桩技术实施方式

Soderman 和 Milligan[120]提出在某大桥建设中用电渗联合 H 形钢管桩加固软土地基,使 H 形钢管桩承载力得到了明显提高。我们认为可以直接用钢管桩作为阳极,用导电塑料排水板作为阴极,将阴极、阳极布置在指定位置,再进行电渗固结即可。

3.2.2 电渗联合沉管灌注桩技术实施方式

(1)技术背景

当地面堆载、地下水位下降及湿陷性黄土遇水等因素造成桩周土体沉降大于桩体沉降时,桩侧土对桩身产生向下的负摩阻力。负摩阻力不仅不能为承担上部荷载做出贡献,反而还要产生作用于桩身且与荷载方向相同的下拽力和下拽位移。研究表明,沥青涂层法是一种减少负摩阻力对预制桩影响的有效方法之一。然而,沥青涂层材料对地下水环境存在一定的污染作用。

先对造成固结沉降的软土层进行地基处理,然后再进行打桩。然而,该方法延长了施工工期,且加固后的软土地基增加了打桩的难度和成本。

技术名称为"一种扩底预应力锥形管桩及其施工方法"的专利[127],其基桩纵向截面形式复杂,对施工设备和施工队伍的要求相对较高,且中性面以上部分土体对基桩的摩擦力仍为负值,没有发挥该部分土体对支撑桩基础承载力的作用。

技术名称为"一种减小沉管灌注桩负摩阻力的技术装置及其使用方法"的专利[128],对施工控制要求相对较高,且同样存在没有发挥中性面以上部分土体对支撑桩基础承载力的作用。

技术名称为"一种消除桩基负摩阻力的装置"的专利[129],虽能在一定程度上减小了负摩阻力,但是施工成本和工程造价相对较高,卸荷套管与土体之间、卸荷套管与基桩之间的摩阻力也需要采用润滑油等材料进行处理,且中性面以上部分基桩与卸荷套管之间仍存在一定数值的负摩阻力,没有发挥中性面以上部分土体对支撑桩基础承载力的作用。

综上所述,目前常用的减小负摩阻力对基桩影响的方法均是基于减少中性面以上桩与土之间的摩阻力的思路,而未考虑将该部分负摩阻力转化为可以提高桩基承载力的正摩阻力,这些方法在一定程度上浪费了中性面以上基桩支撑上部荷载的潜能。因此,本技术的目的是提供一种采用电渗法及化学电渗法减少灌注桩桩侧负摩阻力的施工方法。

(2)技术方案

1)具体内容

孔纲强等[130]已经授权《一种减少灌注桩桩侧负摩阻力的施工方法》这一发明专利(如图3.1所示),该专利涉及的电渗联合灌注桩加固软土地基所采用的阳极为阳电极管并加入氯化钙溶液,阴极为阴电极管并加入碳酸钠溶液。阳极、阴极如此设置可以有效提高电渗固结的效果。在电渗固结土体达到设计强度之后,进行沉管灌注桩的施工。专利中未提及在沉管灌注桩施工完毕之后是否继续进行电渗，我们认为继续进行电渗可以进一步提高沉管灌注桩的承载力，在沉管灌注桩完成后继续电渗是很有必要的。

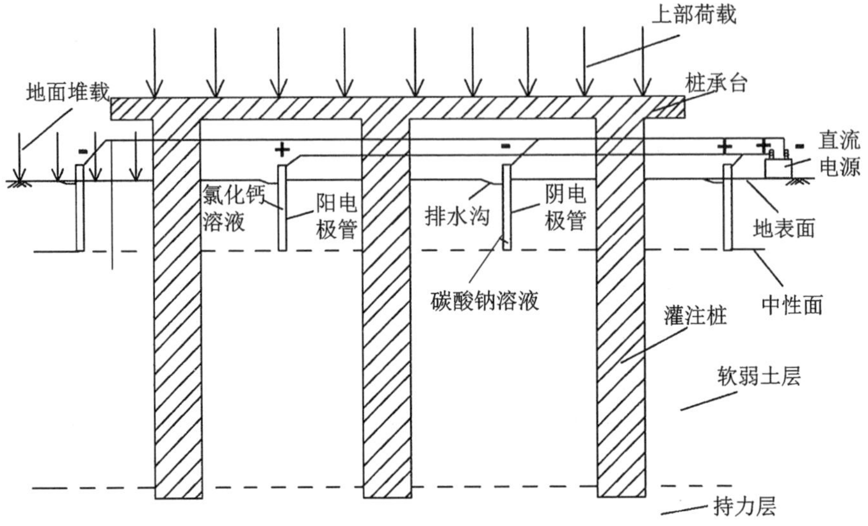

图 3.1　一种减少灌注桩桩侧负摩阻力的施工方法

2)施工方法

①按照设计要求施工灌注桩，根据设计计算确定灌注桩的中性面位置。

②根据计算确定的中性面位置确定电渗法所用的电极长度，制作符合设计要求的阳电极管、阴电极管，并将阳电极管、阴电极管按设计位置沉入至灌注桩周边。

③在地表面邻近阴电极管处，开挖排水沟，并将排水沟互相连通形成网络，以方便电渗法处治排出的水排出处治场地以外。

④将直流电源的正极、负极分别与阳电极管、阴电极管连接，通电进行电渗法，在电场作用下，土中水从正极流向负极，产生电渗。当阴电极管流出水量小于10mL/h时，向阳电极管内加入氯化钙溶液，使现场溶液浓度为5%～10%，再向阴电极管内加入碳酸钠溶液，使现场溶液浓度为10%～20%，再次通电进行化学电渗法。

⑤阳电极管附近周边土体出现泛白、开裂现象，阴电极管的出水量明显减小，当出水量小于0.1mL/h时，停止电渗法施工。

⑥回收电极材料，回填地表沉降差，使其达到设计地表标高，施工灌注桩承台，完成建筑桩基础的整体施工。

(3)技术优点

本技术对软弱土层进行化学溶液联合电渗法处治，使后续可能固结沉降的土体提前排水固结，同时，利用化学溶液之间的化学反应所生成的沉淀物对土体的加固作用和对桩—土接触面的摩擦系数的提高作用，增大了灌注桩桩侧正摩阻力，将上部软弱土层潜在的负摩阻力转变成可以支撑上部结构荷载的正摩阻力，从而经济、有效地解决了负摩阻力对基桩承载力的影响，提高了桩基础整体承载力。其施工方法简单，可操作性强，效果显著，经济效益明显。

3.2.3　电渗联合预制桩技术实施方式

(1)技术背景

我国沿海广泛分布着大量的深厚软土地基，其土质主要为淤泥质土。由于软土地基具有含水量高、压缩性大、渗透性低等特点，因此在建筑工程、道路工程等施工前通常需要进行地基处理。预制桩是应用非常普遍的软土地基处理方法，最为常见的预制桩桩型为钢筋混凝土管桩或钢筋混凝土方桩，其具有单桩承载力高、成桩质量可靠、施工效率高等优点。

预制桩施工通常采用夯击、振动或静压的方式施工，由于软土地基含水量很高，渗透性又比较差，因此预制桩沉桩过程中会在桩下部产生很高的超孔隙水压力。超孔隙水压力难以消散，不仅会使预制桩沉桩困难，而且会产生严重的挤土效应，致使周围已经施工完成的预制桩上浮、倾斜甚至断桩。同时，预制桩沉桩会造成桩侧土体结构破坏，抗剪强度严重削弱甚至丧失，沉桩完成后抗剪强度需要很长时间才能恢复，预制桩承载力增长缓慢，影响施工工期。另一方面，预制桩表面光滑，桩周软土抗剪强度又较低，因而桩侧摩阻力偏低，单桩承载力不高，通常需要较密的桩间距方能提供需要的地基承载力，造成预制桩软基处理成本较高，资源浪费。另外，桩周软土在上覆荷载作用下固结沉降，往往会产生较大负摩阻力，降低预制桩单桩承载力。

综上所述，预制桩加固软土地基具有挤土效应严重、承载时效性差、桩侧摩阻力低、负摩阻力大等问题，亟须通过改进技术解决这些问题。

(2)技术方案

1)具体内容

崔允亮等[131]已经授权《一种电渗增强桩加固软基装置及施工方法》这一发明专利（如图 3.2～3.4 所示），该专利所涉及的电渗联合预制桩加固软土地基技术所采用的阳极是表面粘贴有条状碳纤维布且碳纤维布内包裹有金属丝的预制桩；阴极是导电塑料排水管。为防止粘贴在预制桩表面的条状碳纤维布在打桩过程中掉落，将其每隔一定的距离用钢环固定；桩端设置桩靴，将碳纤维布和预制桩桩端置于桩靴内。阳极、阴极如此设置之后，将预制桩打入软土地基中，再进行电渗固结。

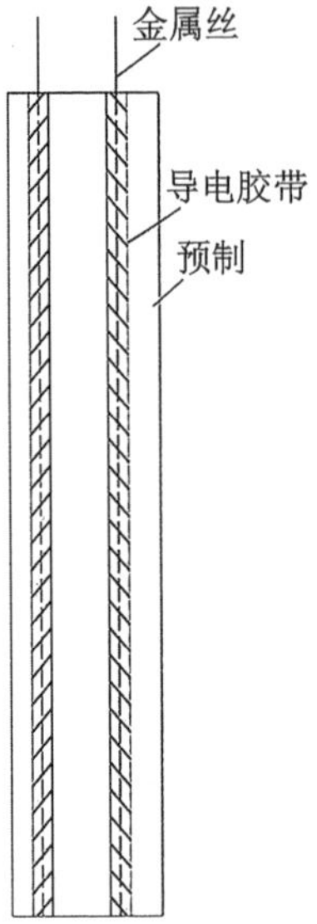

图 3.2 电极

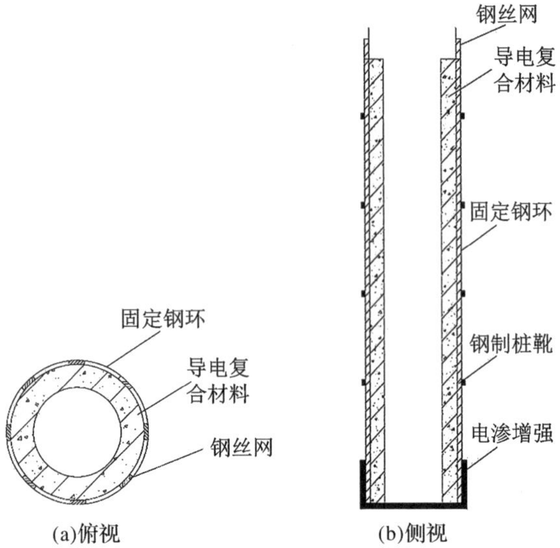

图 3.3 电渗增强桩

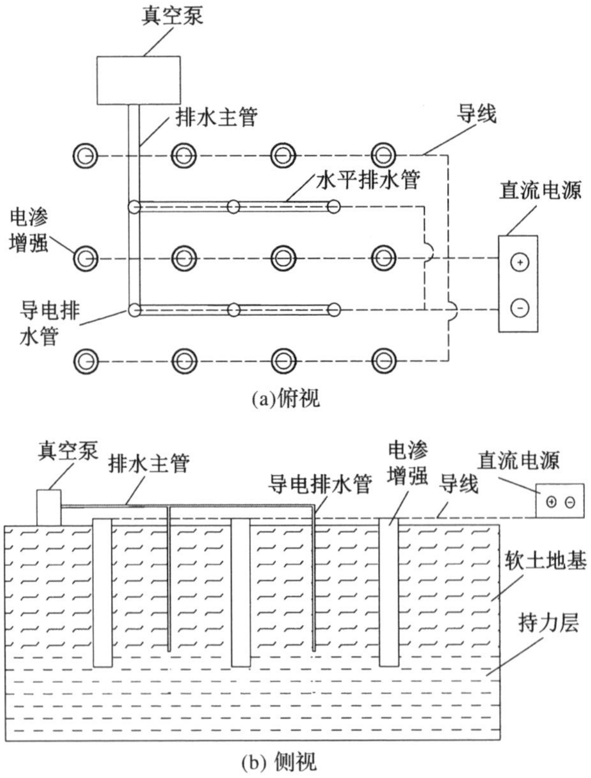

图 3.4 电渗增强桩加固软基装置

2)施工方法

①在条状碳纤维布上用导电胶带粘贴2根及以上金属丝,形成导电复合材料,根据工程需要制备多根导电复合材料。

②按照预制桩桩底形状和尺寸预制钢制桩靴。

③在碳纤维管或镀锌钢管周身钻设小孔并外包土工滤布,形成导电排水管,或者直接采用导电塑料制作成内芯的导电塑料排水板。

④在预制桩表面均匀间隔粘贴多根导电复合材料,采用环氧树脂作为胶结剂,导电复合材料沿预制桩竖向粘贴。

⑤将导电复合材料桩底互相联通并将钢制桩靴安装在桩底,并将导电复合材料置于钢制桩靴内。

⑥在预制桩及导电复合材料外部包裹一层钢丝网,沿预制桩竖向每隔一定距离安装一个固定钢环固定钢丝网。

⑦将设有导电复合材料和钢制桩靴的预制桩压入软土地基,导电复合材料通过导线与直流电源正极连接,导电复合材料视为阳极。对于挤土效应不严重的情况,直接将预制桩压至设计深度,然后再连接导线;对于挤土效应严重的情况,在压桩前就应将桩侧导电复合材料通过导线连接到直流电源的正极,在压桩过程中即启动直流电源进行电渗,降低压桩引起的超孔隙水压力。

⑧将导电排水管在设计位置引孔插入软土地基中,通过导线与直流电源负极连接,导电排水管视为阴极。

⑨在导电排水管顶端通过三通连接水平排水管,将水平排水管汇总到一根排水主管上并连接真空泵。

⑩启动直流电源和真空泵,使桩侧的水分在电场作用下流向导电排水管并排出地基。

⑪压桩结束后持续电渗和排水,提高桩侧摩阻力,直至单桩承载力达到设计要求或导电排水管无水排出。

(3)技术优点

①电渗能够促使桩周的孔隙水迅速流向桩间的阴极管,在打桩施工过程(即开始电渗)中,打桩产生的超孔隙水压力在电渗作用下能够得以迅速消散,能够显著减轻沉桩引起的挤土效应,防止挤土效应对周边管线、建筑物等的影响。

②沉桩完成之后,电渗作用能够继续促进桩周土体固结,加快桩承载力增长,提高预制桩承载力的时效性,实现上部结构快速加载。

③由于电渗能够对软土中细颗粒周围的弱结合水起作用,在持续的电渗作用下,桩侧土体中的水分逐渐被疏干,桩周土体强度显著提高,同时桩—土界面上的

电化学作用增强了桩—土界面的强度，从而能够大大增加桩侧摩阻力，使电渗增强桩获得比无电渗作用预制桩更高的承载力，可以根据设计在一定程度上缩短深厚软黏土中摩擦桩的桩长。

④本技术不仅解决了预制桩的摩阻力问题，同时还促使桩间土的固结排水。地基中的水在电渗作用下流向排水导电管，并通过真空泵从排水导电管中排出，使软土得到固结沉降，对桩间土的加固作用显著。桩间土承载力提高的同时对预制桩复合地基承载力的提高也十分有利。

⑤本技术所述的导电复合材料采用结构加固工程中常用的条状碳纤维布，利用导电胶带将2根铜丝粘贴在条状碳纤维布上，制作成导电复合材料，这种复合材料具有高强度、高导电性和高耐腐蚀性的特点。

⑥本技术在桩底设置有钢制桩靴，在沉桩过程中对导电复合材料具有较好的保护作用，防止预制桩下沉中对导电复合材料造成损伤。

⑦本技术在导电复合材料外设置有钢丝网并每隔一定距离设置有固定钢环，钢丝网一方面保护导电复合材料不被沉桩阻力破坏，另一方面也使导电复合材料互相连通起来，从而提高导电的均匀性，防止局部损坏而导致导电中断，固定钢环用于固定钢丝网和导电复合材料。

3.2.4 电渗联合的一种新型桩技术实施方式

(1)技术背景

随着现代化建设，我国工程建设的范围越来越广泛，数量越来越庞大。我国东南沿海如上海、宁波、温州、福州、厦门、深圳和广州等地区，以及昆明和武汉等内陆地区，都是经济发达的地区，各种工程建设尤其多。但这些地区的土质主要为软土。软土具有含水量高、天然孔隙比大、压缩性高、渗透性小、抗剪强度低、固结系数小等特点，正是由于这些特点，在工程中必须对软土地基进行处理。在实际工程中会遇到各种各样的软土地基处理问题，需要用到不同的软土加固方法。

综上所述，不断技术改进适用于各种软土地基处理的方法，从而进一步提高工程质量，创造更大的经济效益是十分必要的。一种褶皱桩及其施工方法正是根据这一要求，为处理饱和软土地基而提出的。

(2)技术方案

1)具体内容

王新泉等[132]已经授权《一种褶皱桩及其施工方法》这一发明专利(如图3.5～3.7所示)，该专利所涉及的电渗联合褶皱桩(一种新型桩)加固软土地基技术所采用的阴极是导电塑料排水板，阳极是表面覆盖有导电塑料排水板、塑料排水板外侧覆盖有钢片的褶皱桩，褶皱桩在覆盖导电塑料排水板和钢片之后，整体呈圆柱状。如此设置阳极、阴极之后，将表面覆盖有导电塑料排水板和钢片的褶皱桩打入软土地基中，再进行电渗固结。

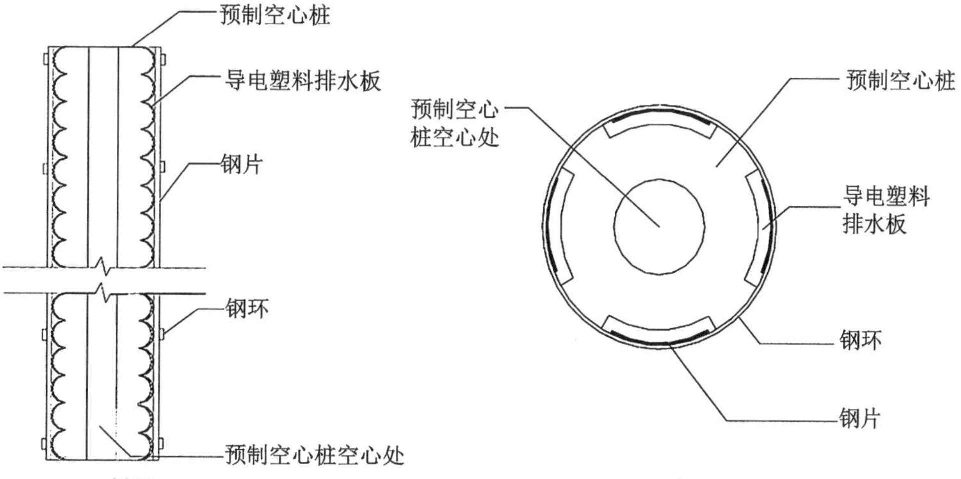

(a)剖面　(b)截面

图 3.5　褶皱桩

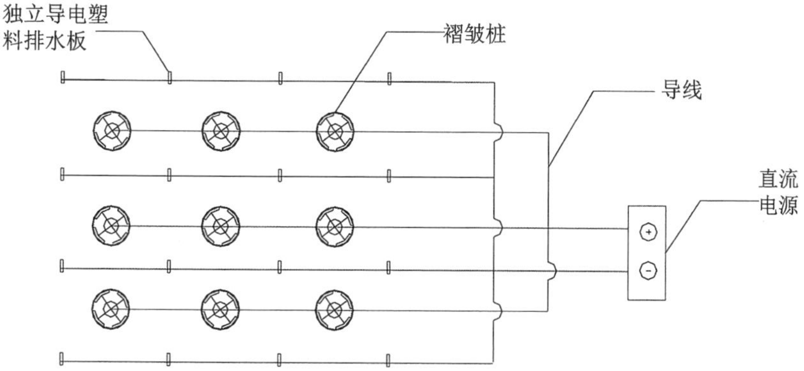

图 3.6　褶皱桩连接及布置

2)施工方法

①预制褶皱桩：根据设计要求，由工厂加工预制空心桩，将导电塑料排水板紧密贴于预制空心桩凹槽处，将钢片覆盖在导电塑料排水板上，相隔一定间距采用钢环固定。

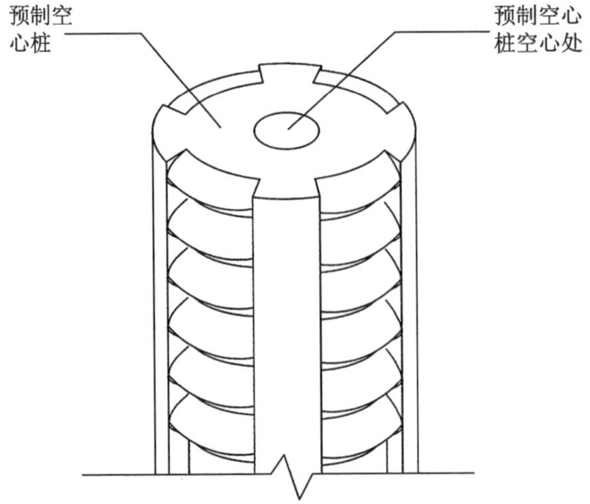

图 3.7 褶皱桩三维实体

②施工前准备：场地清平，机械行走轨道铺设，机械进场。

③褶皱桩植入：将褶皱桩植入到设计的土体深度，避免异物进入导电塑料排水板。

④电渗固结：通过绝缘导线连接导电塑料排水板，将一排桩上的导电塑料排水板通过同一根导线连接直流电源正极，作为阳极；在每根褶皱桩四周设置四块独立导电塑料排水板，每一块独立的导电塑料排水板分别正对着褶皱桩上的一块导电塑料排水板，通过一根导线连接直流电源负极，作为阴极，进行电渗固结。

⑤施工完成：持续进行电渗加固工作，覆盖在褶皱桩表面的钢片不断被腐蚀，饱和软土地基中的孔隙水不断远离褶皱桩，褶皱桩桩周土体不断自密实，直至地基满足承载力设计要求，再进行后续工程施工。

(3)技术优点

①本技术采用褶皱桩，由于褶皱桩本身的特性，可大量节省制桩过程中混凝土的用量。

②本技术采用导电塑料排水板紧密贴在褶皱桩凹陷处，并在塑料导电排水板上覆盖了一层钢片，使褶皱桩整体呈规则的空心圆柱的设计，以减少沉桩时受到的土体的阻力，提高沉桩速度。

③本技术在沉桩过程中，饱和软土中的孔隙水由于沉桩时的挤压力，不断通过塑料排水板往上排水，促使超孔隙水压力消散，从而防止了浮桩、断桩现象的产生。

④本技术采用褶皱桩，其外侧有 4 条竖向凹槽，凹槽外表面由若干个半圆弧面首尾连接组成，在电渗作用下，外侧的钢片产生电化学腐蚀，土体和褶皱桩凹槽外

表面上的导电塑料排水板充分接触，从而能够增大桩身与土体的接触面积，增大桩侧摩擦力，同时提高褶皱桩凹槽外表面半圆弧面的承载力。

⑤本技术采用褶皱桩，褶皱桩主体为预制空心桩，能够增大桩身与土体的接触面积，进一步增大桩身的摩擦力。

⑥本技术采用电渗固结，促使饱和软土中的孔隙水远离桩身，促进桩周土体强度提高，从而进一步提高桩端承载力，提高褶皱桩凹槽外表面半圆弧面的承载力，提高桩侧摩擦力。

3.2.5　电渗联合囊袋扩底桩技术实施方式

(1)技术背景

随着我国经济的快速发展，我国工程建设的范围越来越广泛，数量越来越庞大，长三角、珠三角地区作为我国经济最发达的 2 个地区，各种工程建设尤其多，但这 2 个地区的土质主要为软土。软土具有含水量高、天然孔隙比大、压缩性高、渗透性小、抗剪强度低、固结系数小等特点。在建筑工程、道路工程等施工中遇到软土问题不进行有效处理，必然影响工程的质量，从而会影响到社会经济的发展，还会威胁人民群众的生命健康安全。在实际工程中会遇到各种各样的软土地基处理问题，需要用到不同的方法加固软土地基，而不同的加固软土地基的方法会用到不同的桩。

综上所述，不停地改进现有软土地基的桩，创造新的软土地基处理的桩，使之与新的软土地基加固方法相适应，从而提高工程质量并为工程带来巨大的经济利益是十分必要的。

(2)技术方案

1)具体内容

项鹏飞等[133]已经授权《一种用于电渗加固软土地基的囊袋扩底桩》这一专利(如图 3.8～3.9 所示)，该专利涉及了一种与电渗联合加固软土地基的囊袋扩底桩。该技术采用的阳极是导电塑料排水板和涂有石墨粉且由碳纤维布制成的囊袋，其从桩顶延伸到桩底的囊袋处；阴极是导电塑料排水板。阳极、阴极如此设置之后，将囊袋扩底桩打入软土地基中，再进行电渗固结。

2)施工方法

①施工前准备：根据设计要求由工厂预制所需 PRC 桩，制作囊袋，在囊袋表面再均匀地涂一层石墨，用多股钢丝将囊袋固定于桩端，用环氧树脂作为黏结剂将导电排水板紧密黏结在 PRC 桩上，再用钢环均匀地固定每根 PRC 桩上的 2 条导电塑料排水板；场地清平，机械行走轨道铺设，机械进场。

②PRC 桩植入：将绑扎有扩底囊袋的 PRC 桩植入土体内，绑扎有扩底囊袋的

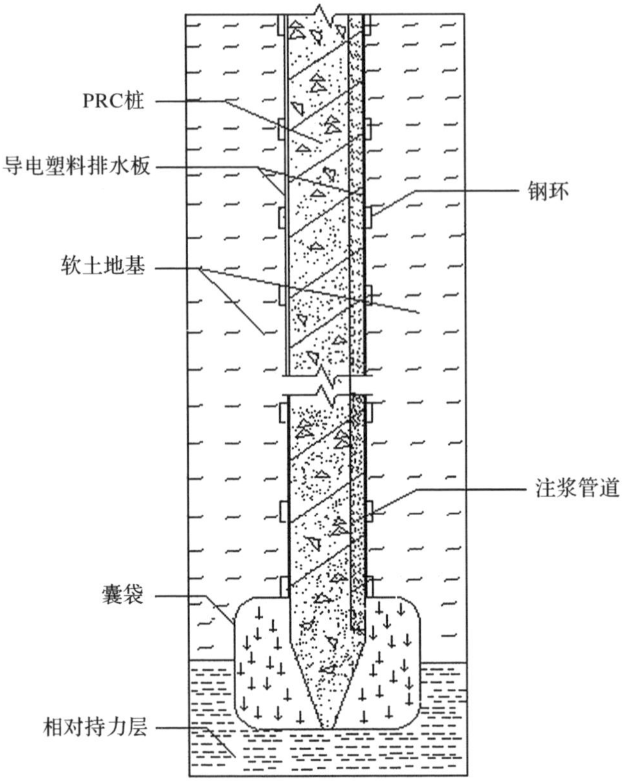

图 3.8 囊袋扩底桩

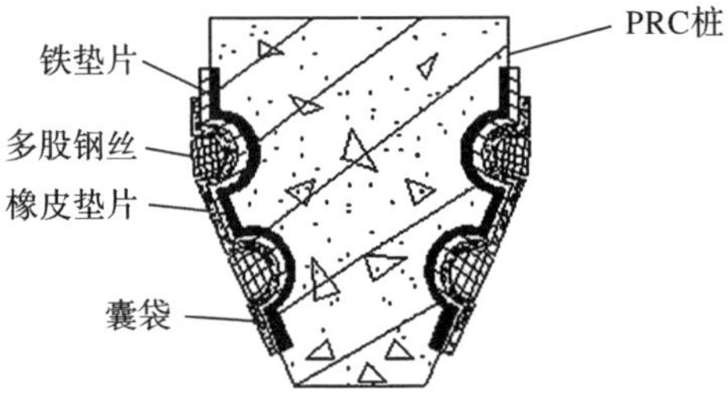

图 3.9 囊袋扩底桩底部绑定囊袋时

PRC 桩的桩底要到达相对持力层，避免异物进入注浆孔道造成堵管，并避免异物进入导电塑料排水板。

③囊袋内注浆：矫正桩体高度后，向扩底囊袋内高压注浆，根据桩底扩大头设计尺寸，注入适量水泥浆。

④配合电渗加固软土：导电塑料排水板通过绝缘导线连接，将一排桩上的导电塑料排水板通过同一根导线连接作为阳极连接直流电源正极，将相邻一排桩上的

导电塑料排水板通过一根导线连接作为阴极连接直流电源负极，进行电渗加固。

⑤施工完成：进行间歇通电和电极转换，持续进行电渗加固工作，使地基中的孔隙水通过导电塑料排水板不停地排出地基，直至地基满足承载力设计要求，再进行后续工程施工。

(3)技术优点

①采用囊袋扩底桩，能够增大桩底与土体的接触面积，显著增大桩端的承载力。

②囊袋采用碳纤维布制成，在囊袋表面再均匀地涂一层石墨粉，能有效提高囊袋的导电性，从而改善囊袋扩底桩桩底囊袋处的电渗固结效果，使桩底土体更加密实，进一步提高桩端的承载力。

③囊袋扩底桩底端为圆台形，可以有效提高打桩速度。

④所用的 PRC 桩能获得比同等条件下的普通桩更好的承载力效果。

3.2.6 电渗联合塑料套管桩技术实施方式

(1)技术背景

我国沿海广泛分布着大量深厚软土，主要包括天津、连云港、上海、舟山、宁波、温州、福州、厦门、泉州、漳州、广州等地区，其土质主要为淤泥质土。这些地区都属于我国人口密集、经济发达的地区，且这些地区都正在进行大规模的建设。由于软土具有含水量高、天然孔隙比大、压缩性高、渗透性小、抗剪强度低、固结系数小等特点，在建筑工程、道路工程等施工中遇到软土问题若不进行有效处理，必然影响工程的质量，从而会影响到社会经济的发展，还会威胁人民群众的生命健康安全。

道路建设是经济发展的基础，也是我国未来几年势必要蓬勃发展的重要工作。塑料套管混凝土桩是一种新型小直径刚性路堤桩，虽然已在国内多条高速公路和市政道路工程中应用，并取得一定的技术经济效益，但是在软土地区应用却存在一定的技术难题。软土含水量很高，渗透性又比较差，会在塑料套管混凝土桩下部产生很高的超孔隙水压力，且不易消散；塑料套管混凝土桩也会产生严重的挤土效应，这就会使周围已完成的桩上浮、倾斜；此外，塑料套管混凝土桩表面的塑料套管虽然表面有凹陷，可一定程度上提高侧摩阻力，但是由于桩周围全是软土，塑料套管混凝土桩侧摩阻力仍然不高，通常需要较密的桩间距方能提供需要的路基承载力，这就导致了资源的浪费，工程成本的上升。

综上所述，不断改进软土处理方法十分必要，尤其是需要改进塑料套管混凝土桩加固软土路基时所存在的严重超孔隙水压力、严重挤土效应、桩侧摩阻力低等问题，将每根塑料套管混凝土桩的作用发挥到最大，解决这些问题必将带来巨大的经济和社会效益。

(2)技术方案

1)具体内容

魏纲等[134]已经授权《竹节套管桩联合电渗加固软土路基系统及施工方法》这一发明专利(如图 3.10～3.13 所示),该专利所涉及的电渗联合竹节桩(塑料套管桩的一种)加固软土地基技术所采用的阳极为竹节套管外贴有导电塑料排水板并用钢环固定的竹节套管桩,阴极为导电塑料排水板。阳极、阴极如此设置之后,将竹节套管外贴有导电塑料排水板并用钢环固定的竹节套管桩打入软土地基中,再进行电渗固结。

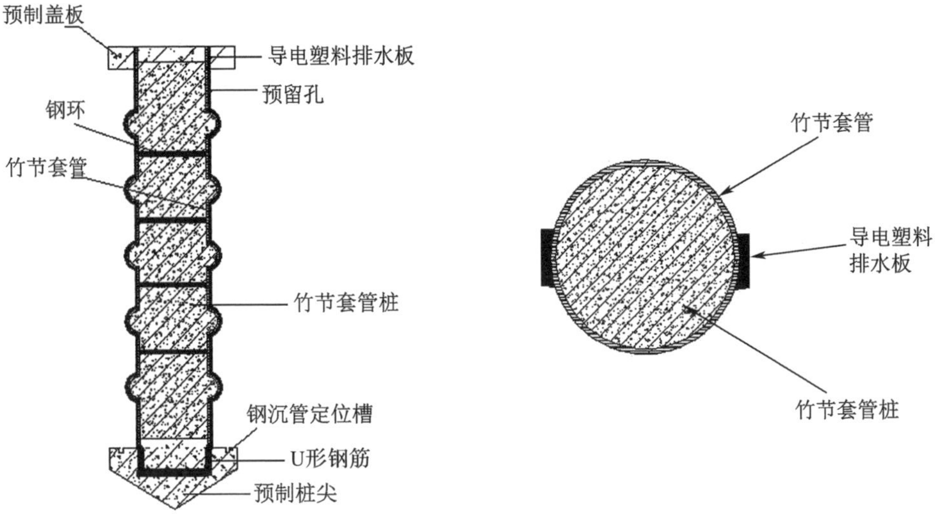

(a)立面　　(b)横截面

图 3.10　竹节套管桩

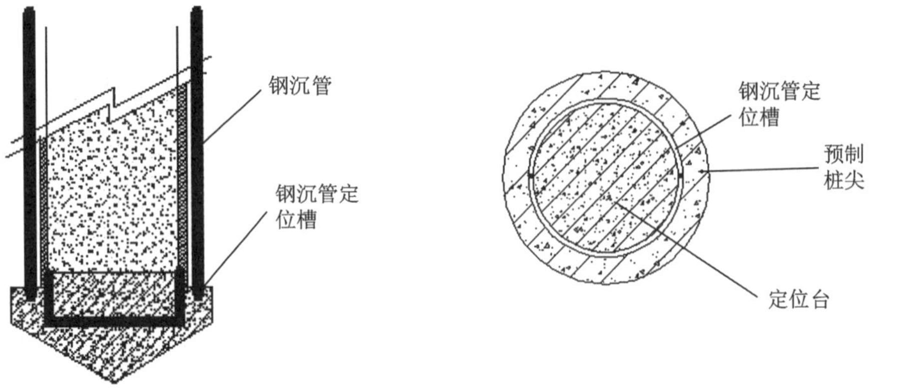

(a)剖面　　(b)横截面

图 3.11　桩尖

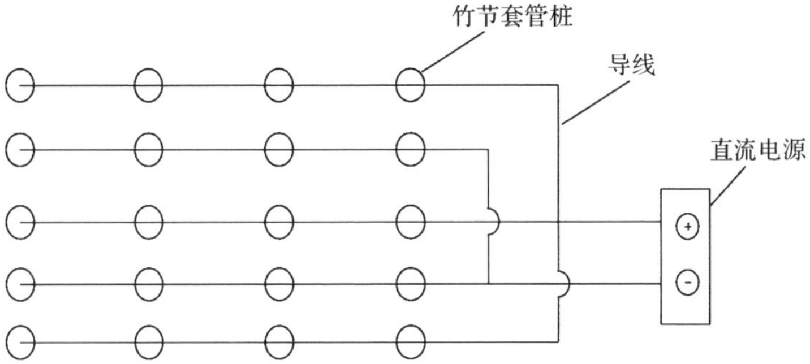

图 3.12　竹节套管桩联合电渗加固软土地基系统平面布置

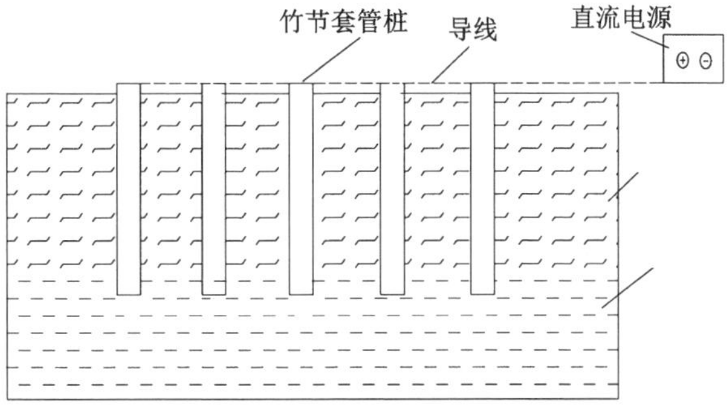

图 3.13　竹节套管桩联合电渗加固软土地基

2)施工方法

①采用钢筋混凝土制作预制桩尖，预制桩尖顶面预留插入端和沉管凹槽，预制桩尖内预埋一根 U 形钢筋，U 形钢筋露出预制桩尖顶面 20～40cm，露出部分在插入端两侧对称布置。

②将多节竹节套管首尾连接，并在竹节套管两侧对称设置 2 根导电塑料排水板，每节竹节套管与导电塑料排水板通过铁丝缠绕固定。

③将最下一根竹节套管套入桩尖的定位台，并用铁丝固定，将 2 根导电塑料排水板分别于桩尖上预留的 U 形钢筋的两端连接固定。

④将钢沉管套入连接好的竹节套管和导电塑料排水板，并将沉管嵌入桩尖上预留的沉管凹槽，利用沉管桩机通过振动或静压方式将沉管压入地基。

⑤拔出钢沉管，桩尖和竹节套管留在地基中，向竹节套管中灌注混凝土。

⑥盖板上预留竹节套管插入槽和 2 个预留孔。

⑦将竹节套管桩顶端插入预制盖板的插入槽，并将 2 根导电塑料排水板通过预留孔伸出预制盖板。

⑧将导电塑料排水板通过绝缘导线连接，将一排桩上的导电塑料排水板通过

同一根导线连接作为阳极连接直流电源正极，将相邻一排桩上的导电塑料排水板通过一根导线连接作为阴极连接直流电源负极。

⑨地基中的孔隙水通过导电塑料排水板排出地基。

⑩铺筑碎石垫层，并填筑路基，在填筑路基过程中持续进行电渗排水，根据排水效果进行间歇通电和电极转换，电渗排水至路基沉降满足设计要求。

(3)技术优点

①竹节套管桩采用竹节式套管，由一段一段套管连接而成，解决了常规塑料套管桩套管长度难以控制导致施工困难的问题。

②竹节套管带凸起，提高了普通塑料套管桩与周围土体的摩阻力，从而提高承载力。

③竹节套管外部贴有导电塑料排水板，可以促使地基中的水分从排水板中排出地基，消散施工时产生的超孔隙水压力，对解决常规塑料套管桩施工挤土效应非常有效。

④电渗作用能促使桩间的孔隙水迅速从正极桩流向负极桩，提高桩间土体的承载力，同时对消散超孔隙水压力具有较好的促进作用。

⑤电渗能够对土体产生电化学作用，促进桩周围土体固结，提高了桩身摩阻力，增大桩与土体间的界面强度。

⑥预制桩尖内预埋连接钢筋保证了2个导电塑料排水板导电连通。预制桩尖上的沉管凹槽用于采用钢沉管来下压桩体。

⑦预制盖板上设置有预留孔，可以保证排水通道。

3.3 本章小结

本章研究了电渗增强桩技术中的电渗联合钢管桩、电渗联合沉管灌注桩、电渗联合预制桩、电渗联合新型桩、电渗联合囊袋扩底桩、电渗联合塑料套管桩这6种方法的实施方式，着重介绍了这6种方法中阴极、阳极的材料和布置方式。

第4章
土体电动参数试验分析

4.1 引言

电渗透系数和电阻率(电导率)是电渗试验中2个重要的参数,是电渗法在工程运用时工期、成本估算的重要依据,决定着电渗的持续时间、停止时间。电渗透系数主要与孔隙率、淤泥的矿物组成、孔隙水电解质浓度、离子化合价、介电常数和双电层中可移动水的粘滞系数等因素有关。电阻率(电导率)主要与孔隙率、饱和度、孔隙水离子浓度、温度、土的矿物组成等因素有关。电渗法在处理吹填或沿海软黏土时,通常发现其含水率变化大并且含有一定量的砂;电渗法在处理淤泥时,通常会使用絮凝剂使淤泥初步脱水。因此,我们参照上述2种电渗法实际应用的工况,研究不同工况下的电渗透系数、电阻率(电导率)的变化机理,为实际工程提供了参考。

本章在研究软黏土时,设定了4种含水率和含砂率,采用改进的 Miller Soil Box 进行电阻率测试,并采用自制的底部钻有密集小孔的圆柱形塑料盒测量电渗透系数,对比分析了含水率和含砂率变化下的电渗透系数、电阻率变化机理。在研究淤泥时,选取了5种絮凝剂,首先根据沉降柱试验确定絮凝剂的最优掺量,然后使用核磁共振仪测定掺加最优掺量絮凝剂淤泥的孔径分布,最后采取改进的 Miller Soil Box 装置测定掺加最优掺量絮凝剂淤泥的电导率和电渗透系数试验,以便揭示电渗固结过程中各项参数(电流、电势、有效电阻、电导率、电渗透系数等)的变化机理。

4.2 软土的电渗透系数、电阻率研究

4.2.1 软土含水率、含砂率和电阻率的关系

(1)土样的制备

本试验所用黏土取自杭州某工地,土样为黄色,其天然状态下的物理指标如表4.1所示。

表 4.1 土样物理指标

含水率/%	孔隙比	饱和度/%	土粒相对密度	液限/%	塑限/%
14.5	0.94	41	2.75	45.3	23.2

试验所用的砂是市场上购买的中砂,细度模数为2.6,干密度为1.64g·$(cm^3)^{-1}$。

本模型试验共需不同含水率不同含砂率的土样20个,土样的制备步骤如下:①将原状土经过筛分、烘干、研磨成粉,将砂烘干处理;②按照砂和黏土0∶10,1∶9,2∶8,3∶7的比例称取(黏土的含砂率不超过30%,超过30%将成为粉质黏土,本试验不进行研究);③按照15%、20%、25%、30%、35%的含水率分别加水搅拌,最终制成试验所需的20个土样。

(2)电阻率测试

本试验采用改进的Miller Soil Box进行电阻率测试。试验所用的塑料盒内部尺寸为长22.5cm、宽12cm、高5cm,电阻率测试如图4.1所示。在试验过程中要保证含水率较大、流动性较好的土样填满整个塑料盒内部;对于含水率低、呈颗粒状的土样,应保证试样密度为1.9g·$(cm^3)^{-1}$。

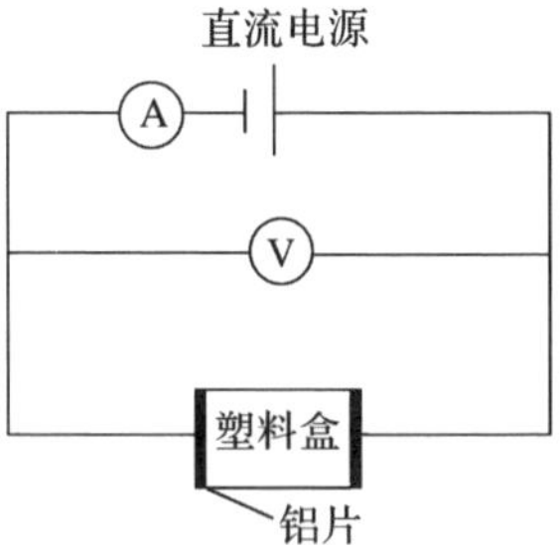

图 4.1 电阻率测试

电阻率公式为:

$$\rho_0 = R\frac{BH}{L} \tag{4.1}$$

式中:ρ_0为土样的电阻率,单位为Ω·m;R为试验所测平均电阻,单位为Ω;B为试验容器的宽,单位为m;H为试验容器的高,单位为m;L为试验容器的长,单位为m。

测量时应读取电流和电压的读数，换算出 R。本模型试验所用电流表为数显式，最小精度为 1mA，有时会产生跳数现象，采用 30V、25V 电压分别测电流，所得 R 取平均值的方式来提高试验时所测 R 的精度。

(3)试验数据分析

根据模型试验，所测得不同含水率不同含砂率时的电阻率如表 4.2 所示。

表 4.2　不同含水率、不同含砂率土样的电阻率　(单位：Ω · m)

$m_{水}/m_{黏土+水}$	$m_{砂}/m_{黏土}$			
	0 : 10	1 : 9	2 : 8	3 : 7
15%	2354	2042	2004	1924
20%	847	754	798	1026
25%	757	848	904	988
30%	788	904	1000	1042
35%	714	822	857	984

(4)含水率与电阻率的关系

根据表 4.2 不同含水率、不同含砂率土样的电阻率数据，可得一定含砂率条件下的土样含水率与电阻率关系的曲线图，具体如图 4.2 所示。

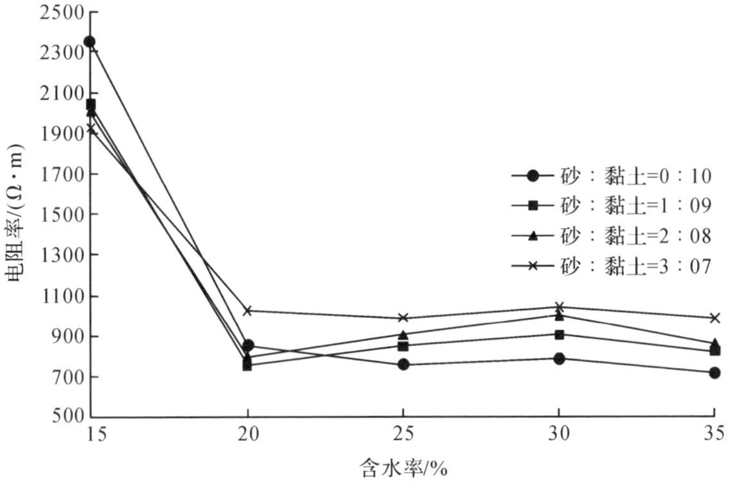

图 4.2　一定含砂率条件下的土样含水率与电阻率关系的曲线

根据图 4.2，可以发现以下几点。

(1)在含砂率一定的条件下，含水率小于 20%时，含水率对电阻率的影响极大，随着含水率的增大，电阻率明显减小。

(2)在含砂率一定的条件下，含水率大于 20%时，含水率对电阻率的影响很小，随着含水率的增加，电阻率几乎不变，但在含水率30%时，4组不同含砂率的土样都出现了电阻率的峰值，这一现象有些反常，需进一步研究。

(3)在含砂率一定的条件下，含水率在20%左右时，土样的电阻率会产生明显的拐角，因此含水率在20%左右可以作为停止电渗固结的指标之一。

(4)在含水率为15%时，含砂率越大，土样电阻率越小，在含水率为25%、30%、35%时，含砂率越大，土样电阻率越大。

(5)含砂率与电阻率的关系

根据表4.2不同含水率、不同含砂率土样的电阻率数据，可得一定含水率条件下的土样不同含砂率与电阻率关系的曲线图，具体如图4.3所示。

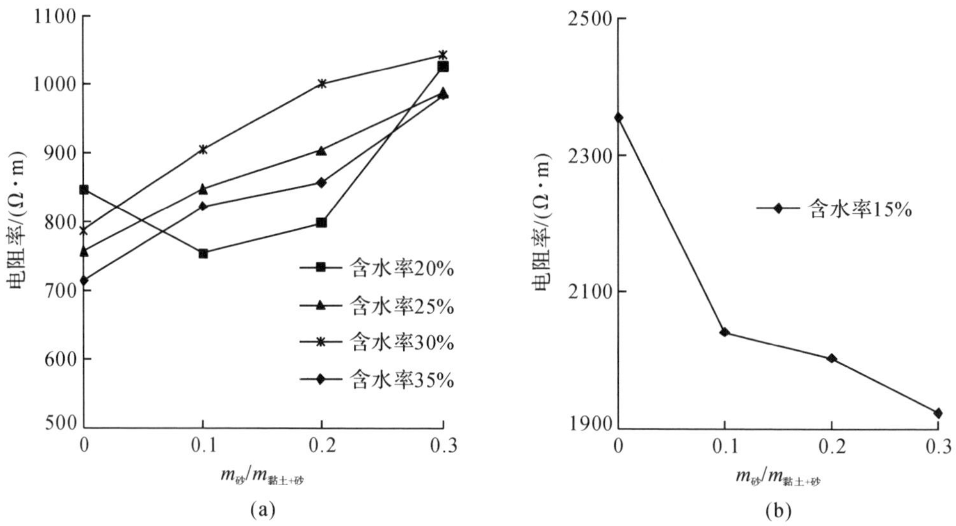

图4.3 一定含水率条件下的土样不同含砂率与电阻率关系的曲线

根据图4.3可以发现：含水率等于25%、30%、35%时，含砂率与电阻率呈较好的线性正相关关系；含水率等于20%时，电阻率随着含砂率的增大先减小后增大；含水率等于15%时，含砂率与电阻率呈较好的负相关关系。

前文提到含水率在20%左右时，土样的电阻率会产生明显的拐角，可以作为停止电渗固结的指标之一，故主要研究含水率大于20%时的土样不同砂、黏土比与电阻率关系。根据图4.3(a)所示，含水率大于20%时的土样，其含砂率越高，电阻率越大。

4.2.2　软土含水率、含砂率和电渗透系数的关系

(1)土样的制备

本试验共需不同含水率、不同含砂率的土样 7 个，土样的制备步骤如下：①将原状土经过筛分、烘干、研磨成粉，将砂烘干处理；②称取一定量的黏土，按照 20%、25%、30%、35%的含水率分别加水搅拌，得到 4 个土样；③按照砂和黏土 1∶9,2∶8,3∶7 的比例称取(黏土的含砂率不超过 30%，超过 30%将成为粉质黏土，本试验不进行研究)，按照 30%的含水率分别加水搅拌，得到 3 个土样；④最终制成试验所需的 7 个土样。

本模型试验共需不同含水率、不同含砂率的土样 20 个，土样的制备步骤如下：①将原状土经过筛分、烘干、研磨成粉，将砂烘干处理；②按照砂和黏土 0∶10, 1∶9,2∶8,3∶7 的比例称取(黏土的含砂率不超过 30%，超过 30%将成为粉质黏土，本试验不进行研究)；③按照 15%、20%、25%、30%、35%的含水率分别加水搅拌，最终制成试验所需的 20 个土样。

(2)电渗透系数的测试

本模型试验采用的装土盒是体积为 500mL 的圆柱形塑料盒，内径为 8.65cm，高为 8.5cm。电渗透系数测试装置如图 4.4 所示。

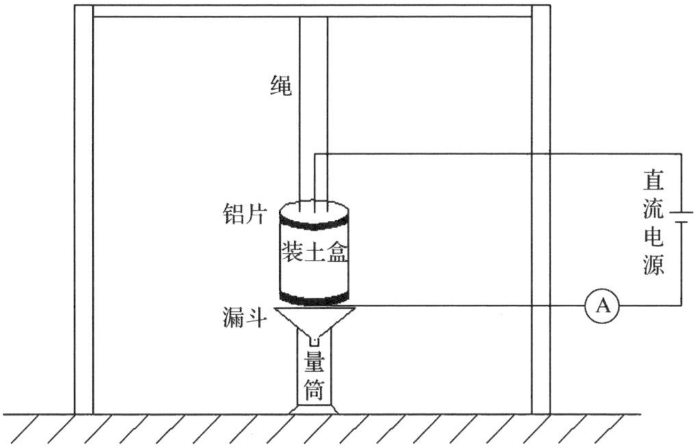

图 4.4　电渗透系数测试装置

试验时，塑料盒上下各放一片直径为 8.65cm 的铝片，下端铝片以及塑料盒下部都要密集地钻小孔，保证通电后水能排出；保证土样填满整个塑料盒；试验采用 30V 稳压；在试验结束时应轻轻摇动塑料盒，保证塑料盒底部的水全部排出；电渗最初 1h 内的排水速度快且排水速度较稳定，本试验用前 1h 的平均值作为土样的

电渗透系数。

根据 Esrig[41] 的论文，电渗透系数的公式为：

$$k_e = \frac{V_e L}{A\Delta\varphi} \tag{4.2}$$

$$V_e = \frac{V}{t} \tag{4.3}$$

根据式(4.2)和式(4.3)可以得出下式：

$$k_e = \frac{VL}{A\Delta\varphi t} \tag{4.4}$$

式中：V_e 为电渗排水速率，单位为 $cm^3 \cdot s^{-1}$；k_e 为电渗透系数，单位为 $cm^2 \cdot s^{-1} \cdot V^{-1}$；$V$ 为试验时的排水量，单位为 cm^3；$\Delta\varphi$ 为所施加的电压，单位为 V；L 为塑料盒高度，单位为 cm；A 为塑料盒底部面积，单位为 cm^2；t 为试验持续时间，单位为 s。

(3)试验数据分析

本试验进行了 7 个不同含水率不同含砂率的土样的电渗透系数测试，记录了电渗透系数、试验时初始电流值和结束时的电流值。具体如表 4.3～4.5 所示。

表 4.3 不同含水率、不同含砂率土样的电渗透系数

$m_{水}/m_{黏土+水}$	$m_{砂}/m_{黏土}$			
	0∶10	1∶9	2∶8	3∶7
1∶5	4.02×10^{-6}	/	/	/
1∶4	8.70×10^{-6}	/	/	/
3∶10	1.34×10^{-5}	1.61×10^{-5}	1.87×10^{-5}	2.27×10^{-5}
7∶10	1.54×10^{-5}	/	/	/

表 4.4 测电渗透系数时的电流值($m_{砂}/m_{黏土+砂}=0∶10$)

含水率/%	初始电流值/mA	结束电流值/mA	电流差/mA
35	74	24	50
30	74	23	51
25	72	18	54
20	65	16	49

表 4.5　测电渗透系数时的电流值(含水率为 30%)

$m_{砂}/m_{黏土}$	初始电流值/mA	结束电流值/mA	电流差/mA
0∶10	74	23	51
1∶9	67	24	43
2∶8	62	27	35
3∶7	56	37	19

(4)含水率与电渗透系数的关系

根据表 4.3 和表 4.4,可以得到不含砂黏土的含水率与电渗透系数的关系以及电渗透系数测量前后电流的变化情况。具体如图 4.5 和图 4.6 所示。

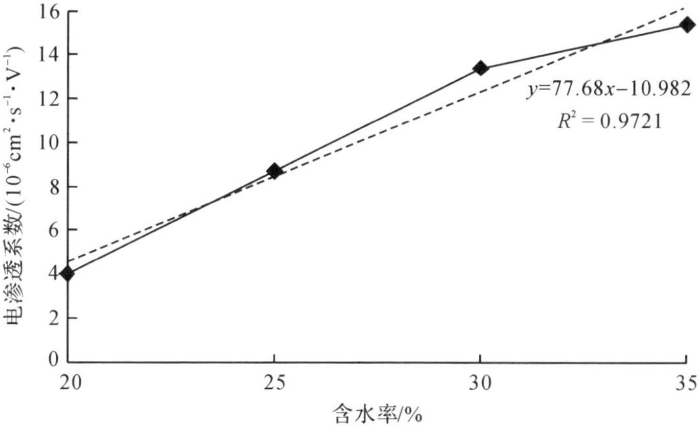

图 4.5　电渗透系数与含水率的关系($m_{砂}/m_{砂+黏土}$=0∶10)

从图 4.5 可以看出,$m_{砂}/m_{砂+黏土}$=0∶10,含水率为 20%～35%时,电渗透系数在 10^{-6} 和 10^{-5} 这 2 个数量级之间,电渗透系数随着含水率的增大而增大,呈较好的线性关系。在含水率 20%时电渗透系数最小,为 4.02×10^{-6} cm^2 · s^{-1} · V^{-1},在含水率为 35%时电渗透系数最大,为 1.54×10^{-5} cm^2 · s^{-1} · V^{-1}。

在电渗透系数测量时,初始电流和结束电流随含水率变化的趋势基本相同,呈缓慢上升趋势;随着含水率的变化,电流差变化较小,如图 4.6 所示。

(5)含砂率与电渗透系数的关系

根据表 4.3 和表 4.5,可以得到一定含水率(30%)条件下,含砂率与电渗透系数的关系以及电渗透系数测量前后电流的变化情况。具体如图 4.7 和图 4.8 所示。

含水率 30%,$m_{砂}/m_{砂+黏土}$ 为 0～0.3 时,电渗透系数在 10^{-5} 这个数量级,电渗透系数随着含砂率的增大而增大,且呈较好的线性关系。在 $m_{砂}/m_{砂+黏土}$=0 时,电渗透系数最小,为 1.34×10^{-5} cm^2 · s^{-1} · V^{-1},在 $m_{砂}/m_{砂+黏土}$=0.3 时电渗透系数最大,为 2.27×10^{-5} cm^2 · s^{-1} · V^{-1},如图 4.7 所示。

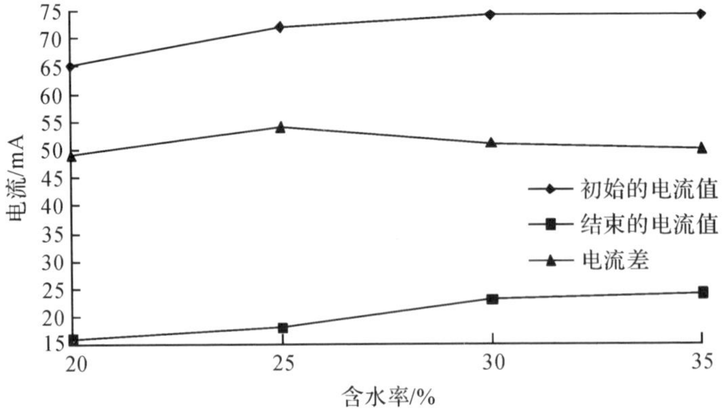

图 4.6 电渗透系数测量时初始电流、结束电流、电流差与含水率的关系（$m_{砂}/m_{黏土}=0:10$）

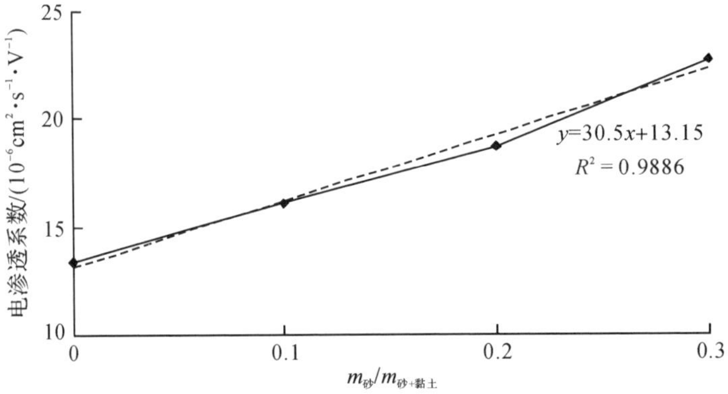

图 4.7 电渗透系数与含砂率的关系（含水率为 30%）

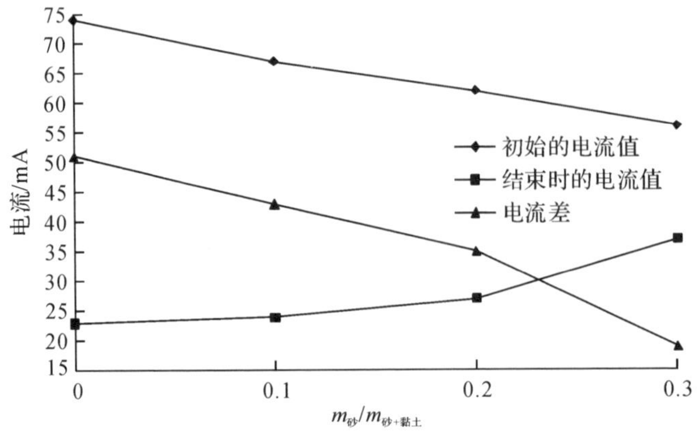

图 4.8 电渗透系数测量时初始电流、结束电流、电流差与含砂率的关系（含水率为 30%）

在电渗透系数测量时，初始电流随含砂率增大而减小；结束时的电流随含砂率增大而增大；随着含砂率的增大，电流差明显减小，如图 4.8 所示。

4.3　淤泥絮凝后电动特性研究

4.3.1　试验方案

(1)试验土样及装置

1)试验土样

试验土样取自杭州市婴儿港河清淤工程，河道总长为 3.4km，河面宽度约为 20m，水下清淤量约为 3140m^3，该工程主要采用湿挖法清淤，如图 4.9 所示。所取淤泥的物理性质如表 4.6 所示。淤泥的颗粒级配采用佰特—激光粒度分析仪测定如图 4.10 所示。

图 4.9　杭州市婴儿港河疏浚淤泥

表 4.6　淤泥初始性质

含水率/%	比重	干密度/g·(cm^3)$^{-1}$	液限/%	塑限/%	电导率/(m·s·cm^{-1})	pH
80	2.46	0.821	53.56	36.85	0.103	6.5

自然状态下淤泥颗粒十分微小，小于 0.075mm 以下的颗粒就占据了 95.45%，这就使得淤泥堆积十分密集，含水率高，压缩性大，不易通过外力压缩排水。颗分结果如图 4.11 所示。

图 4.10　佰特—激光粒度分析仪

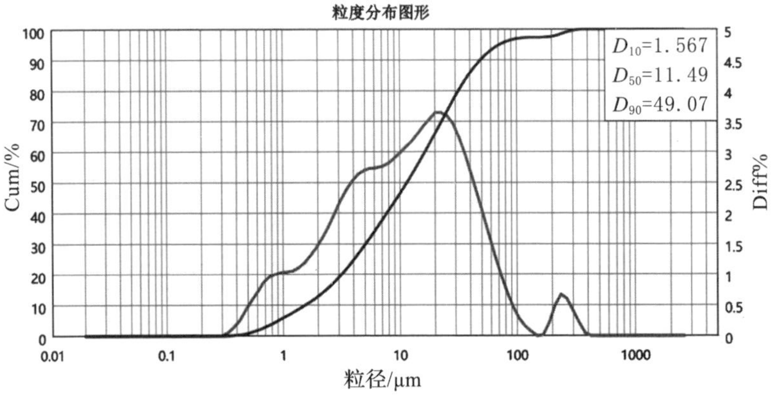

粒度分布简易表

粒径/μm	含量/%
0.000-2.000	12.78
2.000-5.000	17.09
5.000-10.00	16.52
10.00-20.00	19.49
20.00-45.00	22.53
45.00-75.00	7.04
75.00-100.0	1.45
100.0-200.0	0.71
200.0-300.0	1.96
300.0-400.0	0.43

（注：竖坐标 Cum 表示小于某粒径的质量百分数，Diff 表示某粒径含量的百分数）

图 4.11　淤泥颗粒级配曲线

2)试验装置

①核磁共振仪

本次试验对于孔隙特征演化的研究采用苏州纽迈分析仪器股份有限公司生产的 MesoMR23-060H-I 型中尺寸低场磁核磁共振系统，其磁体强度为 0.51T，如图 4.12 所示。核磁共振技术是根据试样中的氢核在磁场环境下产生的相互作用关系，从而获取试样内部氢质子的空间分布情况的测试技术，因此，为保证所有孔隙都被水填满，试验前需采用无气去离子水对试样进行真空饱和。

本节利用 CPMG 脉冲序列测得 T_2 曲线，通过反演将测得的 T_2 曲线转化为孔隙分布曲线[135]，孔隙半径 R 与 T_2 的关系为

$$\frac{1}{T_2}\approx\rho_2\left(\frac{S}{V}\right)=\rho_2\frac{\alpha}{R} \tag{4.5}$$

式中：T_2 为弛豫时间；S 为孔隙的表面积；V 为孔隙水的体积；ρ_2 为表面弛豫率，由测试材料决定，通过对比压汞法测得的孔隙分布结果可得到 ρ_2 取值，本书经试验对比取值为 3；α 为形状因子，假设孔隙为圆柱形，则 α 值取 2。试验前，加入 5 个已知含水率的标准样品，校正参数，以保证拟合度超过 0.999。

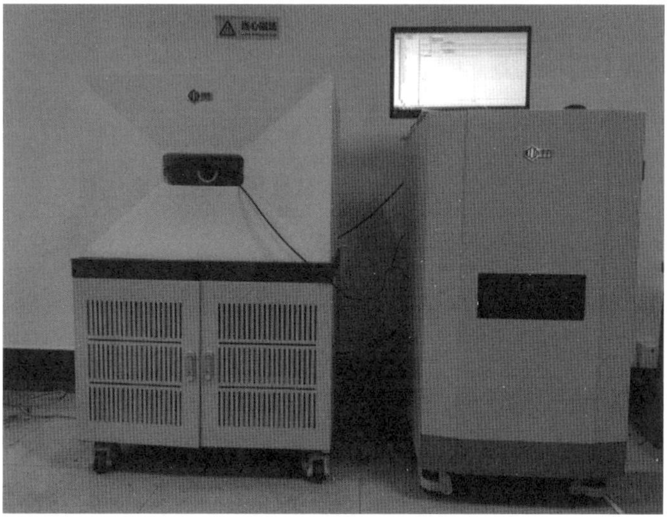

图 4.12　核磁共振仪

②Miller Soil Box 装置

a. 土体电导率根据以下公式计算：

$$\sigma=\frac{L}{BH}\frac{1}{\Delta V} \tag{4.6}$$

式中：σ 为土体电导率；L 为电势测针的间距，这里取为 195mm；I 为电路中的电流强度；ΔV 为电势测针间的电势差；B、H 分别为 Miller Soil Box 的宽和高。

b. 土体的电渗透系数参照式(4.4)。

电导率和电渗透系数试验用到的装置如图 4.13 所示。土样盒内部尺寸为 228mm×153mm×72mm(长×宽×高)(阴极下方带有均匀分布的小孔以便水流出)，阴阳极采用厚度为 3.5mm 的铝板，电势通过电势探针用万用表测量。

(2)试验步骤

1)絮凝剂的选取

单一种类絮凝剂：无机高分子絮凝剂聚合氯化铝(PAC)、无机絮凝剂氯化铁($FeCl_3$)、有机絮凝剂阴离子聚丙烯酰胺(APAM)。

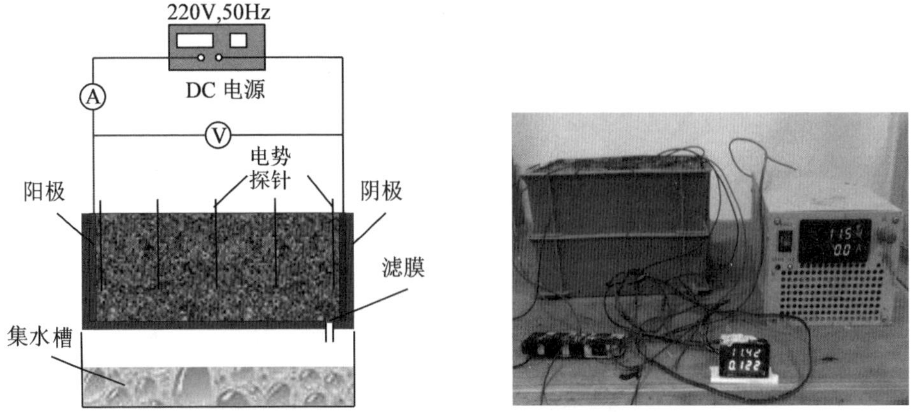

图 4.13 电导率和电渗透系数试验装置

复合絮凝剂：PAC-APAM、$FeCl_3$-APAM。

2)确定絮凝剂最优掺量

尽管淤泥脱水中的絮凝机理与常规水和废水处理中的污染物去除(如悬浮胶体和天然有机物)相似，但 2 种工艺的处理条件和目标是根本不同的。一般情况下，常规水处理和污水处理采用絮凝工艺去除各种污染物，最终达到净化水质的目的，而淤泥脱水工艺的目的主要是尽可能将水与固体物质彻底分离。因此，前者侧重于絮凝剂促进污染物的聚集和分离，后者侧重于构建具有良好过滤性能的合适的淤泥滤饼结构。

就处理过程而言，淤泥脱水中的固体含量比常规污水絮凝过程中的固体含量高且复杂，导致絮凝剂对带反向电荷的污泥颗粒的覆盖不均匀。在正常的废水絮凝过程中，这种类似的现象称为电荷修补，其中上清液的 zeta 电位在最佳剂量下偏离零。在淤泥脱水过程中，大量淤泥颗粒的存在以及颗粒表面负电荷的不均匀分布使得理想的电荷中和效果变差。此外，一些颗粒在完全中和之前被捕获在网状结构中，因此，剂量达到的零 zeta 电位可能不是淤泥脱水的最佳剂量。对此，特采用沉降柱试验确定絮凝剂的最优掺量。

沉降柱试验的泥浆初始含水率为 240%。具体步骤如下：在淤泥试样中加入絮凝剂，絮凝剂的添加比例为淤泥干重的 0.05%、0.15%、0.25%、0.5%、1%。搅拌均匀后倒入量筒内直至 1000mL，如图 4.14 所示。记录沉降过程中上清液的体积，并采用浊度计测定上清液的浊度，如图 4.15 所示。根据上清液的体积和浊度分别确定单一类型絮凝剂 $FeCl_3$、PAC、APAM 的最优掺量。之后，利用沉降柱试验确定复合絮凝剂($FeCl_3$-APAM、PAC-APAM)中无机絮凝剂和有机絮凝剂的比例。先在淤泥试样中分别加入不同掺量(0.05%、0.15%、0.25%、0.5%、1%)的无机絮凝剂 $FeCl_3$、PAC，再将之前确定好的有机絮凝剂 APAM 的最优掺量添加进淤泥中，形成复合絮凝剂。然后根据沉降柱试验中上清液的体积和浊度确定复合絮凝剂中无机絮凝剂 $FeCl_3$ 和 PAC 的掺量。

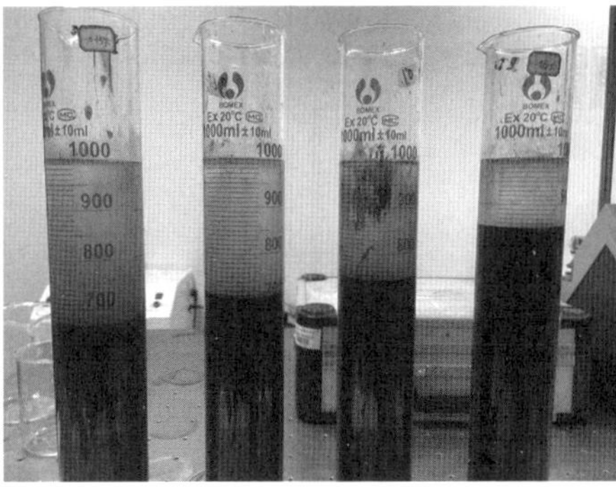

图 4.14　沉降柱试验

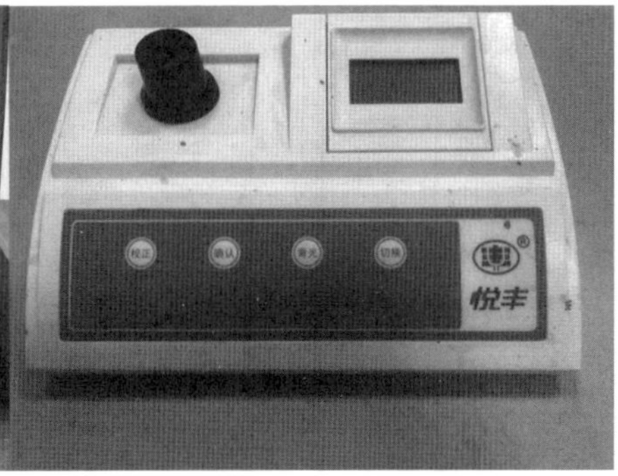

图 4.15　上海悦丰浊度计

分别掺加 $FeCl_3$、PAC、APAM、$FeCl_3$-APAM、PAC-APAM 的淤泥的沉降柱试验结果如图 4.16 所示。综合图中浊度和上清液体积来看：$FeCl_3$ 的最佳掺量为 0.5%，PAC 的最佳掺量为 0.25%，APAM 的最佳掺量为 0.25%。将掺量为 0.25%的 APAM 混合入淤泥中，然后掺加不同比例的 PAC 和 $FeCl_3$ 形成复合絮凝剂 PAC-APAM 和 $FeCl_3$-APAM。根据上清液体积和浊度可知：复合絮凝剂 PAC-APAM 中 PAC 的最优掺量为 0.15%，其中 PAC 与 APAM 的质量比例为 0.6∶1；复合絮凝剂 $FeCl_3$-APAM 中 $FeCl_3$ 的最优掺量为 0.15%，其中 $FeCl_3$ 与 APAM 的质量比例为 0.6∶1。由图 4.16 可知，上清液体积最大的为掺加 PAC-APAM 的淤泥试样。掺加最优掺量的 PAC-APAM 的淤泥试样的上清液的体积为 390mL，比最优掺量的 $FeCl_3$ 大 225%，说明了复合絮凝剂的絮凝效果更好。

3)试验方案

设定 6 组试验，如表 4.7 所示。

表 4.7　试验方案

组别	絮凝剂种类	掺量
T1	无	无
T2	PAC	0.25%
T3	$FeCl_3$	0.5%
T4	APAM	0.25%
T5	PAC-APAM	0.15%、0.25%
T6	$FeCl_3$-APAM	0.15%、0.25%

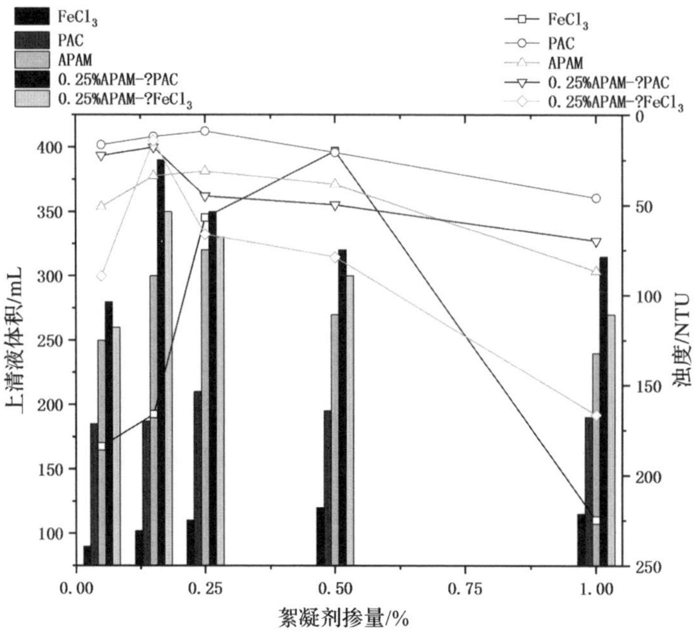

图 4.16 上清液体积及浊度

4)试验过程

①核磁共振仪

a.放样:将标准油样放入试管载床,推入磁体系统。

b.设置 FID 参数:打开核磁共振分析软件,进行 FID 参数设置,寻找中心频率和脉宽。

c.建立 CPMG 序列:建立试验采用的核磁共振仪的 CPMG 磁共振脉冲序列,并进行反演。

d.定标:依次放入孔隙率为 0%、1%、5%、10%、20%及 30%的标准油样,进行标定,相关系数需达到 99.95%及以上,随后取出标准油样。

e.将待测试样表面擦干(测试样品如图 4.17 所示),放入试管载床,将圆柱试样高度中线对准扫描区域中间部分。

f.点击进入纽迈岩心核磁共振分析测量软件,创建测试项目:选择 CPMG 序列和定标号,采用标尺法计算待测试样体积,输入试样长度和直径得到体积,点击测量,测量完毕点击确定进行反演。

g.点击计算:选择 Coates 模型,输入经验数值 C=1、M=4、N=2,进行孔隙率计算,截屏保留数据。

h. 记录数据：点击采样数据，选择将全部数据导出，随后点击孔径分布，将孔径及孔喉数据导出。

i. 测试结束后，将试样取出后直接关闭软件。

图 4.17　核磁共振测试样品

②Miller Soil Box 装置

试验采用稳压电源输出，电压采用 11.4V，试验泥浆初始含水率为 80%，先取 4kg 的试验泥浆，然后加入 300mL 的絮凝剂水溶液搅拌均匀后装入 Miller Soil Box 装置中(盒内淤泥重量为 3.3kg)，连接好装置进行试验。

4.3.2　试验结果及分析

(1)孔径分布

核磁共振仪测定这 6 种试样的孔径分布如图 4.18 所示。从图中可知 T1～T6 孔径分布曲线最大波峰对应的孔径大小分别为 0.02422μm、0.07427μm、0.05468μm、0.39294μm、0.59448μm、0.45568μm。图中孔径分布曲线围合的区域面积反映了孔隙体积大小，T1～T6 曲线围合的面积分别为 1.90487、7.63726、4.37945、56.55141、271.14095、86.13265。T1～T6 试样的孔隙体积大小关系为：T5＞T6＞T4＞T2＞T3＞T1。未加絮凝剂的 T1 淤泥样品在(1.593～8.055)$\times 10^{-4}$μm 孔径有分布，而 T2～T6 在该范围孔径分布为 0。这些特征说明絮凝剂的加入改变了淤泥的孔隙分布，加入复合絮凝剂的淤泥在絮凝沉淀后具有更大的孔隙，尤其是经 PAC-APAM 絮凝后的淤泥，孔隙最大。这对于淤泥排水更加有利。

(2)电流与有效电阻

使用 Miller Soil Box 装置测定不同时刻的电流、有效电势(靠近电极两端的电势探针的电压)变化，有效电阻是根据有效电势除以电流得到的，电流、有效电阻变

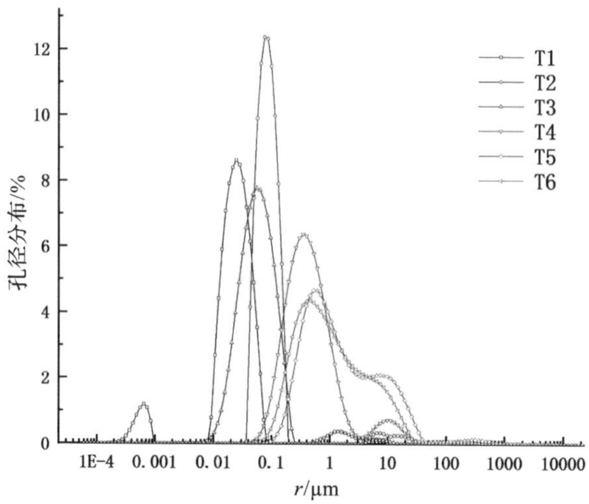

图 4.18 孔径分布

化如图 4.19 所示。从图 4.19 可以得,电流随时间逐渐减小,有效电阻随时间逐渐增大。原因有 2 个:其一,在电渗过程中水从阴极不断排出,土体失水收缩,产生了裂纹;其二,电渗过程中除了有渗流外,还有电解水产生氢气和氧气,使电极附近产生气泡,这些气泡会逐渐使电极和土体脱空。正是因为如此,电渗通常不单用于排水,而是和其他方式结合使用,如真空预压,电渗真空预压技术可以防止裂缝和电极脱空速度过快。从图 4.19 可以看出,T1～T6 中电流最大、有效电阻最小的是 T3,这是因为 $FeCl_3$ 中 Fe^{3+} 离子极大提高了孔隙水的导电能力。

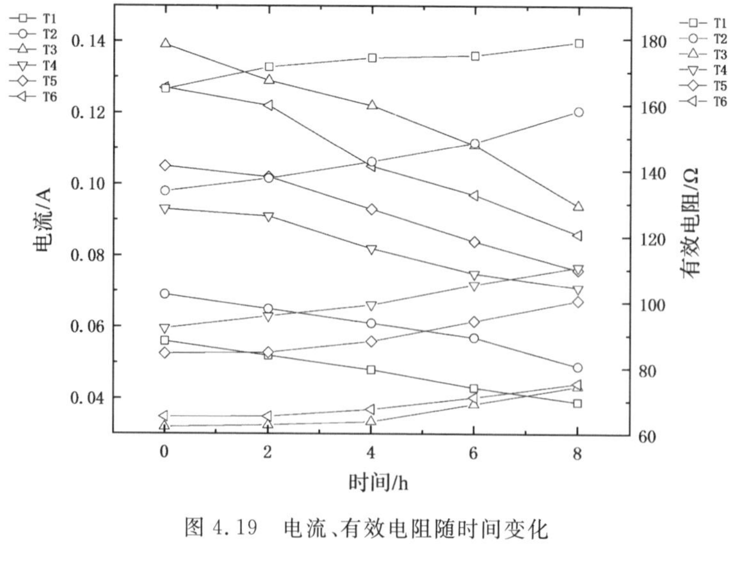

图 4.19 电流、有效电阻随时间变化

(3)电导率

根据 Archie[5],颗粒不导电模型有:

$$F=\frac{\sigma_w}{\sigma_T}=n^{-m} \tag{4.7}$$

式中:F 为结构因子;σ_w 和 σ_T 分别为孔隙溶液的电导率和饱和土的电导率;n 为孔隙率;m 为一个依赖土体的经验指数。

根据式(4.6)计算得到土体中电导率随时间的变化,如图4.20所示。从图中可以看出,T1～T6土体电导率一直降低,T2～T6土体电导率均高于T1。这是由于加入絮凝剂提高了土体孔隙率与孔隙水离子浓度,从式(4.7)可以得出,土体孔隙率与孔隙水离子浓度提高会直接影响电导率的大小,吴伟令[14]的试验证明了一定范围内饱和土体电导率随孔隙增大而增大,罗战友等[136]的试验证明了提高一定程度的孔隙水离子浓度会使初始电导率增大。当开始电渗后,离子随水排出,孔隙水离子浓度降低,孔隙溶液的电导率降低;同时土体脱水孔隙收缩,孔隙率降低,进而引起总体电导率持续降低。

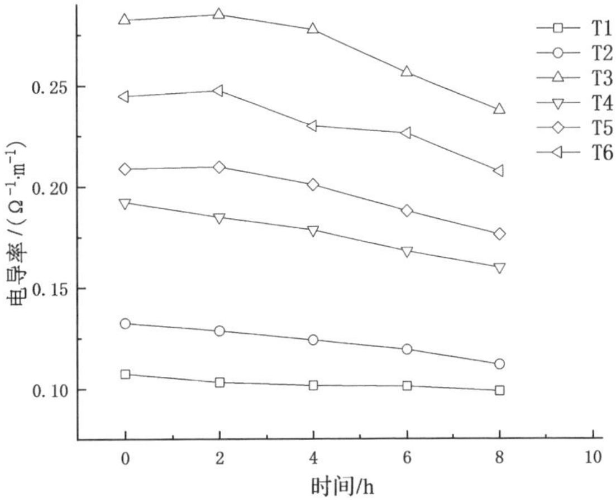

图4.20　电导率随时间变化

(4)电渗透系数

根据 Helmholtz-Smoluchowski 模型[15],电渗透系数 k_e 表达式为:

$$k_e=\frac{\zeta D}{4\pi\eta}n \tag{4.8}$$

式中:ζ 为 zeta 电位;D 为双电层介电常数;η 为流体粘滞系数;n 为孔隙率。

上述表达式由于参数测量不易,通常实际测量电渗透系数时,采用 Miller Soil Box 装置,根据式(4.4)计算,但是式(4.8)很好地反映了电渗透系数的影响因素。根据式(4.4)计算得到土体中电渗透系数随时间的变化,如图4.21所示。从图中可以看出,T1～T6电渗透系数先上升然后一直下降,T2～T6的土体电渗透系数均高于T1。这是由于加入絮凝剂后,土体孔径和孔径分布提高,如图4.18所示,即孔隙率变大,使得土颗粒之间的间距变大,双电层可以自由膨胀,很多可交换性阳离子进入可移动的扩散层,增大了电渗透系数。从式(4.8)可以得到,孔隙率越大，电渗透系数越大；zeta电位越小，电渗透系数越小。而加入絮凝剂后zeta电位会降低，但是从试验结果来看，加入絮凝剂提高了电渗透系数，这是因为在电渗过程中土体孔隙率和孔隙水离子浓度的变化是互相耦合的过程。在开始电渗时，孔隙率提高的程度高于zeta电位降低的程度，使得电渗透系数提高。在电渗初期，自由水和外层的渗透结合水与泥浆颗粒的连接力较弱，离子易在电渗作用下随水排出或中和形成化合物，孔隙水离子浓度降低，zeta电位提高，而土体脱水固化，孔隙率有所降低，但是并不大，使得电渗透系数有一定程度的提高。在电渗后期，孔隙水离子浓度降低逐渐稳定，zeta电位提高幅度不大，而土体脱水持续固化，孔隙率持续变小，电渗透系数持续降低。

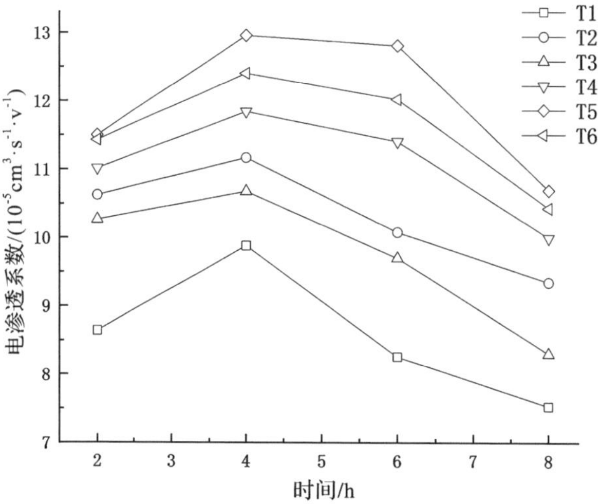

图 4.21　电渗透系数随时间变化

4.4　本章小结

本章主要测定了含水率、含砂率变化下软黏土电阻率、电渗透系数的变化机理，以及淤泥絮凝后的孔径分布和电导率、电渗透系数变化情况，具体结论如下。

①在含水率相同的情况下，含砂率越高，电阻率虽然上升，但电渗透系数也会增大。在电压、含水率相同的情况下，含砂率高的黏土排水速度会更加快。

②在含砂率相同的情况下，含水率≥20％时，随着含水率的变化，黏土的电阻率变化很小，但电渗透系数会明显增大。在电压、含砂率相同的情况下，含水率越高，黏土的排水速度越快。

③在含砂率相同的情况下，含水率<20%时，随着含水率的减小，黏土的电阻率会明显增大，不利于电渗固结，在含水率15%～20%很可能存在一个会使电阻率产生明显变化的拐点，该拐点对应的含水率可以作为停止电渗固结的指标之一，指导实际工程。至于该拐点所对应的含水率为多少，需要进一步试验研究。

④加入絮凝剂均会提高淤泥的孔径和孔径分布，其中复合絮凝剂PAC-APAM的孔径和孔径分布变化最大，而孔径分布的改变又会引起电导率和电渗透系数的变化，因此孔径分布是一个重要的影响参数，在进行电渗的电动参数分析时需要首先考虑。

⑤电导率的主要影响因素为孔隙液离子浓度，由于T3中含有的离子最多，所以其电导率最高；电渗透系数的主要影响因素是孔隙率，由于T5孔隙率最大，所以其电渗透系数最大。

⑥采用Miller Soil Box装置测定电导率和电渗透系数时间不宜太长，因为后期会产生电极脱空。

第5章
电渗复合真空预压处理疏浚淤泥试验

5.1 引 言

第4章研究了加入絮凝剂后一些电动参数的变化情况,这些参数的变化揭示了电渗固结过程中各项参数(电流、电势、有效电阻、电导率、电渗透系数等)的变化机理。并且,由于复合絮凝剂的絮凝机理与选取、在电渗过程中电动特性的变化机理等方面的研究不完善,使得其在电渗真空预压处理淤泥中未见应用。因此,本章采用试验验证这些参数的变化会直接影响淤泥絮凝后电渗真空预压的效果,并考虑使用复合絮凝剂。首先,选择常用并且典型的无机絮凝剂 $FeCl_3$ 和有机絮凝剂 APAM,对河道疏浚淤泥进行絮凝沉淀,接着采用电渗真空预压脱水,并对比2种类型絮凝剂的作用机理,以及两者对淤泥电动特性和电渗真空预压脱水效果的影响。主要目的是为疏浚淤泥电渗真空预压处理选用什么类型的絮凝剂提供参考,同时为后续研究无机絮凝剂与有机絮凝剂组合的复合絮凝剂奠定一定的基础。然后,在上述的有机、无机絮凝剂研究基础上,提出使用复合絮凝剂预处理淤泥再进行电渗真空预压脱水固结,并总结了复合絮凝剂的絮凝机理和该如何选取何种有机、无机絮凝剂进行复合,并用试验验证了复合絮凝剂的优异性能。

5.2 有机与无机絮凝剂对电渗真空预压处理淤泥影响对比研究

5.2.1 试验过程

(1)絮凝剂的选取与絮凝机理

絮凝剂是能使悬浮物聚集并形成絮凝体的化学物质。絮凝剂在淤泥处理中根据作用机理不同通常分为两类:无机絮凝剂和有机絮凝剂。无机絮凝剂主要进行电中和作用,通过游离的阳离子吸附细小土颗粒,形成絮凝团,但是这种絮凝团比较小,易受外界条件影响,如物理力和温度,并且需要使用的量较大;有机絮凝剂主要靠分子间的“桥接”,这种连接比较稳定且絮凝团比较大,使用的量较少,但是压缩双电层不明显。

絮凝剂的荷电特性将直接影响到它的电中和性能,通常情况下,絮凝剂的 zeta 电位越高,其带有的表面电荷越多,则絮凝过程的电中和能力越强,絮凝效果好。在无机絮凝中,Fe^{3+} 离子的吸附能力优于其他离子;而在有机絮凝中,阴离子型的絮凝剂由于带负电荷可以吸附带正电荷的细小颗粒形成大絮凝团。选用的絮凝剂如下所示。

①无机絮凝剂:$FeCl_3$,易于制备,价格便宜,絮凝机理主要是电中和作用,需要投加的量大,絮体颗粒小。

②有机絮凝剂:APAM,分子量为 1200 万,毒性较低,絮凝后的淤泥的絮团较大,APAM 分子量相对较大,其分子链上 COO—基团间斥力的存在致使分子链相对舒展,更易于捕获淤泥颗粒,形成的絮团较大,上清液较多,但是较浑浊,这是由于其压缩双电层的作用不明显,难以与土颗粒紧密连接在一起。

一般来说,絮凝机理由絮凝物形成的发展涉及依次发生的几个步骤[137]。①絮凝剂在溶液中的分散。②絮凝剂向固—液界面扩散。③絮凝剂在颗粒表面的吸附。④携带吸附的絮凝剂的颗粒与其他颗粒碰撞。⑤絮凝剂吸附在其他颗粒上,以形成微絮凝体。⑥通过连续的碰撞和吸附,微絮凝体成长为更大更强的絮凝体。

由于废水中的疏水胶体颗粒是带负电的,对于 $FeCl_3$ 来说絮凝的发生仅仅是由于颗粒的表面电荷减少(zeta 电位降低),因此胶体颗粒之间的电排斥力降低,这使得范德瓦尔斯吸引力形成,促进胶体和细小悬浮物的初始聚集,形成微絮凝,如图 5.1 所示[137]。

对于 APAM 来说,高分子量和低电荷密度的长链聚合物以长链和尾部延伸或伸展到溶液中的方式吸附在颗粒上,以远远超过双电层方式延伸或伸展到溶液中,就会发生聚合物桥接,如图 5.2(a)所示。这使得这些“悬空”的聚合物段有可能附着在其他颗粒上并与之相互作用,从而在颗粒之间形成“桥接”,如图 5.2(b)所示。为了发生有效的“桥接”,聚合物链的长度应足以从一个颗粒表面延伸到另一个颗粒。因此,长链(高分子量)的聚合物应该比短链(低分子量)的聚合物更有效。此外,颗粒上应该有足够的未被占用的表面,以便吸附其他颗粒上的聚合物链段。因此,聚合物的数量不应过多(吸附量不应过高),否则,颗粒表面将被聚合物过度包裹，从而没有可用的位置与其他颗粒“桥接”。颗粒被认为是被重新稳定的，如图5.2(c)所示[137]。

对于絮凝剂来说，絮凝过程是吸热的，试验环境温度太低，可能会影响絮凝效果，特别是 $FeCl_3$，当絮凝在低温下进行时，若受到物理力可能会造成絮状物破碎，影响絮凝效果。而根据 $FeCl_3$ 和 APAM 两者不同的絮凝机理，建议后期可以进行复合处理疏浚淤泥，并考虑温度影响。

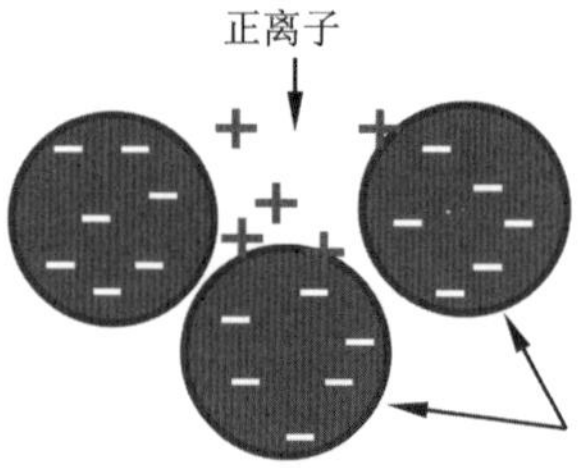

图 5.1 电荷中和絮凝机制

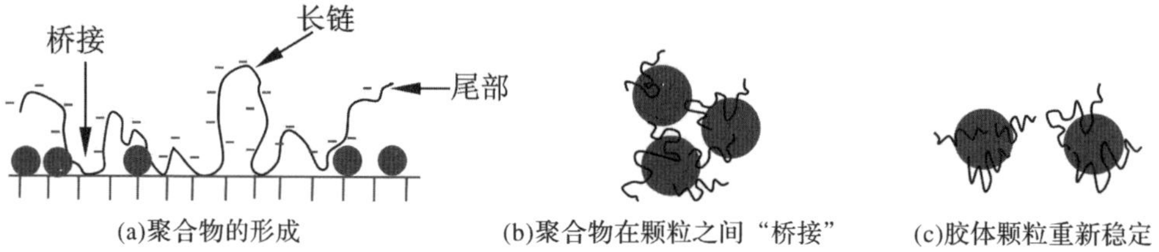

图 5.2 “桥接”絮凝机制

(2)淤泥初始性质

试验所采用的土样取自杭州市丰潭河河道清淤工程，如图5.3所示，该工程采用干挖法清理淤泥，河道平均宽度约为21.32m，淤泥淤积深度为0.5～1.5m。所取淤泥的物理性质如表5.1所示。淤泥的颗粒级配结果如图5.4所示。所取淤泥的电导率和电渗透系数特性按照与第4章相同的方法测定，只是所用淤泥不同，结果如图5.5～5.6所示。

图 5.3 杭州市丰潭河河道疏浚淤泥

表 5.1　淤泥初始性质

含水率/%	比重	干密度/g·(cm^3)$^{-1}$	液限/%	塑限/%	电导率/(m·s·cm^{-1})	pH
100	2.66	0.923	55.56	39.81	0.10	6.4

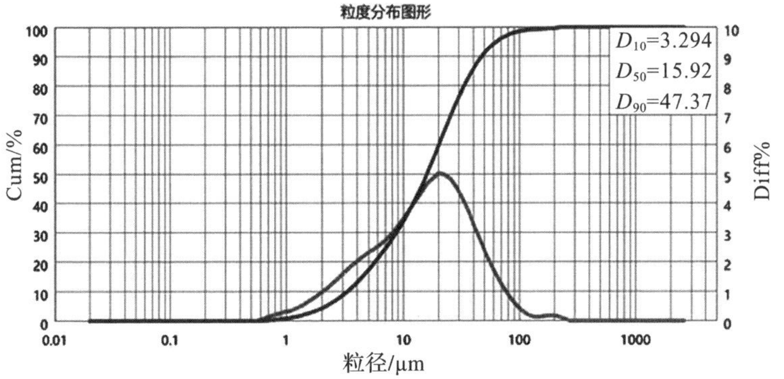

粒度分布简易表

粒径/μm	含量/%
0.000 - 1.000	0.82
1.000 - 2.000	3.48
2.000 - 5.000	13.00
5.000 - 10.00	16.56
10.00 - 20.00	25.61
20.00 - 45.00	29.42
45.00 - 75.00	8.05
75.00 - 100.0	1.70
100.0 - 200.0	1.11
200.0 - 300.0	0.25

注：竖坐标 Cum 表示小于某粒径的质量百分数，Diff 表示某粒径含量的百分数

图 5.4　淤泥颗粒级配曲线

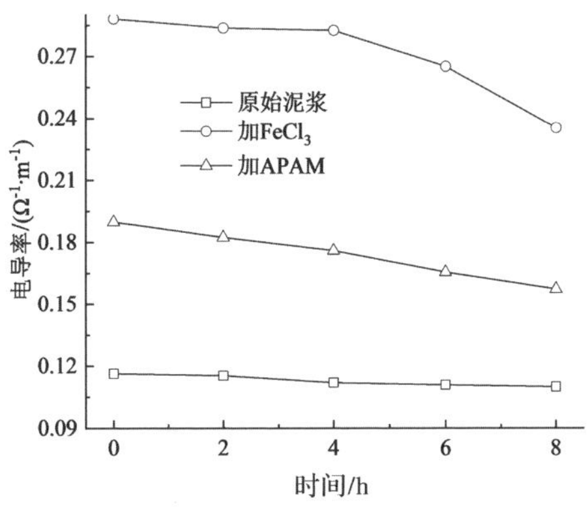

图 5.5　电导率随时间的变化

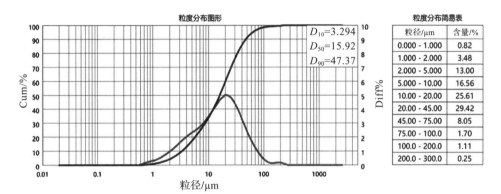

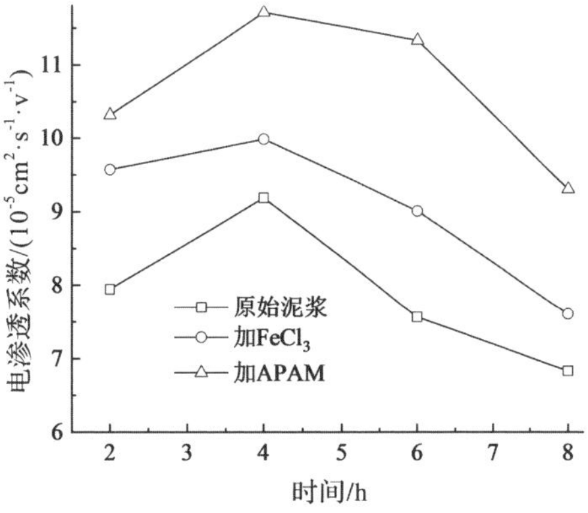

图 5.6　电渗透系数随时间的变化

(3)絮凝剂最优掺量

研究表明，在淤泥中加入的絮凝剂存在一个最优掺量[138]。为了利用 $FeCl_3$ 达到最佳絮凝效果，需要使其能够中和土颗粒的电荷，或者使 zeta 电位接近于零(等电点)。这样土颗粒会在范德瓦尔斯力的影响下趋于聚集，胶体悬浮液变得不稳定。然而，如果使用过多的 $FeCl_3$，可能会发生电荷反转，并且颗粒将再次分散，这时，电荷中和形成的絮凝物松散、易碎、沉降缓慢。为了利用 APAM 达到最佳絮凝效果，应使得土颗粒上有足够的未被占据的表面，用于其他颗粒上的聚合物链段的

附着。因此，聚合物的量不应过多(吸附量不应太高)，否则颗粒表面将被聚合物过度覆盖，从而没有位置可用于与其他颗粒“桥接”。因此，只需要有限的聚合物吸附量，吸附量过量会产生副作用。当然，吸附量不能太低，否则不能形成足够的桥接触点。为了研究絮凝剂在与疏浚淤泥反应后的絮凝效果，特此进行了沉降柱试验，以确定最优掺量。

沉降柱试验如图5.7所示，用到的仪器有1000mL量筒、精度为0.01g的电子天平、玻璃棒、600mL烧杯等。试验过程如下。

①确定絮凝剂的添加重量。絮凝剂的添加比例设定为淤泥干重的0.15%、0.25%、0.5%、0.75%、1.00%、2.00%。先用量筒量取400mL的淤泥，用电子天平称其重量，根据其重量和含水率确定土的干重，按照干重计算絮凝剂重量。

②将不同比例的絮凝剂溶于200mL水中，搅拌均匀，加入400mL淤泥继续搅拌5min后，倒入量筒直至500mL。

③记录不同时间的泥浆柱体积。

试验结果如图5.8所示，从图中可以看出$FeCl_3$取土壤干重的0.5%，APAM取土壤干重的0.25%，沉降速率最快，最终沉降量最大。综上数据，APAM取土壤干重的0.25%；$FeCl_3$取土壤干重的0.5%。

图5.7 沉降柱试验

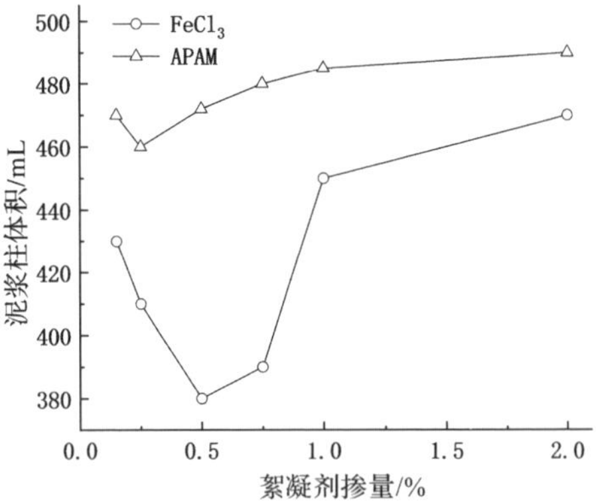

图5.8 絮凝剂沉降柱试验结果

(4)试验装置及测点分布

1)试验装置

试验采用的模型装置如图5.9所示。真空泵通过管子与抽滤瓶上接口连接，抽滤瓶下方放置电子天平记录排水量，瓶塞打2个孔，一个接真空表，另一个通过管子与模型桶上安装的阀门连接，模型桶上预留6个孔，使用橡胶塞密封，阴阳极和电势探针通过电线从橡胶塞中间穿出连接在直流电源上。

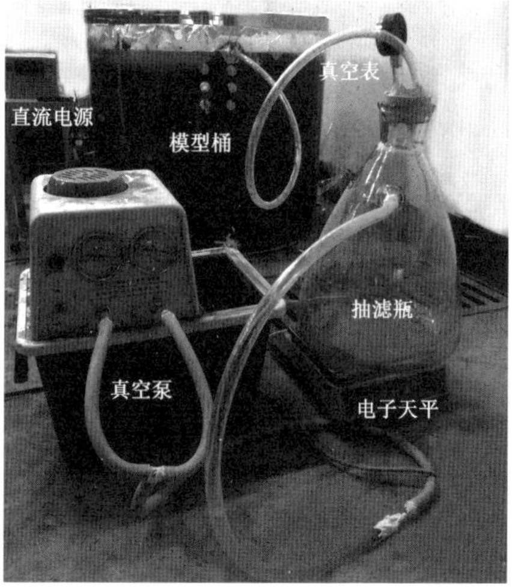

图 5.9 模型装置

2)测点分布

测试点布置如图 5.10 所示。

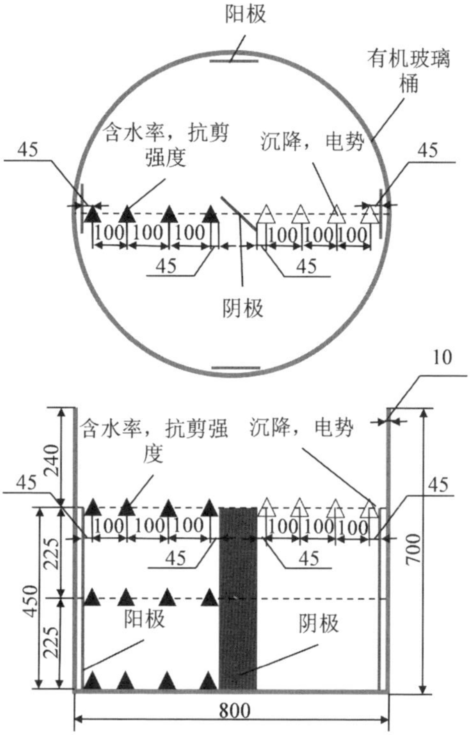

图 5.10 模型尺寸及测点分布(单位:mm)

(5)试验方案及过程

1)试验方案

设置3组对照试验,如表5.2所示。

表5.2 试验方案

试验编号	絮凝剂	试验名称
A	无	真空—电渗
B	$FeCl_3$	真空—电渗
C	APAM	真空—电渗

本次试验采用阴极直排的排水方式,这是因为如果采用阴阳极同时排水就会影响电渗的排水边界,导致阴极附近土体超负孔隙水压力降低,从而降低有效应力和土壤固结,最终不利于电渗排水[139]。电势梯度取0.5V·cm^{-1},输出电压取20V,试验过程中真空度保持在80kPa以上。试验淤泥加入絮凝剂充分搅拌均匀,沉淀一天后,不排除上部清液直接进行试验,前24.5h先抽真空不电渗,等排水效果降低后再通电。

2)试验过程

①试验前在模型桶内壁涂上润滑用的凡士林,然后将配置好的试验泥浆倒入模型桶中,保证体积一致,静置1d。

②在桶中取上层清液于水桶中,加入絮凝剂用搅拌机搅拌均匀,将絮凝剂混合液倒回桶中,使用搅拌机搅拌15min以保证淤泥和絮凝剂混合均匀,混合后的淤泥如图5.11所示。

③将4个EKG阳极用导线连接在一起,线头处使用绝缘胶水处理,防止线头腐蚀导致试验失败。

④将连接好的电线的EKG板按照图5.10设定的位置插入淤泥中,将阴阳极线头通过模型桶预留的口穿出,并密封好接口。

⑤由于模型桶为圆柱形,使用普通平面PE塑料膜密封处褶皱过多,不利于密封,所以使用定制的超大PE平口塑料袋(18丝),其形状贴近于圆柱形,有利于密封。在模型桶周边涂上704密封胶,然后将塑料袋套在模型桶上,边缘使用环箍箍紧,防止真空压力过大损坏密封。

⑥将测点垫片按照图5.10设定位置用双面胶固定于塑料膜上,将钢直尺底部固定于垫片上,上部放置于模型桶顶部支架上,保证其不能左右晃动,只能往下移动,以测定不同时间的沉降数据。

⑦连接好电流表和直流电源。将真空管一头接在模型桶预留阀门口上,另一头通过橡胶塞预留口接入抽滤瓶内,继续在橡胶塞另一个预留口上接上真空表,以

便时刻观察真空度。最后，将抽滤瓶上方接口用真空管接入真空泵。

⑧沉淀一天后，不排除上部清液直接进行试验，先进行抽真空，24.5h 后开启电渗，并实时记录过程数据。

⑨试验结束后按照图 5.10 测点采集不同位置的土样测定含水率，用便携式十字板剪切仪测定不同位置的抗剪强度。

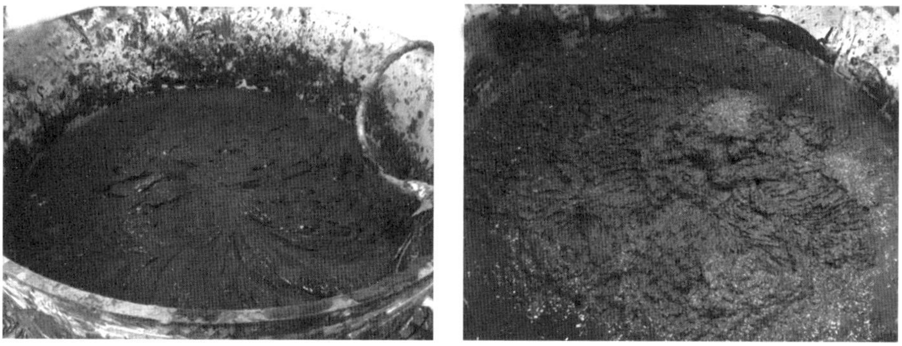

(a)加$FeCl_3$　　(b)加APAM

图 5.11　淤泥絮凝后状态

5.2.2　试验结果及分析

(1)平均表面沉降

将试验过程中的沉降数据取平均值绘制成图 5.12。从图中可以看出，在真空预压阶段 A、B、C 组表面沉降分别是 1.47cm、7.90cm、8.18cm，B、C 组沉降明显比 A 组多，分别比 A 组增加了 437.41%、456.46%。这说明添加有机还是无机絮凝剂均可改善排水通道，从而提高排水量，增大表面沉降，起到增渗作用。而 C 组沉降比 B 组多，增加了 3.54%，这是因为 APAM 与土颗粒的形成的絮凝团更大，渗透性优于加 $FeCl_3$ 的土体，水分排出快，沉降量高。在 24.5h 开启电渗后，A、B、C 组电渗期间的表面沉降分别为 7.43cm、8.30cm、8.62cm，B、C 组沉降明显比 A 组多，分别比 A 组增加了 11.71%、16.02%，这是因为添加絮凝剂均可以提高电渗透系数，从而提

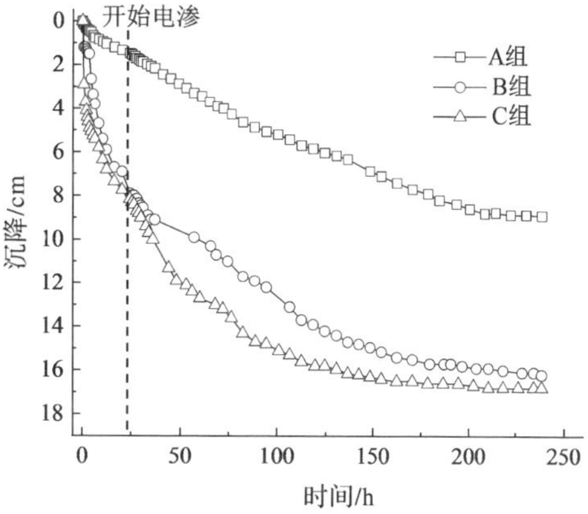

图 5.12　平均表面沉降

升电渗效果。而C组沉降比B组多，增加了3.86%，这是因为加APAM及土体其电渗透系数高于加$FeCl_3$的土体。

(2)排水量与排水速率

将试验中排出的水收集在汽水分离瓶中，根据汽水分离瓶质量判断出水量。绘制出水量随时间的变化，如图5.13所示，A、B、C组试验累计排水量分别为40.10kg、70.47kg、75.39kg，其中C组排水效果最好。在真空预压阶段A、B、C组排水量分别为5.60kg、19.10kg、25.69kg，B、C组均比A组出水效果好，分别比A组增加了241.07%、358.75%，这是因为真空预压法在处理高含水率、低渗透性的淤泥时常常面临排水通道被淤堵的问题。其中主要原因是这些超软土中的细颗粒含量非常高，在真空压力的作用下，排水板周边形成了"土柱"，土桩渗透性极低，水不易通过，最终影响固结速度和效果[140]。因此，排水通道是否被淤堵直接关系到工程的成败。面对排水通道淤堵问题，向淤泥中投加最优添加量的$FeCl_3$和APAM可以缓解，絮凝作用促使颗粒互相碰撞、聚集形成更大颗粒絮体，淤泥颗粒间孔隙增大，大幅度提高淤泥渗透系数而减轻淤堵程度，自由水更易被排出，即絮凝—真空预压脱水效果更优。在电渗阶段，A、B、C组分别出水34.50kg、45.48kg、49.89kg，B、C组出水明显比A组多，分别比A组增加了31.83%、44.61%，这是因为添加絮凝剂能够增大土体电渗透系数，从而增大了出水量。

绘制试验过程的排水速率数据，如图5.14所示(由于试验初期上层清液的存在，前期排水速率非常大，不利于总体曲线的展示，所以图5.14从上层清液排尽后开始记录)。真空预压阶段，絮凝剂提高了渗透系数，因此排水速率更快，但排水速率很快降低，开始电渗排水速率都升高，但是加入絮凝剂的排水速率升高更多，然后逐渐下降，到120h左右有无絮凝剂排水速率相差不大。

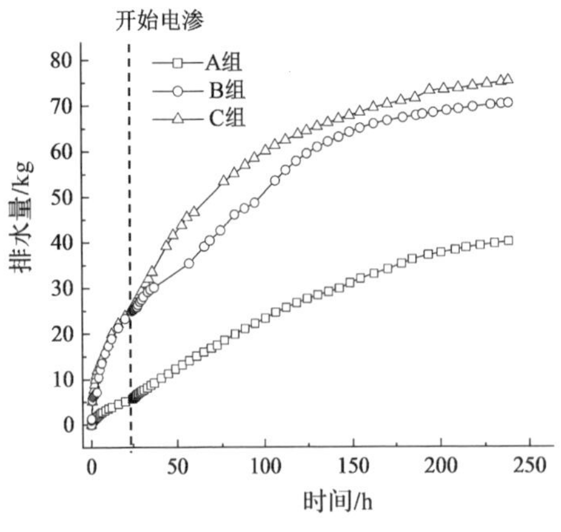

图5.13 排水量

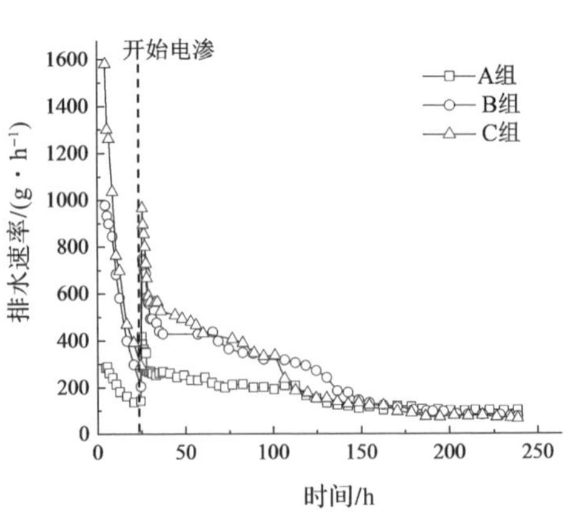

图5.14 排水速率

(3)土中真空度

土中真空度测试结果如图5.15所示。从图中可以看出，加入有机絮凝剂APAM的淤泥土较加入无机絮凝剂$FeCl_3$的土中真空度由板到土中传递速度快，并且真空度增长速度也明显快于无机絮凝剂$FeCl_3$，另外，有机絮凝剂APAM的土中真空度在83h就开始产生，比加入无机絮凝剂$FeCl_3$早23.5h，这是由于C组排水速率更快、排水量更多，土中自由水和结合水逐渐减少，孔隙水压力开始消散，真空度开始扩散到土体内部。

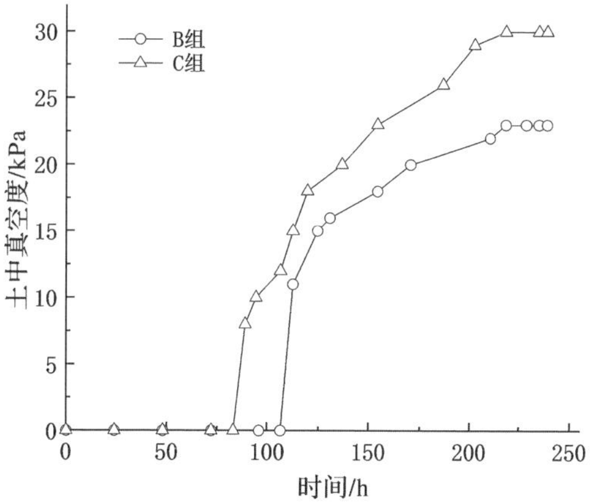

图5.15　土中真空度

(4)电流变化

试验过程中的电流随时间的变化如图5.16所示。试验开始时，A、B、C组的电流分别为0.72A、3.03A、1.84A。这3组试验泥浆相同，但B组和C组的初始电流明显比A组大，说明加入絮凝剂可以提高试验系统的电导率，从而增大电流。随着试验的进行，电流开始逐渐降低，这是因为随着水的排出和土体裂缝的开展，土体的电阻逐渐提高，电极界面电阻开始变大，导致电流随时间逐渐降低。在电渗初期，B组的电流初始值很高，电流下降的幅度非常大，在50h后，B、C组电流下降的幅度逐渐平缓，并且两者相差不大。这是因为电渗初期，B组试验加入的无机絮凝剂$FeCl_3$水解产生的Fe^{3+}扩散到土体内部，土体电导率显著提高，从而表现为初期电流较高，而随着电渗的进行，离子随水分排出，降低了淤泥中离子的含量，电流迅速降低；而C组试验加入的有机絮凝剂APAM水解的离子量较少，压缩双电层不明显，电导率低于B组，初始电流较低。

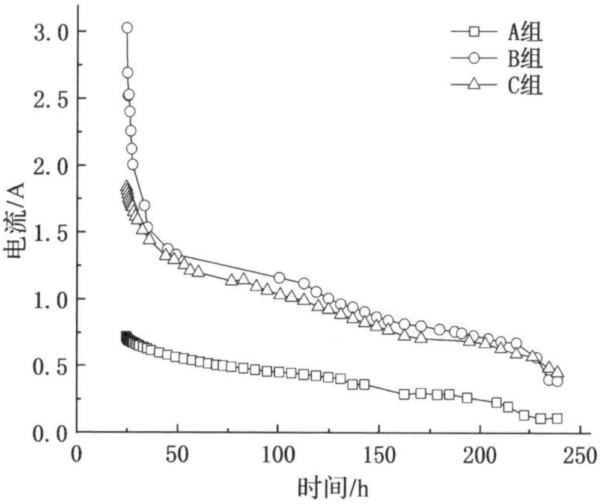

图5.16　电流随时间变化

(5)电势变化

以往研究[141]表明，电渗固结过程中，由于受电极与土体的界面电阻影响，电极附近会产生比较大的电势损失,降低了施加在土体中的有效电势。对于阴极排水电渗而言,阳极处产生的电势损失较大,阴极处电势损失较小。为探究加入絮凝剂对电势分布规律的影响,本试验记录了阴阳极之间电势的变化,采用归一化处理,结果如图 5.17～5.18 所示。从图 5.17 中可以看出,A、B、C 组和 Liu 等[142]阴极的电势损失分别为 11.4%、28.15%、25.25%、16.67%,阳极的电势损失分别为 36.25%、29%、34.6%、33.84%,分别剩下 52.35%、42.85%、40.15%、49.49%的有效电压加在土体之间。而不加絮凝剂的土体初始有效电压均高于加絮凝剂的有效电压。这是因为,真空预压阶段,不加絮凝剂的土体的排水量远小于加絮凝剂的土体,导致界面电阻较高,开始通电后有效电压就较高。

但随着电渗真空预压的进行,C 组的有效电压逐渐变高。从图 5.18 中可以看出,A、B、C 组和 Liu 等[142]阴极的电势损失分别为 32.1%、34.8%、30.25%、13.61%,阳极的电势损失分别为 32.3%、28.65%、23.5%、49.23%,分别剩下 35.6%、36.55%、46.25%、40.14%的有效电压加在土体之间。这说明加有机絮凝剂还是无机絮凝剂均减小了界面电阻差产生的电势损失,电势差在土体中的分布更加均匀,有更多的有效电势施加到土体中,这正是由于加入絮凝剂提高了电极界面处的电导率,降低了界面电阻。从图 5.17～5.18 中可以看出:对比有机絮凝剂 APAM 和无机絮凝剂 $FeCl_3$ 不同时刻的电势分布,可以得出 APAM 对于提高有效电势更加有效。这是由于 APAM 使淤泥颗粒团聚,粒径增大,颗粒间通过桥链构建形成稳定的骨架结构,絮凝团具有稳定性和整体性,能延缓阳极裂缝产生,减小界面电阻,而 $FeCl_3$ 作用效果有限。

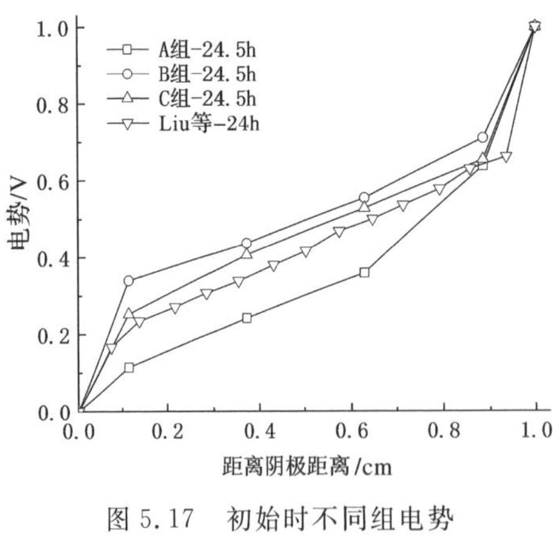

图 5.17 初始时不同组电势

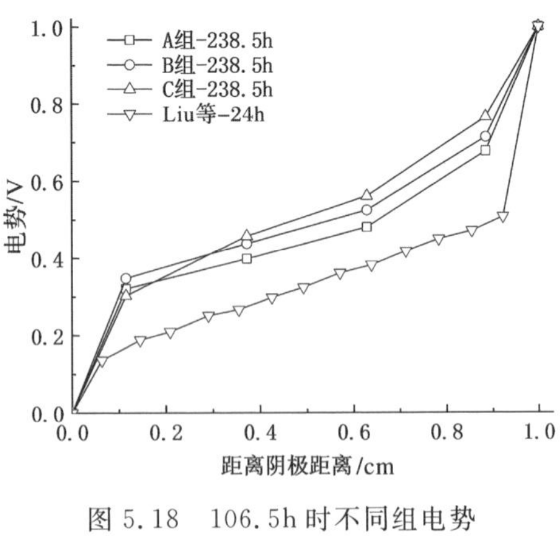

图 5.18 106.5h 时不同组电势

(6)平均含水率与抗剪强度

试验结束后用便携式十字板剪切仪测定图 5.10 标注位置的抗剪强度并采集土样测定含水率,对相同测试深度的试验结果取平均值,沿深度方向的试验结果如图 5.19～5.20 所示。从图 5.19～5.20 可以看出,3 组试验含水率随深度的增加而增大，抗剪强度随深度的增加而减小，这是因为真空压力随深度增加而减小，这符合传统真空预压后土体的含水率和强度的分布规律。从图 5.19 看，加入絮凝剂的 B 组和 C 组土体含水率明显小于未加入絮凝剂的 A 组土体，并且加入有机絮凝剂 APAM 的 C 组土体的含水率比加入无机絮凝剂 $FeCl_3$ 的 B 组土体含水率沿深度方向分布更均匀，表层与底层含水率仅差 2.28%。从图 5.20 看，C 组抗剪强度均大于其他组，而 A、B、C 组表层平均抗剪强度分别为 7kPa、21.75kPa、38.25kPa，B、C 组比 A 组分别提高了 210.71%、446.43%。

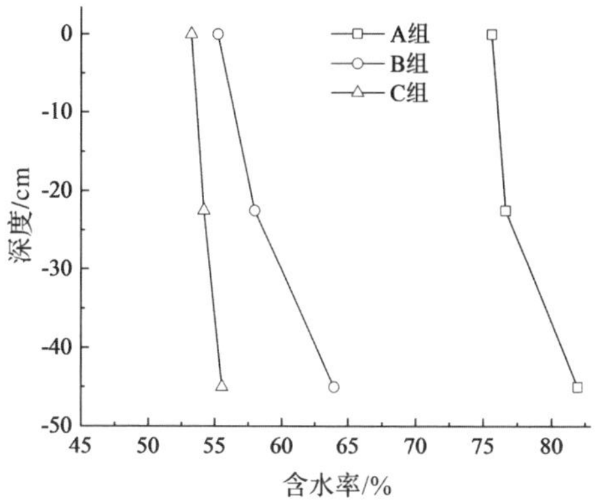

图 5.19　沿深度方向平均含水率分布

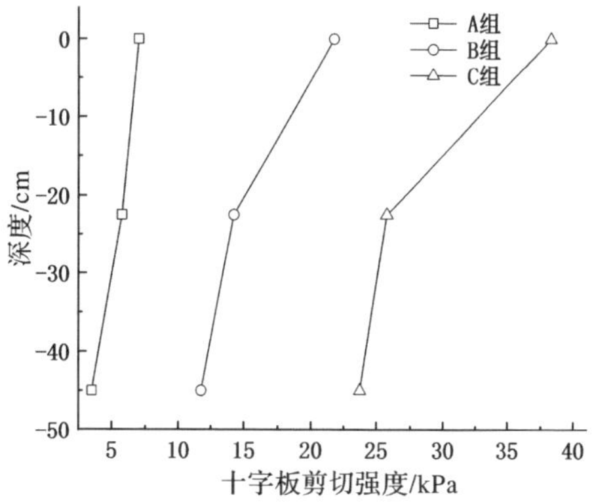

图 5.20　沿深度方向平均抗剪强度分布

沿水平方向的含水率、抗剪强度试验结果如图 5.21～5.22 所示。从图 5.21 可以看出离阳极距离不同相应的土体含水率不同，阴极的含水率比阳极低，这是因为：①采用阴极直排；②加入絮凝剂后土颗粒的双电层中扩散层变薄，增大了土体透水性，因此阴极附近水分的排出速率大于从阳极电渗过来的水分[87]。从图 5.22 可以看出，阳极附近 A、B、C 组平均抗剪强度为 7kPa、19.3kPa、38.67kPa，C 组比 A 和 B 组分别提高了 82%和 50%。

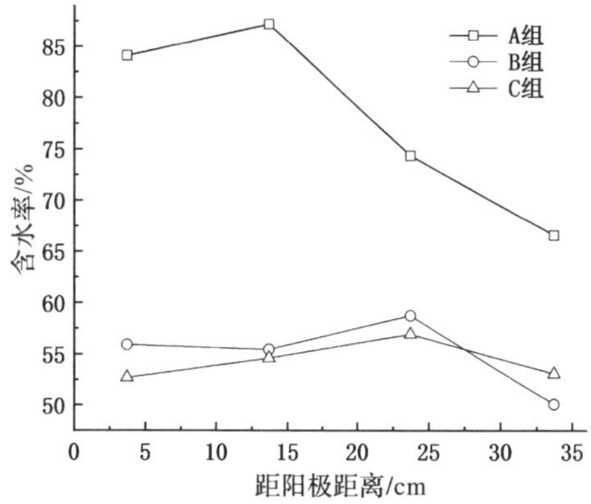

图 5.21　沿水平方向平均含水率分布

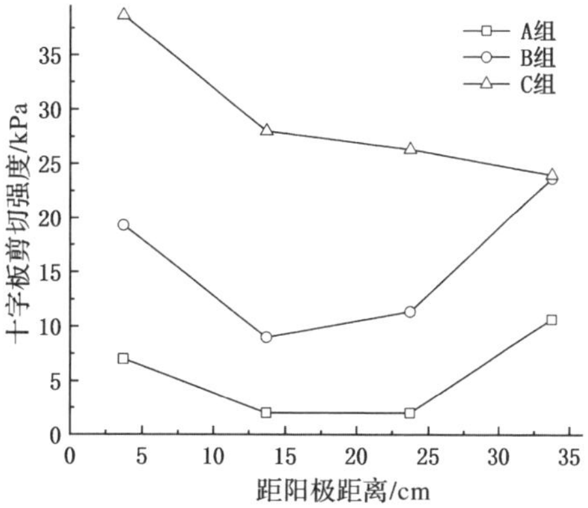

图 5.22　沿水平方向平均抗剪强度分布

(7)环境影响分析

根据国家污水综合排放标准(GB 8978—1996),排出水中重金属镉、铅的排放浓度分别为 0.1mg·L^{-1}、1mg·L^{-1}。原子吸收光谱仪(又称原子吸收分光光度计)如图 5.23 所示,它根据物质基态原子蒸汽对特征辐射吸收的作用来进行金属元素分析,能够灵敏可靠地测定微量或痕量元素。采用原子吸收光谱仪测定土体中排出水中重金属含量,如图 5.24 所示。从图 5.24 中可以看出,经絮凝电渗真空预压处理排出来的水中重金属含量均达到了国家排放标准,说明絮凝剂可以有效固定重金属,降低环境危害。但是,对于絮凝剂本身的危害还需要尽量降低,这是因为无机絮凝剂 $FeCl_3$ 因其成本低且易于使用而被普遍使用,然而,它们的应用受制于低的絮凝效率和处理后水中残留的金属浓度与氢氧化金属(有毒)污泥。而有机絮凝剂 APAM 因其低剂量高效地进行絮凝被广泛使用,然而,它的应用受制于缺乏生物降解性和分散在水中的单体残留物。因此,我们需要一些新型絮凝剂,例如生物絮凝剂、复合絮凝剂等,既可以通过增加离子强度来破坏胶体颗粒的稳定性,使zeta 电位有所下降,从而减小电双层的扩散部分的厚度,又可以吸附特定的反离子以中和颗粒电荷。

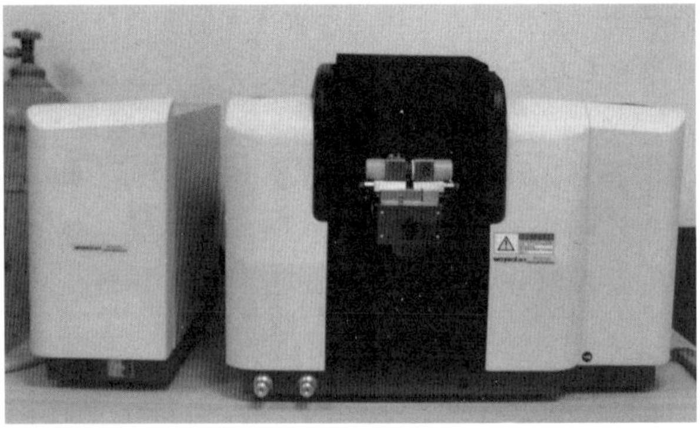

图 5.23 原子吸收光谱仪

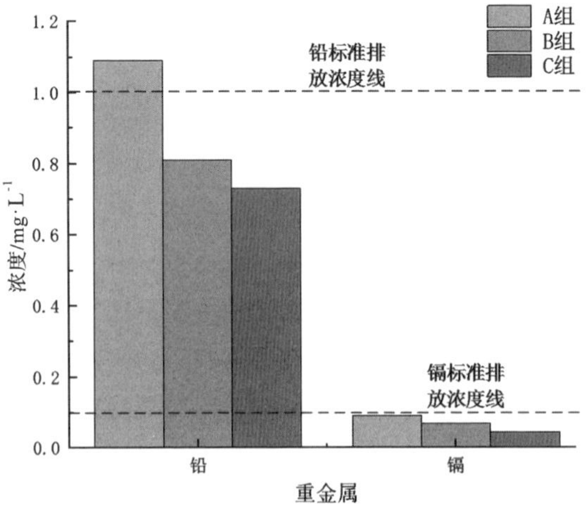

图 5.24 铅、镉排放浓度

5.3 复合絮凝剂对电渗真空预压处理淤泥影响研究

5.3.1 试验过程

(1)复合絮凝剂的选取与絮凝机理

1)复合絮凝剂的选取

由于淤泥中通常含有复杂的混合物,以及具有不同特征的各种污染物,因此,除了单独使用单一种类的絮凝剂外,充分利用无机絮凝剂和有机高分子絮凝剂的不同优点,将它们结合起来使用也至关重要。复合絮凝剂的絮凝效果在很大程度上取决于无机、有机絮凝剂的种类、掺量、投加顺序和混合速度。不同的无机絮凝剂和有机絮凝剂由于其不同的结构特征,即电荷特征、离子性质、特殊的官能团和分子量,表现出不同的絮凝性能。由于各种目标淤泥的特性不同,应根据絮凝机理选择合适的絮凝剂并考虑投加顺序和混合速度。

对于絮凝机理,"电中和"和"桥接"是2种被广泛接受的机制。由于水中大部分不溶性悬浮固体表面电荷为负,传统的无机絮凝剂主要是三价金属无机盐,如硫酸铝[$Al_2(SO_4)_3$]、$FeCl_3$、聚合氯化铝(PAC)等。同时,常用的有机絮凝剂是有机高分子材料,包括合成和天然高分子絮凝剂和生物絮凝剂。PAM、APAM和阳离子聚丙烯酰胺(CPAM)是常用的有机絮凝剂。由于APAM通常比CPAM便宜得多,而且由于链内静电斥力,APAM在水中具有较大的流体力学尺寸,这对桥接絮凝效果非常有利,因此更为常用。

综上所述,根据无机絮凝剂和有机絮凝剂的絮凝机理可以预想,如果将无机絮凝剂和有机絮凝剂复合在一起可以配制出对淤泥既有"电中和"絮凝作用又有"桥接"絮凝作用的复合絮凝剂。而且,由于这种絮凝剂中含有阳离子,预计可以提高淤泥的电渗透系数,从而有利于提高电渗真空预压处理淤泥的效果。因此本研究选择PAC+APAM作为一种复合絮凝剂,选择$FeCl_3$+APAM作为另一种复合絮凝剂。

①PAC+APAM(分子量为1200万)

PAC为无机高分子絮凝剂,其分子式为$[Al_2(OH)_nCl_{6-n}]_m$,可生成$[Al_6(OH)_{14}]^{4+}$、$[Al_7(OH)_{17}]^{4+}$和$[Al_8(OH)_{20}]^{4+}$。这些配合物有较大的网状结构,可以使絮状物聚集。同时,PAC可以水解产生正电荷,改变双电层厚度,使得一些细小的颗粒被吸附,PAC实物如图5.25所示。

②$FeCl_3$＋APAM(分子量 1200 万)

$FeCl_3$、APAM 在第 5.2.1 节中做了介绍,这里不做赘述。$FeCl_3$ 实物如图 5.26 所示,APAM 实物与分子式如图 5.27～5.28 所示。

图 5.25　PAC 实物

图 5.26　$FeCl_3$ 实物

图 5.27　APAM 实物

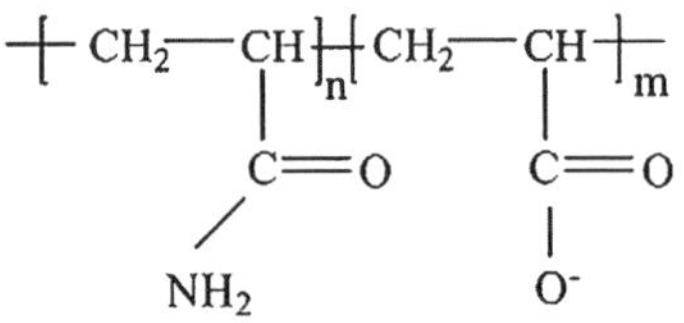

图 5.28　APAM 分子式

2)复合絮凝剂的絮凝机理

复合絮凝剂 $FeCl_3$-APAM、PAC-APAM 的絮凝机理分别如图 5.29～5.30 所示,具体包含下面 3 个步骤。

①加入无机絮凝剂 $FeCl_3$ 后,$FeCl_3$ 在等电点迅速水解形成阳离子形态(Fe^{3+}),被带负电的胶体颗粒吸附,同时表面电荷减少,形成阳离子形态微絮体。而加入无机絮凝剂 PAC 后,PAC 水解成高分子长链与阳离子形态(Al^{3+}),Al^{3+} 被带负电的胶体颗粒吸附,同时表面电荷减少,形成阳离子形态微絮体,长链迅速桥接微絮凝体与网捕大颗粒。

②在 APAM 的阴离子部分,该分子未解离的阴离子部分解离并带电,并通过上述中和反应,与结合在淤泥上的金属氢氧化物的正电荷反应并结合颗粒表面。

③吸附在淤泥颗粒表面的聚合物分子的官能团与另一种聚合物的官能团结合，聚合物的有效分子量变得巨大，从而桥接和絮凝淤泥颗粒。

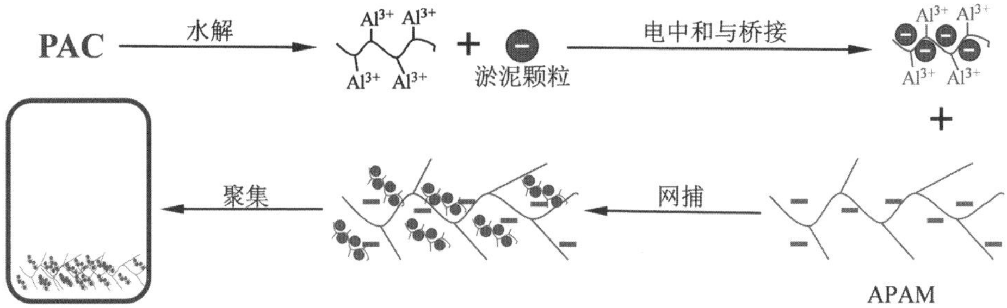

图5.29　复合絮凝剂 $FeCl_3$-APAM 的絮凝机理

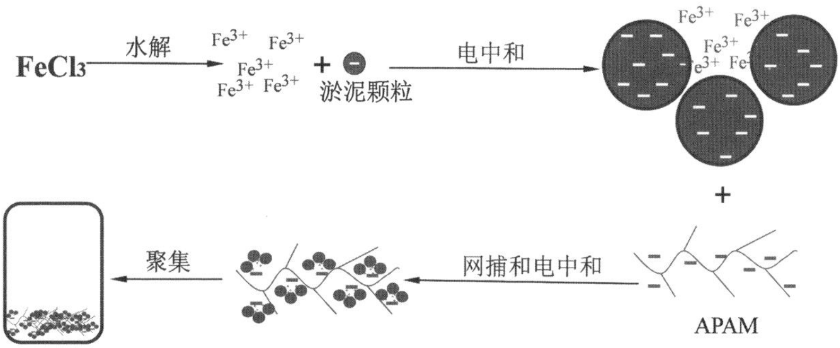

图5.30　复合絮凝剂 PAC-APAM 的絮凝机理

(2)淤泥初始性质

试验所采用的土样与第4.3节中的一致，淤泥的参数均一致。

(3)絮凝剂最优掺量

由于试验所采用的土样与第4.3节中的一致，所以絮凝剂的最优掺量与前文一致。

(4)试验设备、装置及测点分布

1)试验设备

①板式EKG电极

试验阴阳极均采用板式EKG电极，板式EKG有利于减少电极腐蚀，提高排水量和沉降，如图5.31所示。板式EKG电极由导电塑料和铜丝组成，表面规则分布着许多从上到下的凹槽，方便水在板内流通；铜丝对称分布，包裹于塑料内部，可以有效防止腐蚀；外部包有滤布，防止土颗粒堵塞排水板。

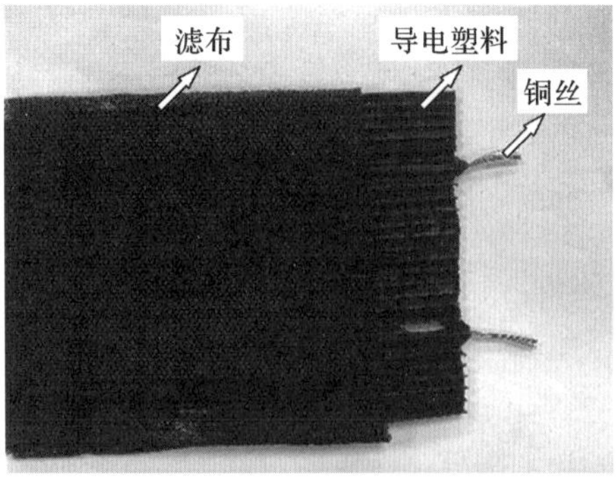

图 5.31 板式 EKG 电极

②便携式十字板剪切仪

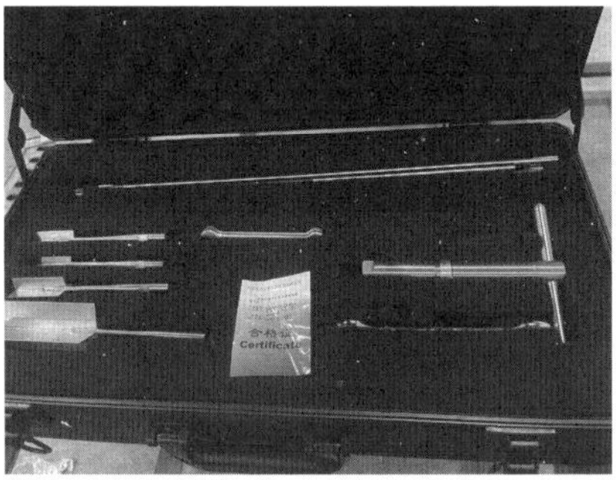

图 5.32 便携式十字板剪切仪

便携式十字板剪切仪（型号：PS-VST-P）如图 5.32 所示，是一种在工程现场直接测试黏土不排水抗剪强度的土工原位测试仪器。本章采用的便携式十字板剪切仪由天津市津安瑞仪器仪表有限公司生产，最大测试深度可达 3m，量程为 0～260kPa。

③电动搅拌机

电动搅拌机（型号：QZ-25），如图 5.33 所示，产自上海锡仪试验仪器有限公司，搅拌轴速度分为高（450r・min^{-1}）、中（150r・min^{-1}）、低（90r・min^{-1}），最大容量为 0.025m^3，该电动搅拌机可以很好地将淤泥与絮凝剂混合均匀。

图 5.33 电动搅拌机

④孔隙水压力计及数据采集仪

孔隙水压力计产自江苏省溧阳市金诚测试仪器厂，如图5.34所示，其测试精度为−0.1MPa～5MPa，配合程控静态电阻应变仪可以实时监测土中孔隙水压力的变化。

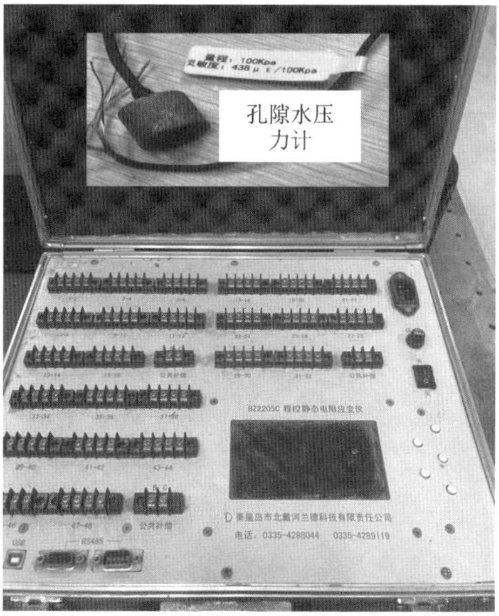

图5.34　孔隙水压力计及数据采集仪

2)试验装置及测点分布

试验采用的模型装置及测点分布如图5.35所示。采用有机玻璃桶(直径为350mm，高为600mm，壁厚为8mm)作为电渗真空预压处理的容器。电极均采用板式EKG电极，按照平行对称的方式布置于桶壁两边。阴阳极接导线从桶壁预留的孔出去与直流电源正负极连接。采用阴极直排的方式，在阴极上方安装塑料夹板，方便真空度随凹槽向下扩散，夹板上方连接真空管，从桶壁上的孔出去与抽滤瓶(蜀牛10000mL)上方的橡胶塞连接。橡胶塞上另外打孔安装真空表(量程为−0.01MPa～−0.1MPa)和连接真空泵[力辰循环水式SHZ-D(Ⅲ)]。抽滤瓶下方放置电子天平(上海三峰ACS-D11，量程为30kg，精度为1g)记录排水量。电势探针设置4根，主要测土体间的有效电势，两边的2根电势探针距离电极表面距离均为1.6cm，其余的间距为9.2cm。含水率与抗剪强度在平面上的间距分布与电势探针间距相同，沿深度方向测处理后土体表面、中部、底部3个截面。沉降测点设置3个，间距均为7.7cm。

(5)试验方案及过程

1)试验方案

设置 6 组对照试验,如表 5.3 所示。

表 5.3 试验方案

组别	絮凝剂种类	掺量
T1	无	无
T2	PAC	0.25%
T3	$FeCl_3$	0.5%
T4	APAM	0.25%
T5	PAC-APAM	0.15%、0.25%
T6	$FeCl_3$-APAM	0.15%、0.25%

2)试验过程

①按照图 5.35 连接好各个装置,称 35kg 淤泥于搅拌桶中。

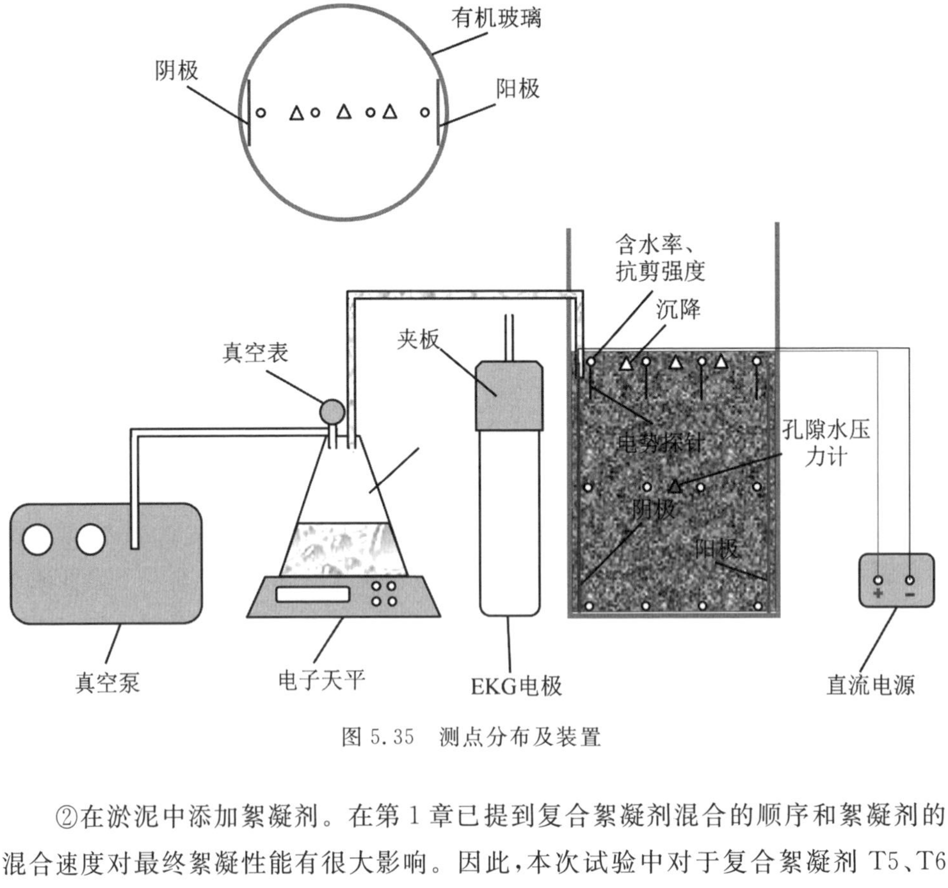

图 5.35 测点分布及装置

②在淤泥中添加絮凝剂。在第 1 章已提到复合絮凝剂混合的顺序和絮凝剂的混合速度对最终絮凝性能有很大影响。因此,本次试验中对于复合絮凝剂 T5、T6

组来说，先加无机絮凝剂 PAC 与 $FeCl_3$，再加 APAM。T1～T6 组的混合速度均先采用快速 $450r \cdot min^{-1}$，持续 3min；再慢速 $90r \cdot min^{-1}$，持续 15min。

③将搅拌好的泥浆装入模型桶中，桶中泥浆质量为 29kg，高度为 31.5cm。

④电极依然采用第 3 章中提及的 EKG 板，将 EKG 板中间铜丝连接处用绝缘胶密封好，防止腐蚀，然后将其插入指定位置。

⑤将膜用 704 胶密封，再用环箍固定。

⑥打开真空泵，打开电源，记录试验中数据。

5.3.2 试验结果及分析

(1)平均表面沉降

试验记录的沉降数据如图 5.36 所示。从图中可以看出，加入絮凝剂的 T2～T6 的最终沉降量均高于 T1，T1～T6 的最终沉降量分别为 5.35cm、7.3cm、6.2cm、7.75cm、8.65cm 和 7.9cm。这是因为添加絮凝剂后改变了原有土颗粒致密的结合状态，形成一个个絮凝团，便于脱水收缩。而加复合絮凝剂的 T5 与 T6 分别比加单一种类絮凝剂的 T2～T4 最终沉降多 18.49%、39.52%、11.61%与 8.22%、27.42%、1.94%。

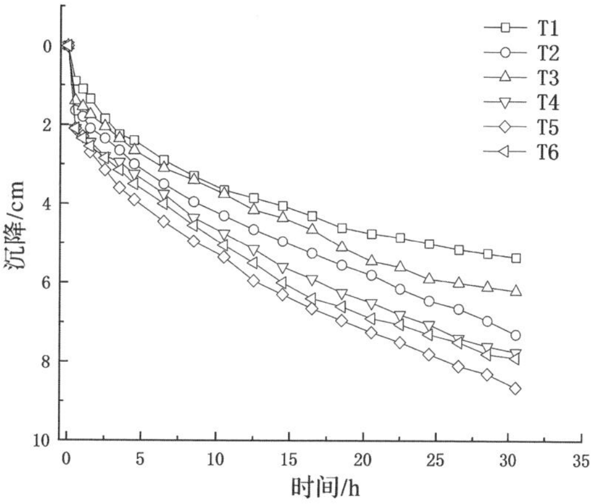

图 5.36　平均沉降随时间的变化

这说明复合絮凝剂预处理后再电渗真空预压后的淤泥优于单一种类絮凝剂处理的淤泥，这是复合絮凝剂的特性决定的，它兼具“电中和”与“桥接”能力。

(2)排水量

试验过程中记录的排水量随时间变化如图 5.37 所示。图中，T1 的排水量最小，并且后期增长幅度缓慢。主要原因有：①T1 中未加絮凝剂，未改变其结构和成分，由图 4.11 的颗粒级配曲线可知，原状泥浆的颗粒十分微小，小于 0.075mm 的占 95.45%，颗粒堆积密集，渗透性很低；②从双电层理论来看，在加入直流电场后，土中孔隙水中离子向阴极流动，并通过粘滞作用拖拽孔隙水向阴极共同流动，但是在电渗过程中，土中原有的离子会被消耗，且没有外来补充，电渗效果会持续削弱，导致后期排水量较低。从图中可以看出，T5 的排水量最大，达到了 3.165kg，比 T1～T4、T6 分别多 56.3%、20.21%、27.83%、16.32%、11.4%。水力渗透系数和电渗透系数的大小决定了排水量的多少，而水力渗透系数和电渗透系数大小的主要影响因素分别为孔隙率及孔隙率与孔隙液离子浓度。第 2 章已得到复合絮凝剂 APAM-PAC 水力渗透系数与电渗透系数大于 T1～T4、T6，即 T5 排水效果最优。

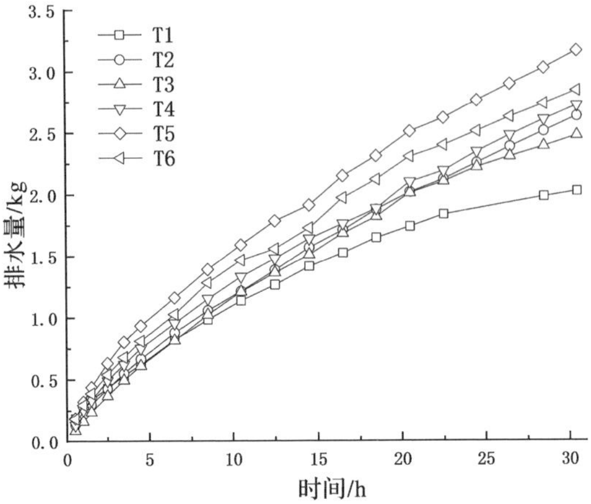

图 5.37 排水量随时间变化

(3)电流变化

试验过程中记录的电流随时间变化如图 5.38 所示。从图中可以看出，加入絮凝剂的 T2～T6 电流均高于不加絮凝剂的 T1。这是由于加入絮凝剂提高了土体的电导率。T3 的初始电流源高于 T1～T2、T4～T6，其中 T3 在 1.5h 时电流为 1.017A，2.5h 时电流为 0.834A，下降幅度为 17.99%。原因主要有 2 个：其一，为了保持最佳的絮凝效果，无机絮凝剂 $FeCl_3$ 的添加量比较大，而 $FeCl_3$ 极易水解，因此水中存在大量的 Fe^{3+} 离子。开始电渗时，水还未排出，主要由自由的孔隙水及孔隙水中离子导电，随着电渗真空预压的进行，孔隙间自由水带着 Fe^{3+} 离子共同排出，Fe^{3+} 离子与水电解产生的 OH^- 离子反应生成 $Fe(OH)_3$ 胶体。其二，“电中和”作用形成的絮凝体不稳定、易受外力破坏，在真空负压作用下，土体失水收缩，孔隙率迅速降低。这 2 种情况共同作用下，电导率急剧降低，最终

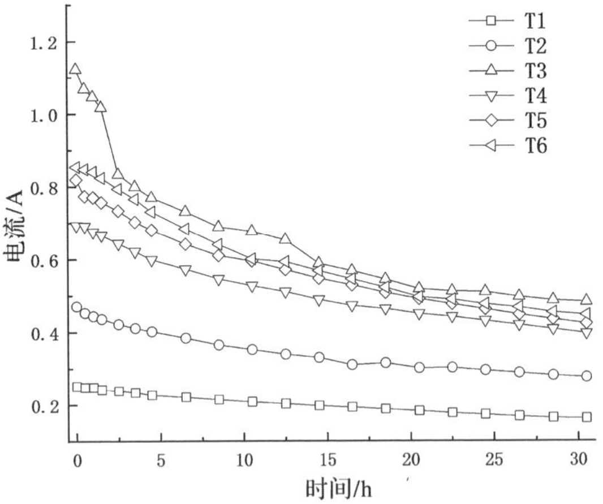

图 5.38 电流随时间变化

表现为电流的急剧降低。而 T2、T4～T6 的电流下降比较均匀。原因主要也有 2 个：其一，T2、T4～T6 虽然加入了有机、无机絮凝剂，但是孔隙水中离子浓度相对于 T3 比较低，电导率也不仅仅依赖于孔隙水离子浓度。其二，由第 2 章可知，孔隙率的提升对电导率的提升也有帮助，T2、T4～T6 中均存在高分子，这种高分子形成的絮凝团比较稳定，增强了颗粒间的骨架，使其不易受外力破坏，在真空负压作用下，孔隙缓慢收缩。

(4)孔隙水压力

试验测得的孔隙水压力如图 5.39 所示，从图中可以看出，T1～T6 组最终孔隙水压力分别降低了 4.45kPa、11.07 kPa、7.89 kPa、23.78 kPa、54.25 kPa 和 45.34 kPa，孔隙水压力消散最多的是 T5，即 T5 加固效果最好。孔隙水压力的消散程度主要和真空压力及孔径分布有关，本章所有组的真空度均默认为 95kPa，不会影响孔隙水压力的消散，即孔径分布与孔隙水压力的消散程度直接相关，通过第 4.3 节的图 4.18 可以得出 T1～T6 的孔径分布大小为 T5＞T6＞T4＞T2＞T3＞T1，这与孔隙水压力的消散规律一致。从图中还可以看出，电渗真空预压初期测点孔隙水压力消散程度较小，这是因为真空度随深度递减。

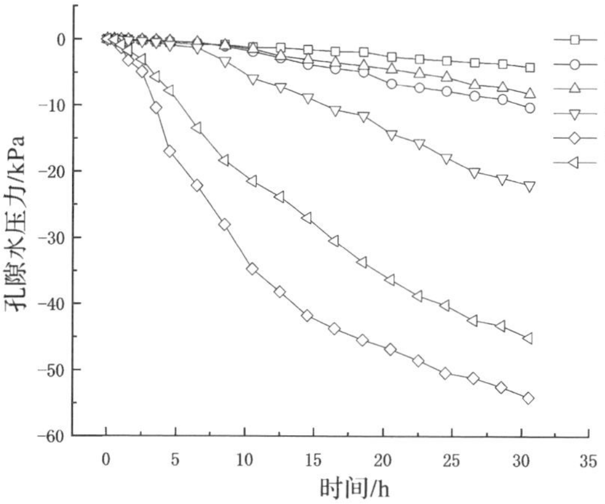

图 5.39 孔隙水压力随时间的变化

(5)平均含水率与抗剪强度

含水率与抗剪强度的结果直接反映了经电渗真空预压处理后土体性能的优劣，因此这 2 项参数十分重要。试验结束后用十字板剪切仪测定其抗剪强度，取测点淤泥，使用烘干法测定含水率。沿深度方向平均含水率分布如图 5.40 所示，沿深度方向平均抗剪强度分布如图 5.41 所示。从图 5.40～5.41 可以看出，T1～T6 含水率与

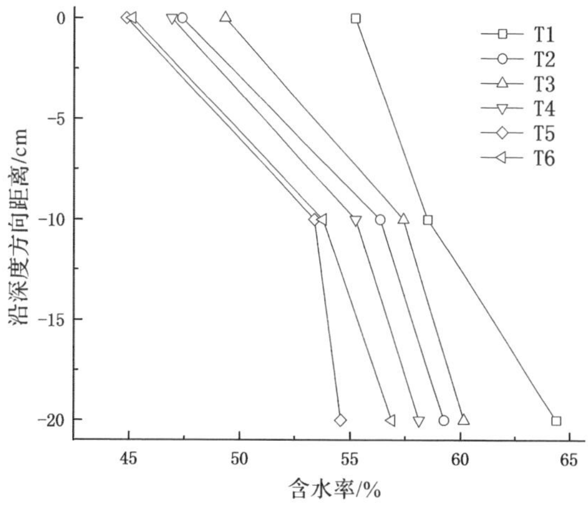

图 5.40 沿深度方向平均含水率分布

抗剪强度随深度递减，这是由于真空压力随深度递减，进而下层处理效果较差。T2～T6 的沿深度方向平均含水率均低于 T1，平均抗剪强度均高于 T1。这是因为 T1 排水的同时，细小颗粒随孔隙水排出，使得排水板上滤膜淤堵逐渐严重，孔隙水无法排出。并且 T1 的初始孔隙率较低，排水通道在真空负压下不通畅，两相作用下整个土体淤堵效应严重，通过图 5.36 沉降和图 5.37 排水量的曲线后期比较平缓也可以验证这一点。相对于 T1 的淤堵，T2～T6 由于加入絮凝剂而改变了淤堵状况，处理后土体性能良好。特别是 T5，沿深度方向平均含水率最低、平均抗剪最高。T5 使用了复合絮凝剂，其中 PAC 可以很好地使细小颗粒团聚(从图 4.16 中浊度最低也可以验证这点)，进而减缓滤膜堵塞；APAM 可以使用高分子连接较大颗粒形成絮凝团，增大孔隙率，排水通道相对通畅。

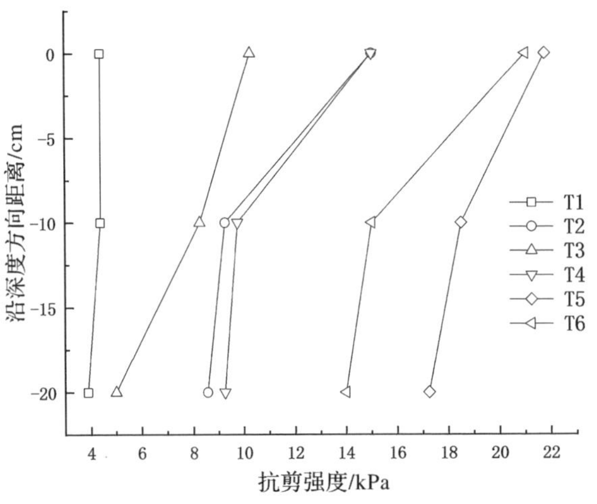

图 5.41　沿深度方向平均抗剪强度分布

沿水平方向平均含水率分布如图 5.42 所示，沿水平方向平均抗剪强度分布如图 5.43 所示。从图 5.42～5.43 中可以看出，T1～T6 从阴极到阳极含水率先逐渐升高，再降低，但是阴极含水率依然低于阳极；从阴极到阳极抗剪强度先逐渐降低，再升高，但是阴极抗剪强度依然高于阳极。其主要原因是采用阴极直排，真空度随阴极板向周围扩散，阳极远离阴极，真空度较低，含水率会一直升高，抗剪强度会一直降低。但是电渗作用会抑制含水率的升高与抗剪强度的降低，阳极附近孔隙水会移动到阴极，这就降低了阳极附近含水率，提高了阳极附近抗剪强度，而在阴阳极之间，电渗作用与真空负压作用较弱，相对于阴阳极附近含水率较高、抗剪强度较低。通过图 5.42～5.43 可以得到复合絮凝剂预处理的淤泥经电渗真空预压后的综合性能优于单一种类絮凝剂。其中，T5 沿水平方向平均含水率最低、平均抗剪最高，在阳极附近，T5 含水率相对于 T1～T4、T6 分别降低了 14.79%、8.7%、9.6%、8.43%、4.57%；T5 抗剪强度相对于 T1～T4、T6 分别提高了 208.25%、117.46%、117.46%、60.76%、54.13%。

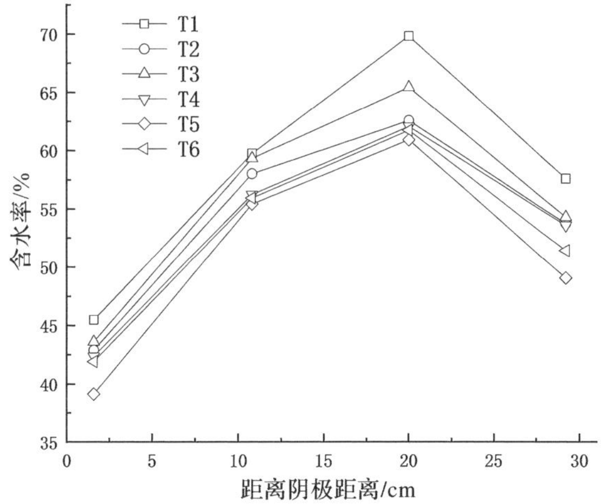

图 5.42 沿水平方向平均含水率分布

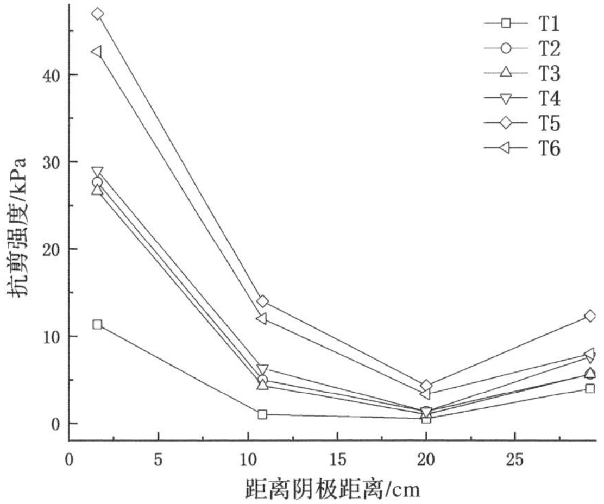

图 5.43 沿水平方向平均抗剪强度分布

5.4 本章小结

首先，本章在分析了有机和无机絮凝剂的絮凝机理的基础上，选取了有机絮凝剂 APAM 和无机絮凝剂 $FeCl_3$ 处理淤泥，利用沉降柱试验确定了絮凝剂掺量，并通过模型试验对比了有机和无机絮凝剂对絮凝电渗真空预压处理淤泥的影响。然后，根据上述试验结果得到单一种类絮凝剂絮凝机理单一，絮凝效果有限，仍不能满足淤泥处理领域追求高效的要求。最后，提出用复合絮凝预处理淤泥再进行电渗真空预压，以期进一步提高淤泥处理效率与提升效果。论述了复絮凝剂的选取和絮凝机理，再根据沉降柱试验确定最优掺量及复合絮凝剂的配比，设计了 6 组对照试验。本章结论如下。

①掺加 $FeCl_3$ 和掺加 APAM 的淤泥在真空预压阶段排水速率和沉降量差别不大，但在电渗开启后，掺加 APAM 的淤泥的排水速率更快，最终沉降量更大。电渗真空预压处理结束后，掺加 APAM 的淤泥的十字板剪切强度更大，含水率分布更均匀。可以认为掺加有机絮凝剂 APAM 的电渗真空预压处理效果优于无机絮凝剂 $FeCl_3$。

②絮凝剂显著提高了电渗过程中的电流强度，同时也减少了电极界面电阻产生的电势损失，使更多的有效电势施加到土体中。掺加 APAM 更能提高淤泥中的有效电势。

③掺加絮凝剂可以提高电渗真空预压排出淤泥中重金属的效果，从而降低处理后淤泥中的重金属含量。掺加有机絮凝剂 APAM 排出重金属效果更好。

④复合絮凝剂 PAC-APAM 与 $FeCl_3$-APAM 的最佳配比均为 0.6∶1，这个比例排水量和沉降最高。

⑤复合絮凝剂从处理后土体的含水率与抗剪强度来看均优于单一种类絮凝剂，复合絮凝剂中 PAC-APAM 的组合方式比 $FeCl_3$-APAM 更好。

⑥加入絮凝剂均可减轻淤堵，其中复合絮凝中 PAC-APAM 淤堵效应最轻。T1 不加絮凝剂，淤堵严重，排水量和沉降后期逐渐变缓，而 T2～T6 斜率依然很大，可继续排水固结。

第6章 电渗复合真空预压处理软土地基试验

6.1 引 言

由于软黏土承载力低、压缩性强，故在工程建设时遇到软黏土地基，往往需要对其进行加固。与目前常用的软黏土地基加固方法相比，电渗固结法具有噪声小、加固效果好、施工所需设备相对简单等优势，被认为是一种具有较好发展前景的软黏土加固方法。不过电渗固结法工程应用依然存在一定的问题。问题一，电渗影响因素众多，目前不少电渗的影响因素未被充分考虑与研究，比如在冬季施工时，低温会降低电渗时电离子的迁移速度，这是软黏土电渗固结另一个重要的影响因素，但目前未见有学者进行相关研究，电渗加固软黏土的效率有进一步提升的空间。因此，对电渗影响因素的进一步研究具有重要意义。问题二，对于滩涂区域吹填一定厚度的淤泥后进行地基处理的情况，由于新吹填土通常为流动状态，承载力极低，故机械设备无法进场进行插打排水板施工。

针对问题一，本章采用自制装置，通过对比试验的方式分别测量了常温环境与低温环境下含水率为35%～55%的软黏土在阳极灌 $FeCl_3$ 溶液和灌水的工况下电渗时的电流、pH 和排水量，计算了相应的电渗透系数和能耗系数。采用改进型 Miller Soil Box，进行了对常温环境下阳极分别无灌浆、灌水和灌 $FeCl_3$ 溶液后的电阻率、阳极电势差的测量；低温环境下阳极分别无灌浆和灌 $FeCl_3$ 溶液后的电阻率、阳极电势差的测量；含水率为40%的冰冻软黏土阳极电势差、电流的测量。根据试验结果，分析了低温环境下阳极灌 $FeCl_3$ 溶液对软黏土电渗处理过程中电流、pH、排水量、阳极电势差、电渗透系数、能耗系数、电阻率等的影响，以期为工程实际提供参考。

针对问题二，本章提出先对吹填淤泥进行浅层固化形成具有一定承载力的固化层，达到机械设备进场要求，然后插打电渗塑料排水板进行电渗联合真空预压深层处理。固化层在实际施工中可以采用喷粉搅拌头，一边喷射水泥、石灰等固化剂一边搅拌淤泥形成一层2厚度的固化层。为研究浅层固化电渗联合真空预压的处理效果，本章开展了室内模型试验。

6.2 低温时阳极灌 $FeCl_3$ 溶液对电渗加固软黏土的影响研究

6.2.1 试验设备和材料

本次试验采用厚度为1mm的铝片作为阳极和阴极的材料。所用 $FeCl_3$ 溶液由 $FeCl_3 \cdot 6H_2O$ 晶体配制而成，浓度为400g/L。所用水为普通自来水。自制装置中所用装土盒为内径9.2cm、高7.5cm、容积500cm^3 的圆柱形塑料盒，装土盒和阴极材料上布满用于排水的小孔。改进型 Miller Soil Box 内部尺寸为长225mm、宽150mm、高70mm。采用25V或30V的直流电源、精度为1mA的电流表、精度为0.01V的电压表、分辨率为0.01的pH计。

所用软黏土取自杭州某工地施工现场，土样呈灰色，原状土的物理指标如表6.1所示。

表 6.1 原状土的物理力学指标

含水率 ω/%	重度 γ/kN·(m^3)$^{-1}$	孔隙比 e_0/%	土的比重 Gs	液限 ω_l/%	塑限 ω_p/%	黏聚力 c/kPa	内摩擦角 φ/°
45.0	17.2	1.258	2.73	43.2	23.6	13.7	9.4

6.2.2 试验工况

为了针对不同含水率的软黏土，进行考虑低温环境和阳极灌 $FeCl_3$ 溶液对软黏土电渗影响的研究，本次试验共设计31种工况，如表6.2所示。其中，用自制装置测量电渗时的电流、pH和排水量等参数的试验包括工况1～20；用改进型 Miller Soil Box 测量电阻率、阳极电势差等参数的试验包括工况1～15和工况21～31。

表 6.2 试验工况

试验编号	含水率/%	环境	灌浆	试验编号	含水率/%	环境	灌浆
1	35	常温	灌 $FeCl_3$ 溶液	17	40	低温	灌水
2	40	常温	灌 $FeCl_3$ 溶液	18	45	低温	灌水
3	45	常温	灌 $FeCl_3$ 溶液	19	50	低温	灌水

续表

试验编号	含水率/%	环境	灌浆	试验编号	含水率/%	环境	灌浆
4	50	常温	灌 $FeCl_3$ 溶液	20	55	低温	灌水
5	55	常温	灌 $FeCl_3$ 溶液	21	35	常温	/
6	35	常温	灌水	22	40	常温	/
7	40	常温	灌水	23	45	常温	/
8	45	常温	灌水	24	50	常温	/
9	50	常温	灌水	25	55	常温	/
10	55	常温	灌水	26	35	低温	/
11	5	低温	灌 $FeCl_3$ 溶液	27	40	低温	/
12	40	低温	灌 $FeCl_3$ 溶液	28	45	低温	/
13	45	低温	灌 $FeCl_3$ 溶液	29	50	低温	/
14	50	低温	灌 $FeCl_3$ 溶液	30	55	低温	/
15	55	低温	灌 $FeCl_3$ 溶液	31	40	冰冻	/
16	35	低温	灌水				

6.2.3 试验方案

试验时室内温度约为30℃；放入冰箱制冷层4h后的土样温度约为1～4℃；放入冰箱制冷层12h后的土样温度约为−1℃，呈冰冻状态。

(1)自制装置的试验方案

1)土样制作：①将取自施工现场的原状土暴晒、碾磨成粉、筛分、烘干之后，将土样按照35%、40%、45%、50%、55%的含水率分别加入对应量的水并充分搅拌后放入装土盒中；②根据工况的灌浆情况，分别在阳极灌2mL的 $FeCl_3$ 溶液或水；③根据工况的环境情况，将装有土样的装土盒用保鲜膜密封后在冰箱制冷层或常温环境下放置4h。

2)电渗：将装土盒上部固定在支架横杆上，并于下部放置接水的漏斗和量筒，再将25V的直流电源、电流表和装土盒按要求连接后进行电渗，同时设置对照组，如图6.1所示。

3)数据读取：为维持冷冻土样的低温环境，电渗持续时间设定为1h。所需读取的数据包括：①每10min读取一次电流读数；②电渗结束后读取量筒中的排水量。

4)pH测量：对于含水率为40%的土样，在电渗结束后分别测量阳极、中间和阴极附近土样的pH。土样pH测量步骤为：①称取20.0g土样置于烧杯中，加入

50mL 蒸馏水，剧烈振荡 2min；②将 pH 计电极插入试样的悬浊液中，电极探头浸入液面下悬浊液垂直深度的 1/3～2/3 处，轻轻摇动试样，待读数稳定后，记录 pH；③测完每个试样后，立刻用水冲洗 pH 计电极，并用滤纸将电极外部水吸干，再测定下一个试样。

电渗后的土样 pH 测量过程如图 6.2 所示。

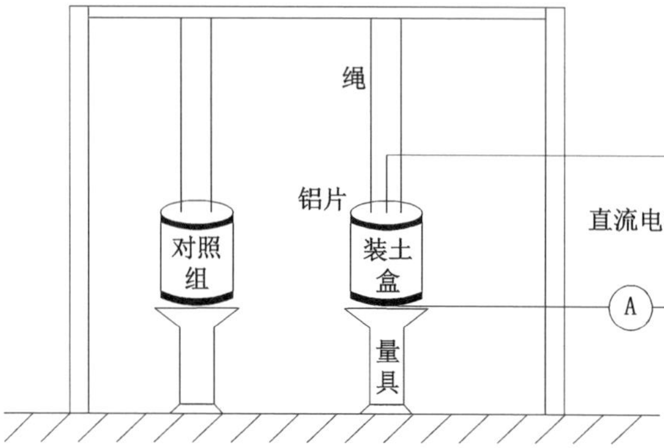

图 6.1 电渗装置布置

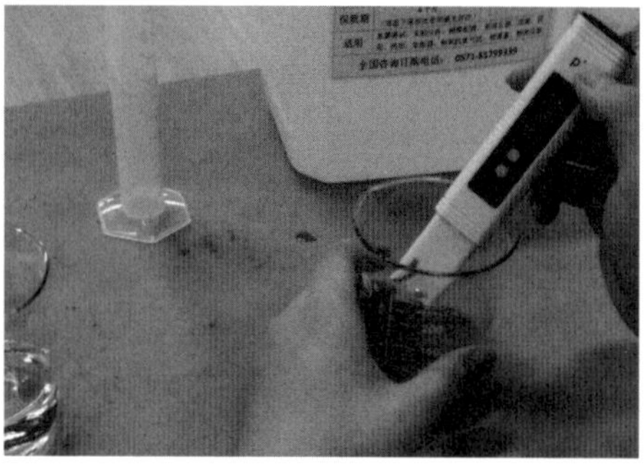

图 6.2 土样 pH 测量

(2)改进型 Miller Soil Box 试验方案

1)土样制作：具体步骤见自制装置的试验方案，但是工况 31 中的土样连同改进型 Miller Soil Box 需放入冰箱制冷层 12h。

2)电渗：将 30V 直流电源、电压表、电流表按要求连接，如图 6.3 所示。

3)数据读取：对于工况 1～15 和工况 21～30 测量电流和离阳极 5mm 处的阳极电势差；对于工况 31，测量离阳极 5mm 处前 15min 每分钟的阳极电势差和电流。阳极电势差测量如图 6.4 所示。

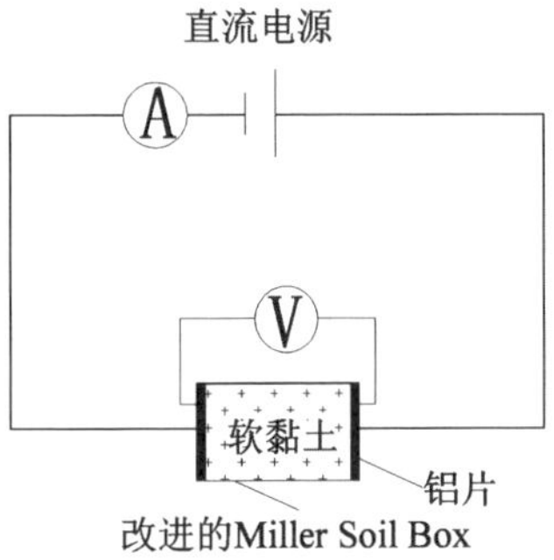

图 6.3　电阻率测量

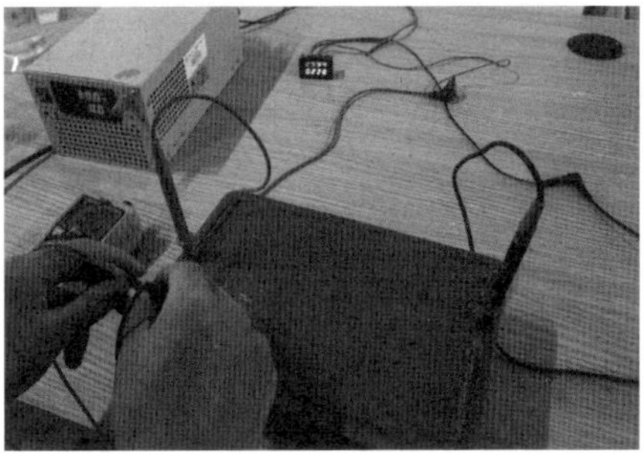

图 6.4　阳极电势差测量

6.2.4　试验结果分析

(1)电流变化

电流强度直接反映了电渗固结过程中电离子的迁移速度。不同工况下电流随时间的变化如图 6.5～6.8 所示。

对比图 6.5～6.8 可知如下内容。

①相同情况下,电渗初期,常温下的土样电流明显大于低温下土样的电流,说明低温不利于电渗。后期存在温度低的土样电流大于常温下土样电流的情况,这是因为随着电渗的进行前期常温下土样排水更多,以及电渗发热导致土样间温度差距缩小。

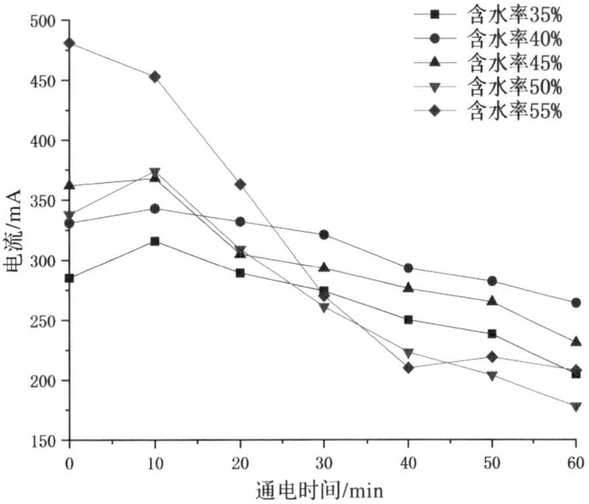

图 6.5　常温下阳极灌 $FeCl_3$ 时电流随时间的变化

②相同情况下,阳极灌 $FeCl_3$ 溶液之后的电流在各个时间段均大于阳极灌水之后的电流;低温下阳极灌 $FeCl_3$ 溶液之后虽然初期电流小于常温下阳极灌水之后的电流,但是随着电渗的进行,低温下阳极灌 $FeCl_3$ 溶液之后的电流会逐步大于常温下阳极灌水之后的电流,表明总体上阳极灌 $FeCl_3$ 溶液对电渗的影响大于温度对电渗的影响。

③阳极灌水后电流的峰值均在电渗刚开始时,这与王梁志等[143]的试验结果一致;除工况 5 外,阳极灌 $FeCl_3$ 溶液之后,电流的峰值均出现在电渗一段时间之后,

这与任连伟等[144]在阳极注入 $CaCl_2$ 和 Na_2SiO_3 溶液后的电流变化结果一致，这一电流变化结果说明电渗时阳极灌 $FeCl_3$ 溶液之后，电渗效果是先逐步变强，再逐步减弱，并非一步到位。

④常温下土样含水率 55％、阳极灌 $FeCl_3$ 溶液这一工况观测到的电流峰值是在电渗最开始时，这可能是因为土样含水率高，在阳极灌 $FeCl_3$ 溶液之后，电流在较短时间内便达到了峰值。试验时由于电流观测时间间隔相对较长，未观测到真正的电流峰值。

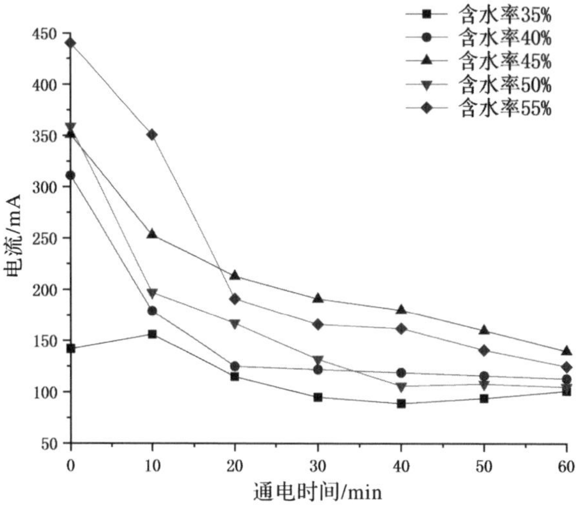

图 6.6　常温下阳极灌浆时(原为阳极灌水)电流随时间的变化

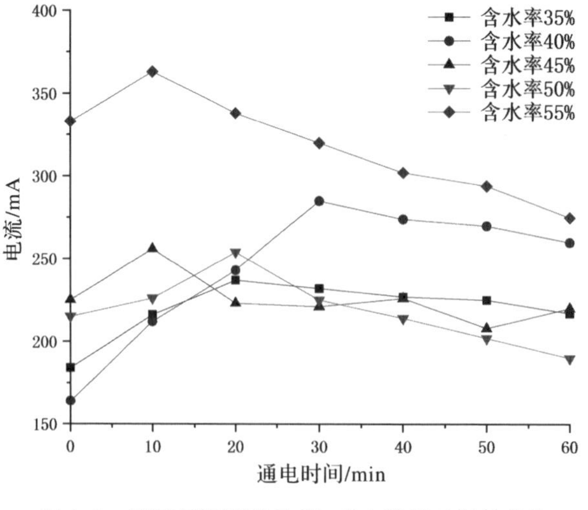

图 6.7　低温下阳极灌 $FeCl_3$ 时电流随时间的变化

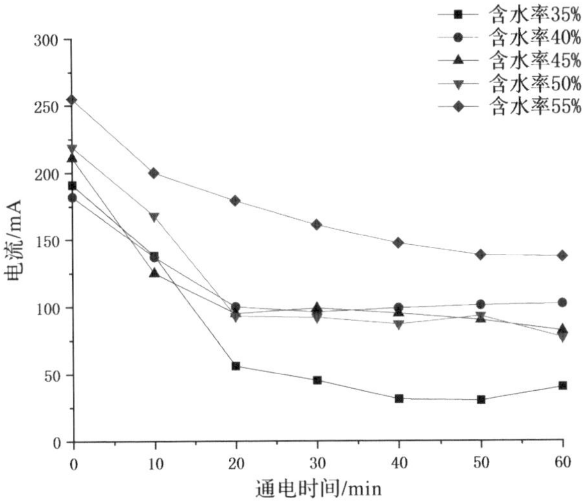

图 6.8　低温下阳极灌浆时电流随时间的变化

(2)pH 变化

电渗过程中伴随着电解反应,因此电渗后不同位置的土样 pH 不同。

含水率 40%的土样,在电渗开始前阳极灌 $FeCl_3$ 溶液 2mL 后,阳极土样的 pH 为 5.50;阳极灌水 2mL 后,阳极土样的 pH 为 8.66。电渗 1h 之后不同工况下各位置的土样 pH 如图 6.9 所示。

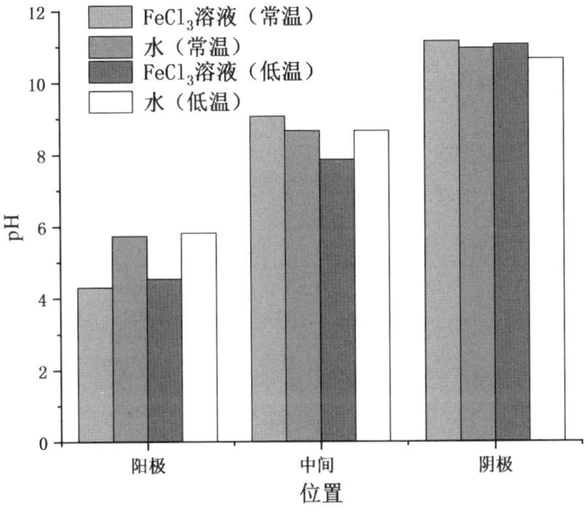

图 6.9　含水率 40%时不同工况下电渗后各位置的土样 pH

根据图 6.9 可知如下内容。

①在电渗后,阳极土样会明显呈现酸性,阴极土样会明显呈现碱性,这主要是

因为在电渗过程中产生了电解反应,阳极附近产生了 H^+,阴极附近产生了 OH^-。中间部位的土样呈现弱碱性,是因为原土样呈弱碱性。

②常温下阳极灌 $FeCl_3$ 溶液后土样电渗排水量最多,阳极的 pH 最小,阴极 pH 最大;低温下阳极灌水后土样电渗排水量最少,阳极的 pH 最大,阴极 pH 最小。结果表明,电渗过程中土样阴极和阳极的 pH 能作为反映电渗效果的指标之一,阳极 pH 越小、阴极 pH 越大,电渗效果越好。

(3)排水量与电渗透系数分析

考虑到重力因素可能会对土样排水量产生影响,故在试验过程中设置了对照组,发现仅低温环境下含水率 55%的土样对照组在试验中有数滴排水,这数滴排水可能是由于周围空气中的水分遇冷产生的,所以重力因素可以忽略。重力之所以对土样的排水量没有产生任何影响,是因为软黏土本身的透水性非常差。

1)排水量

电渗过程中从软黏土中排出的水量是电渗效果的直观反映。在常温环境下阳极灌水和灌 $FeCl_3$ 溶液、低温环境下阳极灌水和灌 $FeCl_3$ 溶液电渗的排水量随含水率的变化如图 6.10 所示。

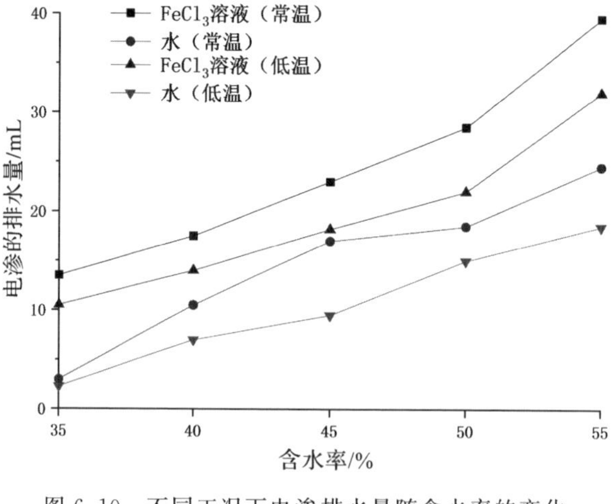

图 6.10 不同工况下电渗排水量随含水率的变化

根据图 6.10 可知如下内容。

①条件相同时,阳极灌 $FeCl_3$ 溶液可以有效提高土样电渗时的排水量,在常温状态下,阳极灌 $FeCl_3$ 溶液较阳极灌水提高土样排水量达 6.0~15.0mL,提高排水量的比例达 35.3%~350.0%,这一试验结果与任连伟等[144]在软黏土中加入 1.5mol·L^{-1}的 $CaCl_2$ 溶液后排水量的增幅相当;在低温状态下,阳极灌 $FeCl_3$ 溶液较阳极灌水提高土样排水量达 7.0~13.5mL,提高排水量的比例为 46.7%~

356.5%，在含水率为35%时进行阳极灌 $FeCl_3$ 溶液效果最佳，排水量提高的比例最大。

②条件相同时，低温会明显降低土样电渗时的排水量，在阳极灌 $FeCl_3$ 溶液时低温下较常温下土样排水量减少3.0～7.0mL，排水量降低比例为19.0%～22.8%；在阳极灌水时低温下较常温下土样排水量减少0.7～6.0mL，排水量降低比例为23.3 %～44.1%。

③软黏土含水率相同时，低温环境下阳极灌 $FeCl_3$ 溶液之后的电渗排水量明显高于常温下阳极灌水之后的排水量，这表明阳极灌 $FeCl_3$ 溶液对电渗的影响大于温度产生的影响。

2)电渗透系数

电渗透系数的公式参照式(4.4)，根据式(4.4)计算得出：常温下土样含水率为35%～55%时，阳极灌 $FeCl_3$ 溶液之后，电渗透系数为 $1.692\times10^{-5}\sim4.951\times10^{-5}$ $cm^2\cdot s^{-1}\cdot V^{-1}$；阳极灌水之后，电渗透系数为 $3.761\times10^{-6}\sim3.071\times10^{-5}$ $cm^2\cdot s^{-1}\cdot V^{-1}$。低温下土样含水率为35%～55%时，阳极灌 $FeCl_3$ 溶液之后，电渗透系数为 $1.316\times10^{-5}\sim4.011\times10^{-5}cm^2\cdot s^{-1}\cdot V^{-1}$；阳极灌水之后，电渗透系数为 $2.883\times10^{-6}\sim2.319\times10^{-5}cm^2\cdot s^{-1}\cdot V^{-1}$。

结果表明：含水率越高，电渗透系数越大；低温会降低土样的电渗透系数；阳极灌 $FeCl_3$ 溶液可以有效提高土样的电渗透系数。

(4)能耗分析

电渗能耗系数C表示相同时间段内土样电渗排出1L水所需要的能量，根据李一雯等[36]的论文，电渗能耗系数公式为：

$$C=\frac{\int_{t_1}^{t_2}UI_t\mathrm{d}t}{Q_{t_1-t_2}} \tag{6.1}$$

式中：$Q_{t_1-t_2}$ 为时间 t_1 至 t_2 时间内电渗排水的体积；U 为施加电压；I_t 为 t_1 至 t_2 时间内土体在某一时刻的电流值。

根据式(6.1)计算后得出各工况下的电渗能耗系数如图6.11所示。

根据图6.11可知：在土样含水率为40%～55%时，各工况下的电渗能耗系数相差不大。在土样含水率为35%时，各工况下的平均能耗系数相差较大，阳极灌 $FeCl_3$ 溶液能有效降低电渗能耗系数。常温下阳极灌 $FeCl_3$ 溶液电渗能耗系数降低了 $0.433kW\cdot h\cdot L^{-1}$，降幅为46.6%；低温下阳极灌 $FeCl_3$ 溶液电渗能耗系数降低了 $0.222kW\cdot h\cdot L^{-1}$，降幅为29.5%。温度对电渗能耗系数影响很小。

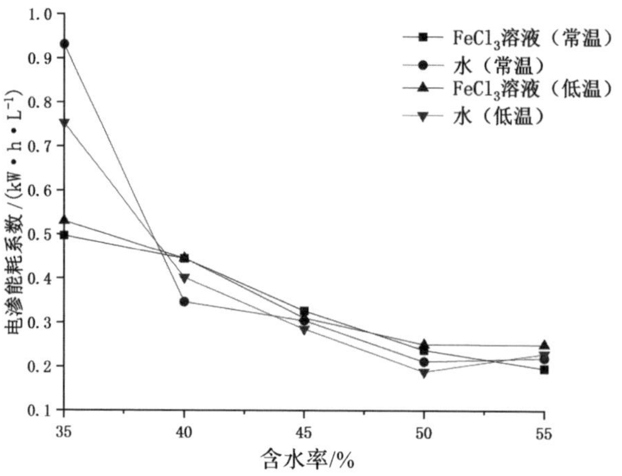

图 6.11　不同工况下的电渗能耗系数

(5)电阻率变化

电阻率用来表示土体电阻特性，电阻率公式参照式(4.1)。

软黏土含水率为 35%～55%，常温下阳极附近无灌浆、灌水和灌 $FeCl_3$ 溶液时电阻率变化如图 6.12 所示。低温下阳极附近无灌浆和灌 $FeCl_3$ 溶液时电阻率变化如图 6.13 所示。

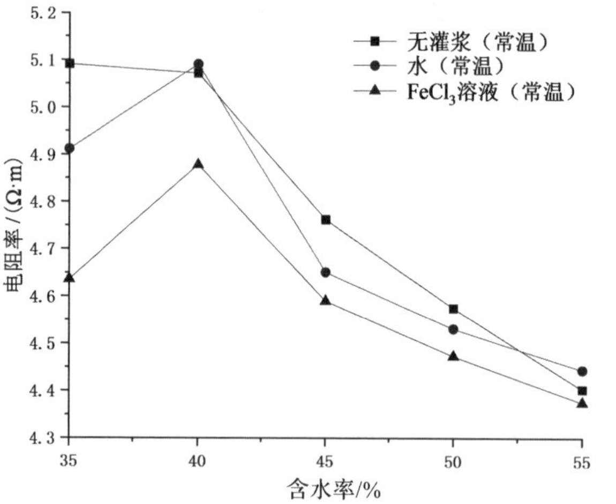

图 6.12　常温下不同工况时电阻率变化

根据图 6.12～6.13 可知如下内容。

①低温会明显提高软黏土的电阻率，在阳极无灌浆时，低温环境下软黏土电阻率较常温环境增加了 1.513～4.449Ω·m，电阻率的增幅为 29.7%～93.4%；在阳

极灌 $FeCl_3$ 溶液时，低温环境下软黏土电阻率较常温环境增加了 1.757～3.999Ω·m，电阻率的增幅为 37.9%～87.1%。

②无论是常温还是低温情况，阳极灌 $FeCl_3$ 溶液均能有效降低电阻率。常温下，在含水率为 35%时灌 $FeCl_3$ 溶液电阻率下降值最大，下降了 0.455Ω·m，降幅达 8.9%；低温下，在含水率为 40%时灌 $FeCl_3$ 溶液电阻率下降值最大，下降了 0.699Ω·m，降幅达 7.7%。

③常温下阳极灌水不能有效降低电阻率，尤其是当软黏土含水率较高时，甚至会出现提高电阻率的情况。

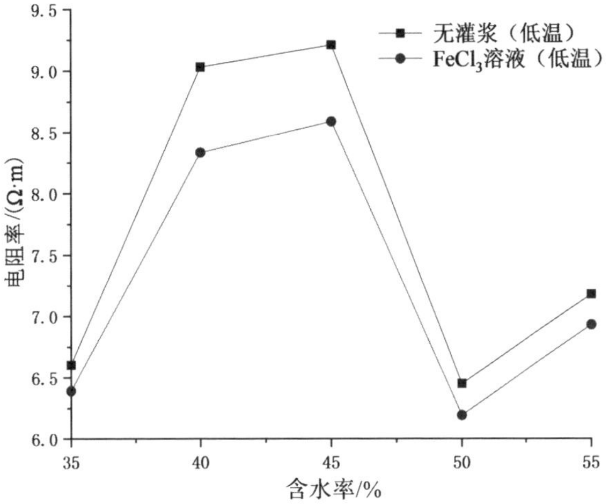

图 6.13　低温下不同工况时电阻率变化

(6)阳极电势差变化

阳极电势差表示在电渗过程中电势在阳极附近的损失，阳极电势差越大对电渗越不利。

1)低温对阳极电势差的影响

软黏土含水率为 35%～55%，常温下阳极附近无灌浆、灌水、灌 $FeCl_3$ 溶液以及低温下阳极无灌浆、灌 $FeCl_3$ 溶液时阳极电势差的变化如图 6.14 所示。

根据图 6.14 可知如下内容。

①除含水率 35%外，在无灌浆时，低温下的阳极电势差均明显高于常温下阳极电势差，增量为 0.15～0.40V，增幅为 26.7%～70.2%，表明低温不利于电渗；在含水率为 35%时，常温下阳极电势差高于低温下阳极电势差的原因有待于进一步分析。

②无论是常温还是低温情况，阳极灌 $FeCl_3$ 溶液均能有效降低阳极电势差，阳

极电势差减小量为 0.20～1.40V，有效提高了电渗效率；在含水率为 35%时，阳极灌 $FeCl_3$ 溶液阳极电势差下降值最大，常温下下降 1.40V，降幅达 75.7%，低温下下降 0.80V，降幅达 54.1%，表明在含水率为 35%时采取阳极灌 $FeCl_3$ 溶液是最优选择。

③阳极灌 $FeCl_3$ 溶液后，总体上常温下阳极电势差高于低温下阳极电势差，但两者电势差相差不大，表明阳极灌 $FeCl_3$ 溶液能有效减小低温对阳极电势差的影响。

④阳极灌水也能一定程度上降低阳极电势差，这是因为所用的水为自来水，含有一定的导电离子，但阳极灌水的效果远不如阳极灌 $FeCl_3$ 溶液。

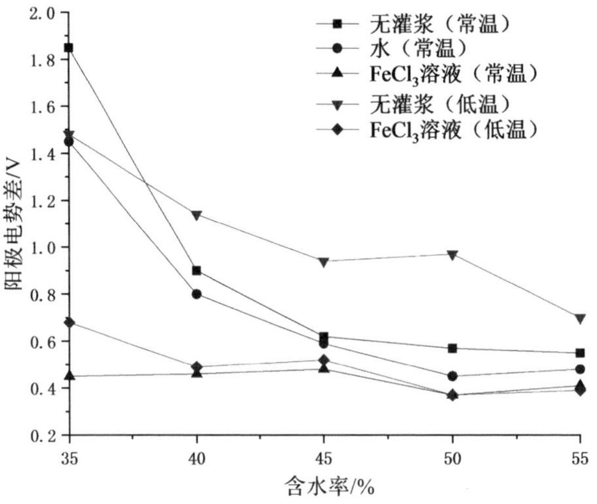

图 6.14　不同工况下阳极电势差随含水率的变化

2)冰冻对阳极电势差的影响

由于随着时间的推移，冰冻的软黏土会因为周围温度较高而产生融化，所以此处只测了工况 31 前 15min 的阳极电势差和电流。

冰冻软黏土(含水率 40%)阳极电势差随时间的变化如图 6.15 所示，冰冻软黏土(含水率 40%)阳极电势差变化量如图 6.16 所示，冰冻软黏土(含水率 40%)通电后电流变化如图 6.17 所示。

根据图 6.15～6.17 可知如下内容。

①冰冻时软黏土阳极电势差极大，初期达 12.13V，占到总电势的 40.4%，电流为 0mA，电阻率极大，非常不利于电渗。

②随着通电的持续进行，阳极电势差快速减小，虽然每分钟电势差的减小量有

所反复,但总体呈现电势差减小量越来越小的趋势;电流则越来越大。产生这一现象的原因是在电渗过程中会产生一定的热量,使冰冻的软黏土逐步被融化。图6.17中之所以出现一段时间内电流不变的情况,是因为受限于电流表的精度。

③冰冻状态下的软黏土进行电渗时,建议先将软黏土融化,再进行电渗,从而提高电渗的效率。

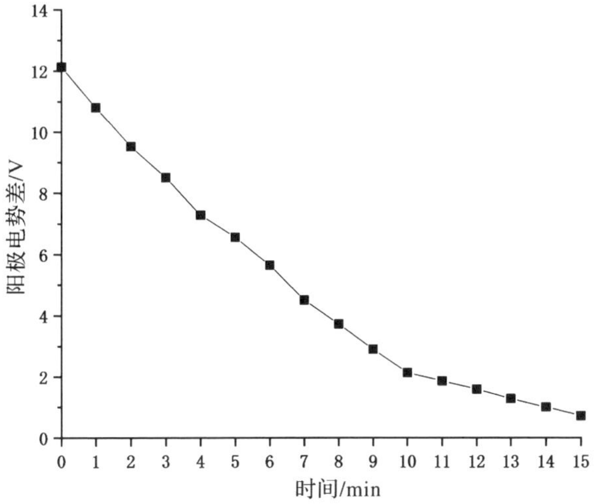

图6.15　冰冻软黏土(含水率40%)阳极电势差随时间的变化

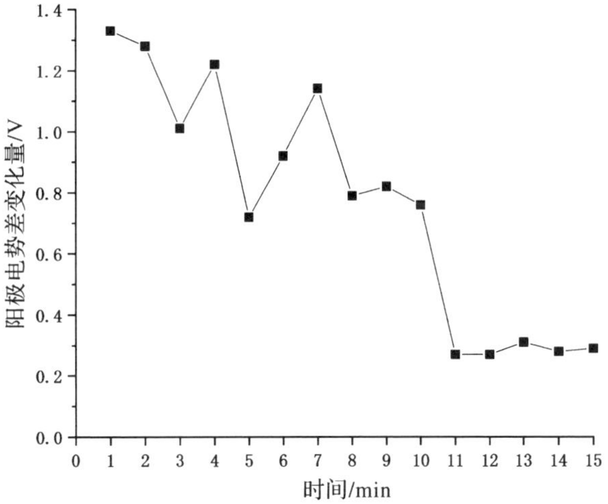

图6.16　冰冻软黏土(含水率40%)阳极电势差随时间的变化

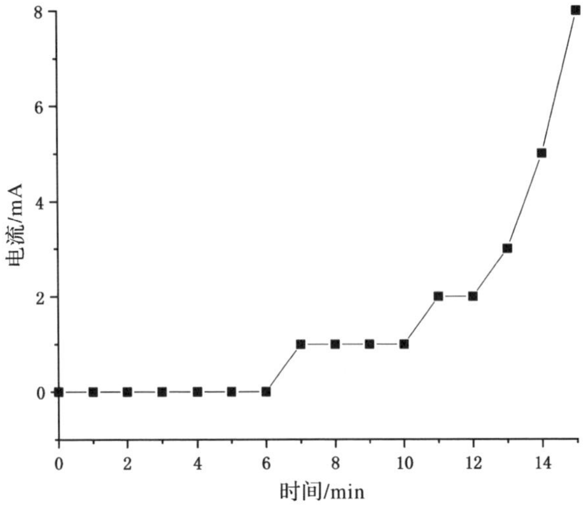

图 6.17 冰冻软黏土(含水率 40%)通电后电流变化

6.3 滩涂软基浅层固化电渗联合真空预压试验研究

6.3.1 浅层固化电渗联合真空预压试验装置

本试验装置采用 60cm×60cm 的有机玻璃槽来装填土样，填土深度为 55cm，电渗塑料排水板插入土体深度为 55cm。采用规格为 5000mL 的上下嘴分离瓶一只，真空表及测量沉降的百分表各一个，准备了内径为 12mm 的真空管数米并配有相同规格的闭气阀 2 只，分别用于分离瓶的上下嘴口两侧。

本次室内试验的抽气泵选用可长时间工作的循环水式多用真空泵。循环水多用真空泵为适应狭小的室内实验环境，参照日本台式泵采用一次性成型外壳并缩小了体积，属于水环式真空泵。机体有 2 个抽头，可单独或同时使用，并装有 2 个真空表，分别对应每个抽头的真空度。主机采用不锈钢机芯和防腐材质机芯 2 种型号制造，耐腐蚀、无污染、噪声低、移动方便。循环水真空泵采用射流原理，具有体积小、重量轻、外形美观、价格合理等特点。真空泵的技术指标如下表 6.3 所示。

表 6.3 真空泵技术指标

真空度/MPa	单嘴抽气率/(L·min^{-1})	工作电压/V	噪声/dB	自重/kg	泵排量/(L·min^{-1})	电动机功率/W	水箱容积/L	扬程/m
−0.098	10	50HZ/220V ±10%	<45	15	60	180	15	8

为测量分离瓶内的真空度，对瓶塞进行了部分加工，真空分离瓶加装真空度表，如图 6.18 所示

图 6.18　加工后的瓶塞

在橡胶瓶塞上打出直径为 12mm 及 17mm 的洞，17mm 的洞连接真空表，12mm 的洞与真空泵直连的真空管相连，2 个洞口均用玻璃胶粘涂，以达到密封的效果。考虑到真空泵的合理工作时间不建议超过 8h，同时试验期间由于分离瓶过满而需将真空泵关闭休息及对分离瓶进行排水，为达到闭气的效果，在分离瓶下嘴口处设置一个闭气阀，以达到分离瓶不放水期间密封的效果；同时，在连接有机玻璃槽及分离瓶上嘴口的真空管之间，也设置了一个闭气阀，当真空泵休息或进行分离瓶排水期间可关闭闭气阀，达到密封效果。

试验用土取依托工程工地淤泥土，按照地基的实际含水量进行加水搅拌后填于模型槽内。在模型槽内四角插入电渗塑料排水板。在模型槽上沿用厚度为 0.6mm 的黑色塑料薄膜进行覆盖，在侧壁用密封性好的玻璃胶进行粘贴。之后在距玻璃槽上沿 10cm 左右的位置开一个口径为 25mm 的圆洞，用于通过电线及真空管。在试验土中按正方形布置 4 块电渗塑料排水板连接实验用的导线，在土体中间位置中间深度埋置土压计与孔隙水压力计各一个，电线与真空管均由玻璃槽上的洞伸出分别与电源和真空泵相连接。土样顶部填筑有淤泥固化土一层，固化层厚度为 8cm，固化层顶部铺设一层中粗砂作为排水层。

建设好的试验设备如图 6.19～6.20 所示。

图 6.19　电渗联合真空预压试验装置

图 6.20 土样及电渗系统

6.3.2 淤泥固化土配置与试验

(1)泥固化土配置与试验方案

试验所用淤泥取自依托工程工地,物理指标为含水率 69%,密度 1.48g·$(cm^3)^{-1}$,相对密度 2.74,液限 52.6%,塑限 29.0%,孔隙比 1.924。采用 32.5#普通硅酸盐水泥作为固化剂,水泥掺量分别为 3%、5%、7%、9%、11%(水泥掺量是指水泥的质量/湿土的质量)。养护龄期分别为 7d、14d 和 28d,试验共 15 种,每种试样设 3 个平行试样。

将淤泥的含水率调制到 69%,然后向调好的淤泥内分别加入 3%、5%、7%、9%和 11%的水泥,搅拌均匀。将拌和好的水泥土用塑料密封袋密封,置于(20±2)℃、湿度大于 90%的养护箱,压实 7d 后进行无侧限抗压强度试验的制样,控制试样的湿密度相同。按照《公路工程无机结合料稳定材料试验规程》(JTGE 51—2009)进行制样,试样直径为 50mm,高为 50mm。到了预定的压实时间后,将水泥土用切土刀剁成直径不大于 5mm 的小块,分 3 层填入模具内,每层经振捣后再填筑下一层,最后将模具放入反力架的液压千斤顶上,静力脱模。制好后的试样用塑料密封袋密封,置于温度(20±2)℃、湿度大于 90%的养护箱中养护 7d、14d、28d。当养护时间达到试验设计值时,进行无侧限抗压强度试验。

(2)淤泥固化土试验结果

对加入 3%、5%、7%、9%和 11%的水泥固化土样进行了无侧限抗压强度试验,分别在养护 7d、14d、28d 时进行试验,试验结果对比如图 6.21 所示。

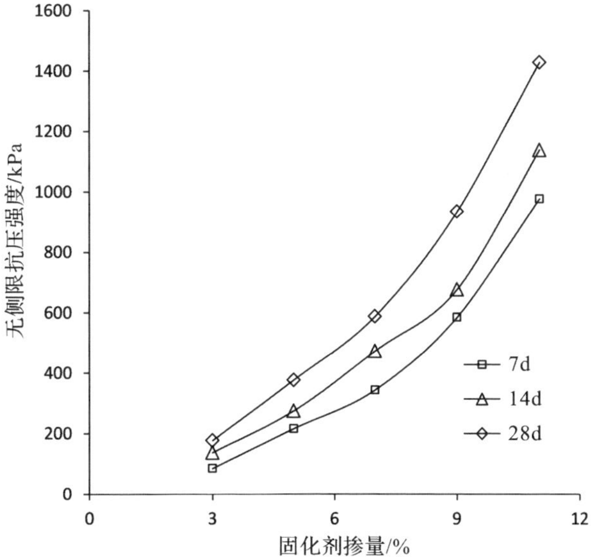

图 6.21　固化土无侧限抗压强度变化曲线

由图 6.21 可知，随着固化剂掺量的增加，淤泥固化土的无侧限抗压强度提高，可以注意的是当固化剂掺量小于 7%时，淤泥无侧限抗压强度增长相对缓慢，固化剂掺量大于 7%以后无侧限抗压强度增长迅速。这是由于当固化剂掺量小时水化产物较少，对淤泥强度的影响也较小。

室内模型试验采用 7%作为水泥固化剂掺量配置固化土。掺加固化剂比较高会造成工程成本大幅上涨，实际工程中只要满足固化层承载力要求，掺加比例可根据淤泥地基含水率通过试验确定，满足人员和机械进场要求即可，建议选择 3%～7%之间的固化剂掺量。

6.3.3　浅层固化电渗联合真空预压试验与分析

(1)试验方案

采用 2 个相同尺寸的模型试验装置同时开展试验，将调制好的淤泥分别装填到两个模型箱中，装填淤泥时模型箱内分别设置 4 根导电塑料排水板。淤泥装填厚度为 55cm。其中一个模型箱内上层淤泥掺加水泥固化剂，掺加方法为装填好淤泥后一边撒入水泥固化剂一边搅拌，掺入深度控制在 8cm 以内，使 8cm 深度范围内的淤泥与水泥充分混合，掺固化剂完毕后覆盖塑料膜密封养护 28d 再开始电渗真空预压试验。该模型箱进行有浅层固化的电渗联合真空预压试验。另外一个模型箱内不设置水泥固化层，进行无浅层固化的电渗联合真空预压对比试验。2 个模型箱均采用真空泵抽真空，保持真空度达到 85kPa 以上。模型箱内 2 根导电塑料排水板连接直流电源正极，另外 2 根导电塑料排水板连接直流电源负极。真空度达到 85kPa 以上后启动直流电源开始电渗，电渗电压稳定在 25V。2 个平行试验中除了一个有浅层固化层一个没有浅层固化层外，其他设计均相同。试验前后测定淤泥的含水量、密度、抗剪强度进行对比。试验过程中监测不同时间的沉降量、电压电流及排水量。

(2)试验结果分析

在试验开始前和试验结束之后，取试验用土对其进行土体含水量测量试验及密度测量试验，试验前后 2 个模型试验土体含水量及密度如表 6.4 所示。

表 6.4 试验前后含水量及密度

工况	试验前		试验后	
	含水量/%	密度/g·(cm^3)$^{-1}$	含水量/%	密度/g·(cm^3)$^{-1}$
有浅层固化	69	1.48	40	1.64
无浅层固化	69	1.48	38	1.65

在试验过程中主要测量不同时间的沉降量、电压电流及排水量。沉降量用于计算土体的固结度，电压电流用于计算土体的电阻及最终的电线电源选型。以上测量项目在试验开始阶段每 15min 测量一次，之后每 30min 测量一次，在试验中后阶段 1～2h 测量一次并记录数据。本次试验将采用 BZ2205C 程控静态电阻应变仪来进行土压力及孔隙水压力的测量将。将每日的测量数据绘制成曲线图。有固化层和无固化层试验的沉降曲线对比如图 6.22 所示。

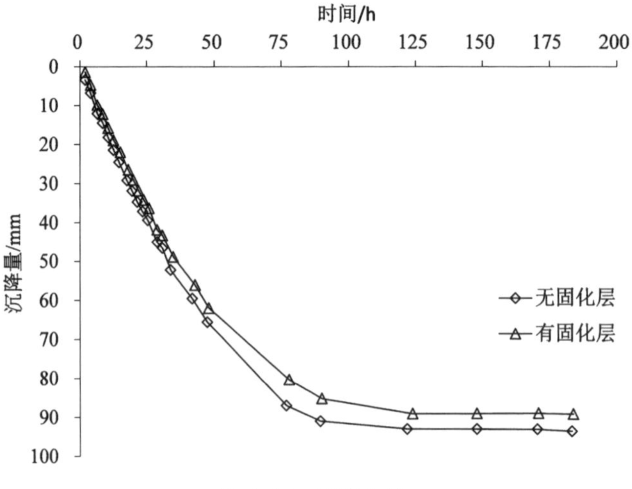

图 6.22 沉降曲线

由图6.22可知，有固化层和无固化层试验土体的沉降呈现相同的规律，随着电渗真空预压的进行，沉降量逐渐增大，在电渗真空预压排水开始78h之前沉降速率较快，78h以后沉降速率开始变慢，100h以后沉降几乎停滞。有固化层电渗真空预压试验土体总沉降量为89.4mm，无固化层试验土体总沉降量为93.6mm，有固化层沉降量比无固化层沉降量小4.5%。这是由于固化层本身强度较高，相对无固化的土体而言压缩性较低。从模型箱内土体的表面特征来看，有固化层的土体沉降较为均匀，而无固化层土体在电渗塑料排水板处沉降较大，而远离排水板处沉降较小，土体表面不均匀。

在试验期间定时对电渗线路进行了电压电流的测量，电流测量结果如图6.23所示。由于导线电阻可忽略不计，因此排水板两端的电压即是电源的输出电压，固定为25V。

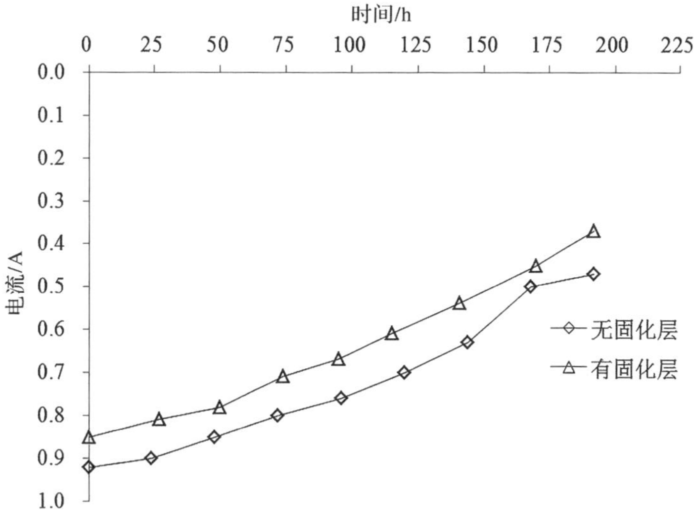

图6.23　电流变化曲线

由图6.23可知，随着试验的进行，土体内水分排出，电流逐渐变小，这是由于随着土体含水率降低，土体的导电性越来越差，土体电阻增大，侧面反映出土的性质得到了改善。另外，电极与土体接触处的接触电阻升高也是电流变小的主要原因之一。有固化层试验和无固化层试验导线电流变化趋势类似，但有固化层试验比无固化层试验电流略小，这是由于固化层自身导电性能差，土体总电阻相对较大。

2个试验的试验过程排水量变化如图6.24所示。

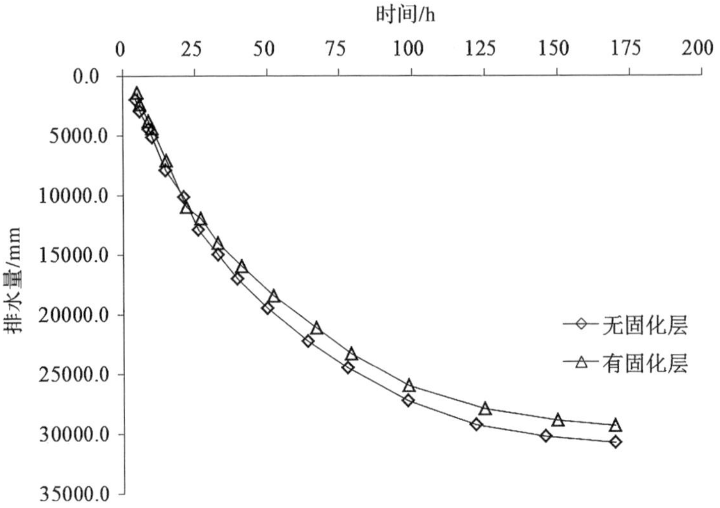

图 6.24 排水量变化曲线

通过图 6.24 可以看出，排水量曲线与沉降曲线变化特征类似，试验前期排水量较大，后期排水速率逐渐减小并趋于稳定。由于固化层存在，故有固化层排水量总体比无固化层排水量相对较小。从试验曲线以及试验过程现象可以知道，固化层没有影响下层软土的排水通道，电渗塑料排水板可以顺畅排水，电渗联合真空预压固结可以正常实施。

试验前后分别取土进行直剪试验进行对比，土体的抗剪强度指标如表 6.5 所示。试验后土体的黏聚力和内摩擦角有较大程度的提高，无固化层试验土体强度比有固层试验结果略好。这是由于无固化层试验真空度的传递和土体的排水更加顺畅，固化层一定程度上对试验结果有影响，但整体影响不是很大，有固化层试验的黏聚力指标仅比无固化层试验结果小 13.8%。试验后阳极处的土体强度指标比阴极处提高更为显著，电渗促使水流从阳极流向阴极，并从阴极排出，阴极往阳极发生电泳，导致土颗粒集聚，并且由于阳极处水化反应较剧烈，对阳极的处理效果更显著。

表 6.5 土体的抗剪强度

试验前后		抗剪强度指标	
		摩擦角/°	黏聚力/kPa
试验前		0.12	2.45
无固化层试验后	阳极	1.12	17.52
	阴极	0.85	11.58
有固化层试验后	阳极	1.08	15.11
	阴极	0.78	9.35

6.4　本章小结

①与常温环境相比，低温环境下电渗时电渗能耗系数虽然变化不大，但电流、排水量和电渗透系数明显减少，电阻率和阳极电势差会大幅上升，表明低温环境会降低软黏土电渗的效率，因此电渗加固软黏土施工应尽量选择在温度较高时进行。

②电渗时阳极灌 $FeCl_3$ 溶液之后，电流、排水量和电渗透系数均明显增加，电阻率、阳极电势差和电渗能耗系数明显降低，表明在电渗加固软黏土施工时阳极灌 $FeCl_3$ 溶液对提高电渗效率和节能均十分有益，且综合考虑，在含水率 35%～40% 时阳极灌 $FeCl_3$ 溶液效果最佳。

③软黏土电渗过程中阴极和阳极的 pH 能作为反映电渗效果的指标之一，阳极 pH 越小、阴极 pH 越大，电渗效果越好。

④冰冻的软黏土电渗时电阻率和阳极电势差极大，建议进行电渗加固前先采取措施将软黏土融化，再进行电渗，从而提高电渗的效率。

⑤由于试验时温度较难控制，本书所述低温是指 0℃ 以上的较低温度。本试验未考虑添加剂的浓度和温度梯度的影响，在今后的试验与研究中仍需进一步完善。

⑥开发了浅层固化电渗联合真空预压试验装置，配置了淤泥固化土作为浅层固化层，研究了淤泥固化土的固化剂掺量对固化土强度特性的影响，确定了合理的固化剂掺量。

⑦在室内模型试验装置中进行了有无浅层固化淤泥的电渗联合真空预压试验，并与无固化层的电渗联合真空预压试验进行了对比和分析，研究表明，上铺浅层固化层不影响电渗塑料排水板排水通道，可以正常进行电渗和真空预压固结。

⑧有固化层试验排水量和沉降比无固化层略微降低，主要是由于固化层自身的排水和沉降较小；有固化层电渗真空预压处理后地基比无固化层沉降和强度分布更加均匀。

第7章 电渗复合地基技术处理软土地基试验

7.1 引 言

模型试验在经济成本较少的条件下，比较真实地模拟了实际工程情况，可以得到与现场试验相近的现象，并得到与现场试验相似的结论，因此，特别适用于电渗复合地基这类还没有应用于工程实践的技术研究。通过模型试验得到的结论，可为后续现场试验建立基础，使以后现场试验更加具有针对性，提高现场试验成功率，进而为电渗复合地基法应用于实际工程提供指导。

首先，本章采用自主研制的电渗复合地基模型试验装置，通过一系列模型试验，研究了电渗复合地基法处理宁波地区软土地基过程中排水量、含水率等各个参数的变化情况，综合评价电渗复合地基的承载效果，为电渗复合地基应用于工程实践以及电渗复合地基规范的编写提供参考。主要对模型试验装置、试验材料、试验方案的设计及试验内容进行详细介绍。其次，本章从不同排水距离、不同电源电压、不同通电时间3种条件下对电渗单桩复合地基模型试验承载力的影响进行模型试验研究。最后，本章主要从水平面上导电塑料排水板的不同排列方式和桩的不同布设方式2个方面对电渗群桩复合地基承载力的影响进行模型试验研究。

7.2 电渗复合地基模型试验方案

7.2.1 相似常数

模型钢管桩采用空心无缝钢管加工而成，桩端密封，壁厚为2mm、外径为90 mm、桩长为750mm。其中，桩入土深度为650mm。模拟桩长为32.5m、桩径为

4.5m的钢管桩，相似比为200。

7.2.2　试验装置及材料

(1)试验模型箱

本试验模型箱的尺寸为2000mm×2000mm×1200mm。将其分隔成4个大小相同的部分，尺寸为1000mm×1000mm×1200mm，采用厚度为5mm的钢板拼装而成，在模型箱底部和侧面焊接角钢加固模型箱。模型箱实物如图7.1所示。

(2)钢管桩

钢管桩桩端封闭，是为防止桩端产生土塞效应影响试验结果。钢管桩实物如图7.2所示。

图7.1　试验模型箱

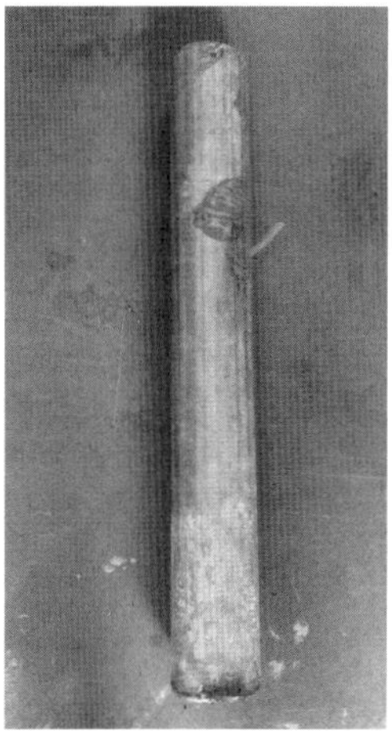

图7.2　钢管桩

(3)导电塑料排水板

本模型试验采用导电塑料排水板这一新型材料，它的优点在于可同时作为电极和排水体，兼具导电和排水2种功能。导电塑料排水板是一种新型导电高分子材料，它是在塑料中融入碳材料和金属纤维，其外形与普通的塑料排水板相同。导电塑料排水板实物如图7.3所示。

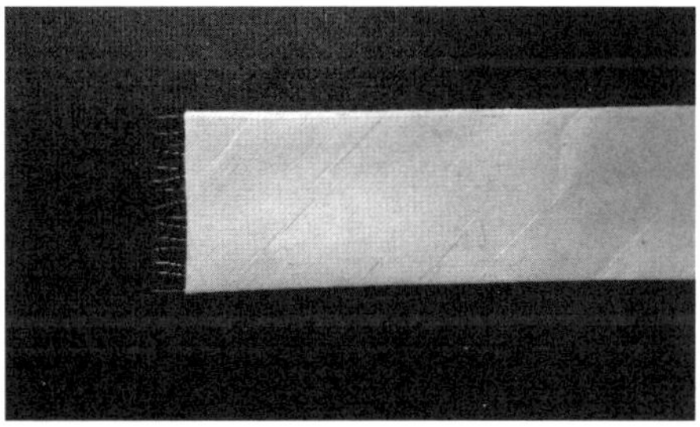

图7.3　导电塑料排水板

(4)直流电源

本模型试验采用迈胜MP-1005D型直流稳压电源。输出电压为0～100V直流电压，精度为0.1V；输出电流为0～5A，精度为0.001A；功率为500W；输出电压显示分辨率为 0.1V；输出电流显示分辨率为 0.1A。主要功能有恒压输出，能连续长时间稳定工作，过压、过流、过载、短路保护等。直流电源实物如图 7.4 所示。

(5)电流表

本模型试验采用 DC5A 高精度 LED 数显电流表，主要技术指标如下：型号为 SX48-DCI；精度为 0.001A；量程为 0～5A；工作电源为 220V±10%，50～60Hz。电流表实物如图 7.5 所示。

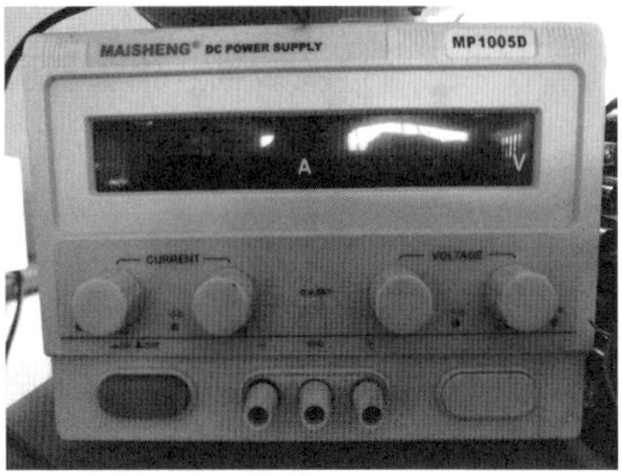

图 7.4 直流电源

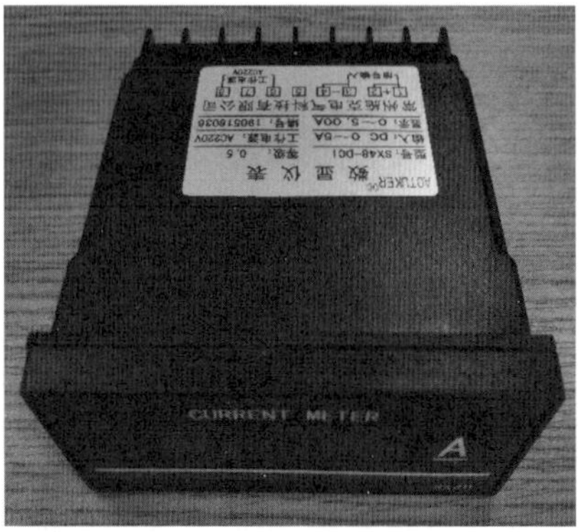

图 7.5 电流表

(6)数据采集系统

本试验位移数据(电渗过程中桩周土体沉降量、钢管桩静载试验中的沉降量等)采用 DH3816N 应变采集系统进行测量。数据采集系统实物如图 7.6 所示。

图 7.6 数据采集系统

(7)百分表

本试验采用 WBD-50 电阻应变式机电百分表，如图 7.7 所示。主要技术指标如下：量程为 50 mm；精度为 0.01mm；仪器灵敏系数为 0.1；接桥方式为全桥；桥路电阻为 120Ω；最大供桥电压为 5V；工作温度为−5～45℃；相对湿度<90%。

(8)含水率传感器

含水率传感器型号为 JX-BS−3001−TR，精度为 0.1，探针长度为 70mm，量程为 0～100%，工作温度为−40～80 ℃，利用电磁脉冲技术测量土体含水率，感测范围为探针接触点位置。含水率传感器如图 7.8 所示。

(9)万用表

本试验所用万能表的型号为 VC890C，如图 7.9 所示。在本试验中万用表的主要功能是替代电压表，用于测量阳极和阴极之间的电势差。测电势差时，将万用表旋钮开关调至相应量程的直流电压处。主要技术指标如下：量程为 2V/20V/200V；测量精度为±0.5%(当量程是 2V 时，精度为 1mV；当量程是 20V 时，精度为 10mV；当量程是为 200V 时，精度为 100mV)。

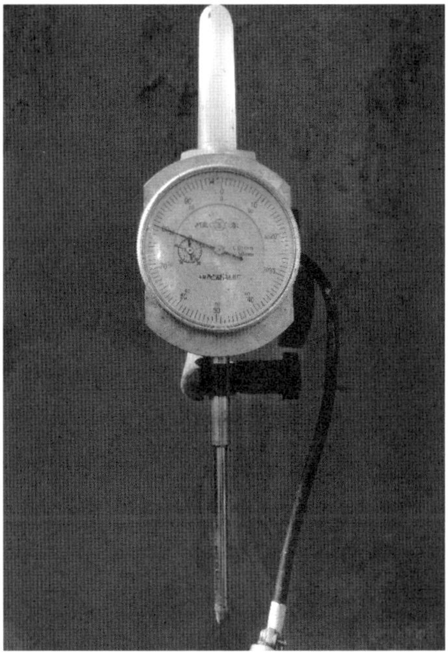

图 7.7　机电百分表

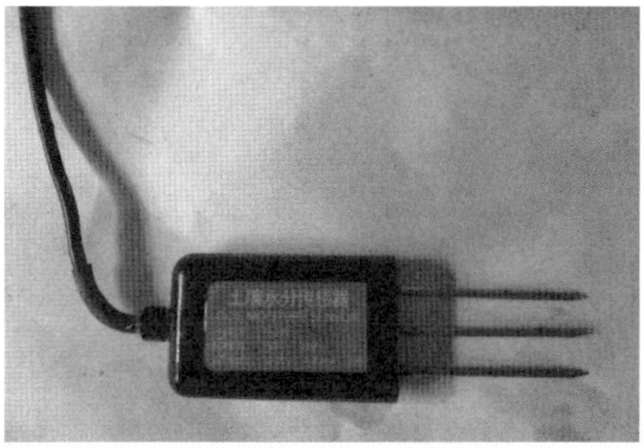

图 7.8　含水率传感器

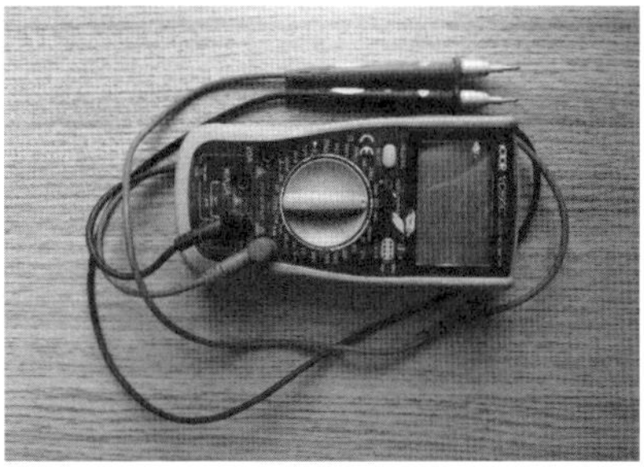

图 7.9　万用表

(10)碳棒

碳棒为实心圆柱体，直径为 30mm，长为 750mm，与模型桩的长度相同。实物如图 7.10 所示。

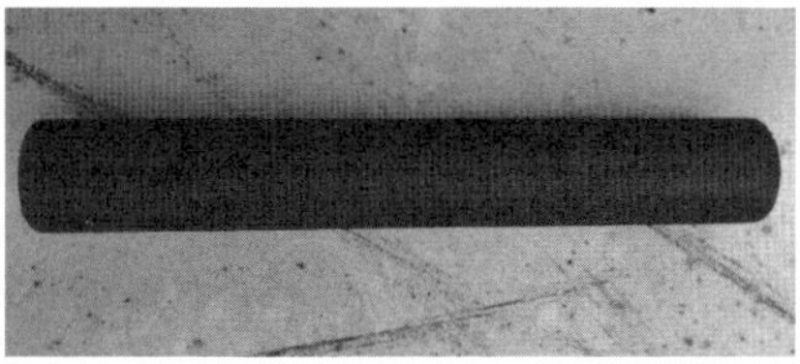

图 7.10　碳棒

7.2.3 试验土样

试验土样取自浙江宁波某工地基坑中的软黏土，土样的基本物理力学指标如表 7.1 所示。

表 7.1 原状土的基本物理力学指标

重度 γ /kN·(m^3)$^{-1}$	土粒相对密度 d_s	孔隙比 e	含水率 w /%	干密度 ρ_d /g·(cm^{-3})$^{-1}$	液限 w_L /%	塑限 w_P /%	电导率 σ /(S·m^{-1})
17.2	2.14	1.41	48.3	1.14	46.2	31.2	0.062

土体处理方式：将土样烘干、碾碎，加水重新配制成含水率为 35%左右的土体。模型箱模拟软土地基的土体采用人工挖填的方式进行分层填埋，共分为 10 层。每层土按 100mm 进行填埋并压实，在土体填埋期间，同时进行模型桩、导电塑料排水板以及传感器的埋设。模型箱填土完成后，为了减少试验前土体中水分蒸发对电渗试验结果的影响，用塑料膜覆盖模型箱，静置 24h，使其在重力作用下密实。

7.2.4 试验内容

(1)关于电渗试验方案讨论与改进

以往的专家学者大多采用底部排水或侧面排水的方式来进行室内电渗试验，土中的水到达阴极会立即被排出土体外；而在软土地基处理的实际工程当中，一般是从土体的上表面进行排水。为了更加真实地模拟电渗复合地基法处理软土地基处理的实际工程，本试验采用从土体上表面进行排水的方式。

本试验采用导电塑料排水板作为阴极，其兼具导电体和排水体 2 种功能。本试验研究了不同通电方式以及不同排水方式对电渗复合地基承载效果的影响，主要分为以下各组试验：不同电源电压试验、不同通电时间试验、不同排水距离试验、不同布桩方式试验、导电塑排板的不同排列方式试验。为了保证导电塑料排水板附近土中水分能快速排出土体，在试验前期每隔 1h 进行一次抽水，试验中后期每隔 2～3h 小时进行一次抽水，尽量减少汇集在导电塑料排水板附近土体表面的水渗回土体中。

(2)电渗单桩复合地基模型试验内容

电渗单桩复合地基模型试验如图 7.11 所示。电渗单桩复合地基模型试验采用控制变量法，在研究其中一个变量对电渗单桩复合地基的影响时，控制其他变量保持不变。各组试验具体工况如表 7.2～7.4 所示。

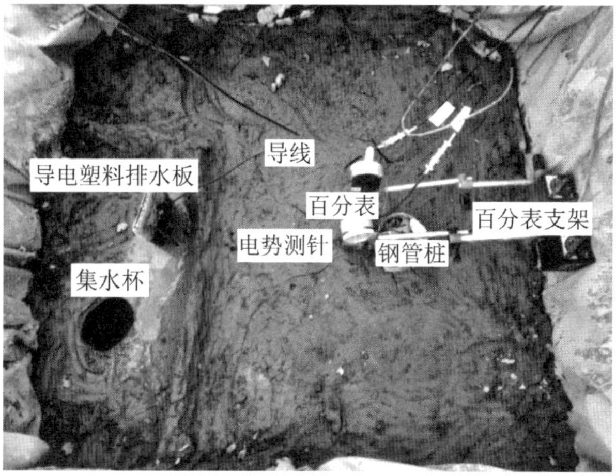

图 7.11 电渗单桩复合地基模型试验照片

1)不同电源电压试验

表 7.2 不同电源电压试验工况参数

通电时间/h	电压/V	电极间距/cm	导电塑料排水板数量/个
96	100	45	1
96	60	45	1
96	30	45	1

2)不同通电时间试验

表 7.3 不同通电时间试验工况参数

通电时间/h	电压/V	电极间距/cm	导电塑料排水板数量/个
48	60	45	1
96	60	45	1
120	60	45	1

3)不同排水距离试验

表 7.4 不同排水距离试验工况参数

通电时间/h	电压/V	电极间距/cm	导电塑料排水板数量/个
96	60	60	1
96	60	45	1
96	60	30	1

(3)电渗群桩复合地基模型试验内容

大多数室内电渗模型试验的电势梯度取值介于 0.5～2.0V · cm^{-1},考虑到电渗复合地基法运用于工程实践中的电渗处理效果,同时还必须考虑到人体所能承受的最大安全电压为 36V,因此,在电渗群桩复合地基模型试验研究中选取的电源电压为 36V。

开展 2 组电渗群桩复合地基模型试验,分别研究导电塑料排水板排列方式、桩的布设方式对电渗群桩复合地基承载力的影响。具体工况如下。

①工况一:在桩正方形布设的条件下,导电塑料排水板排列方式不同,如图 7.12～7.13 所示。

正方形排列:桩间距为 40cm,桩与导电塑料排水板之间的距离为 20.0cm。

错位排列:桩间距为 40cm,桩与导电塑料排水板之间的距离为 28.3cm。

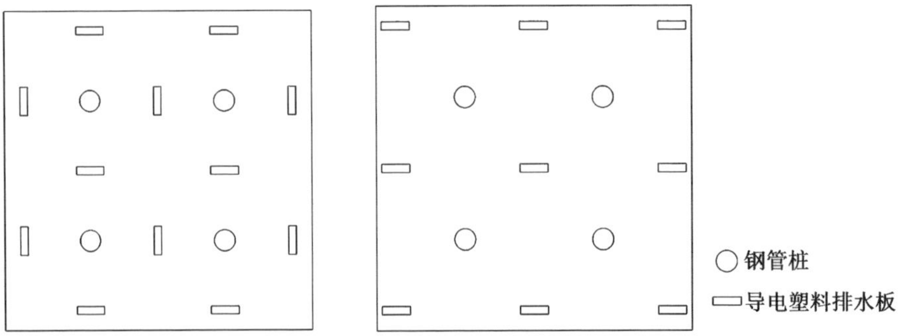

(a)正方形排列　　(b)错位排列

图 7.12　导电塑排板不同排列方式平面

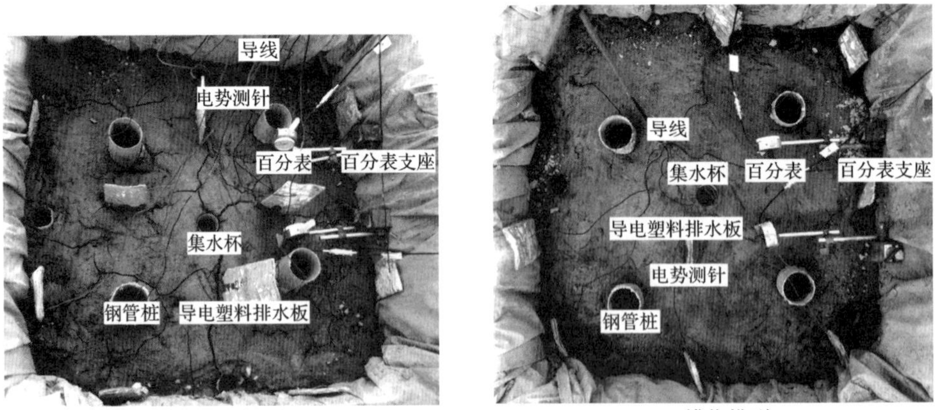

(a)正方形排列　　(b)错位排列

图 7.13　导电塑排板不同排列方式的电渗群桩复合地基模型试验照片

②工况二：在导电塑料排水板错位排列的条件下，桩的布设方式不同，如图7.14～7.15所示。

正方形布桩：桩间距为40cm，桩与导电塑料排水板之间的距离为28.3 cm。

三角形布桩：桩间距为40cm，桩与导电塑料排水板之间的距离为23.1 cm。

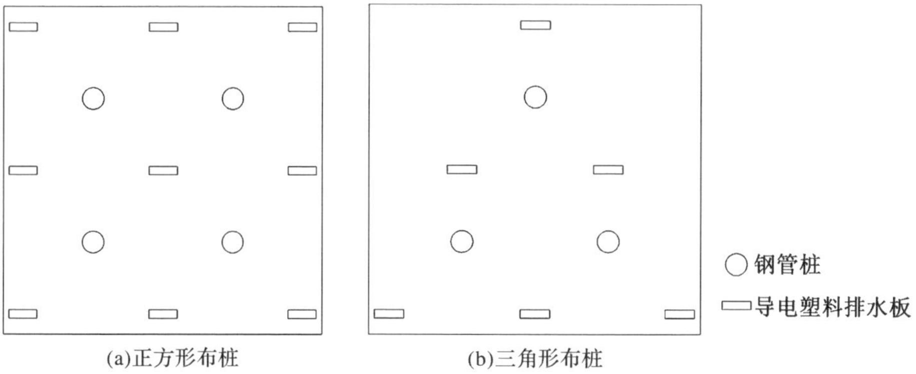

图7.14　不同布桩方式平面

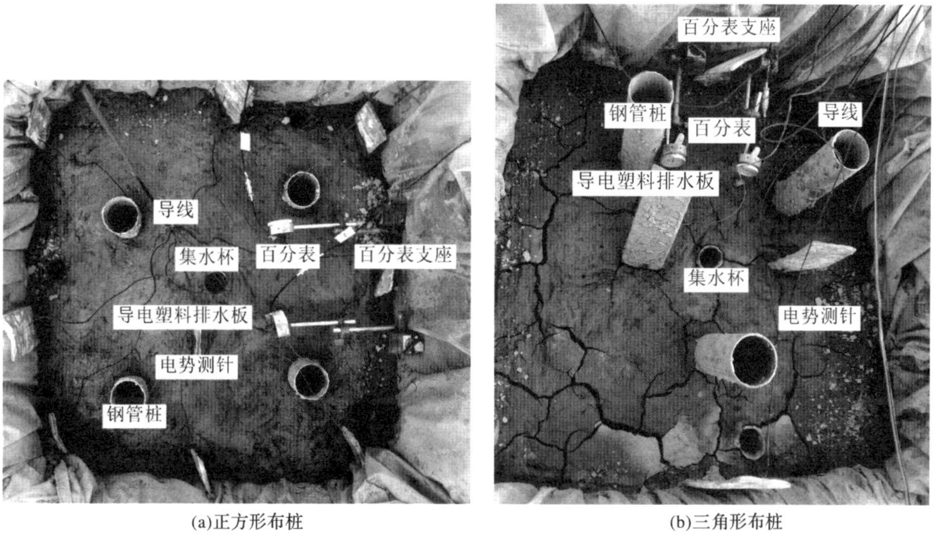

图7.15　不同布桩方式的电渗群桩复合地基模型试验照片

(4)试验步骤

试验具体步骤如下。

1)将原状土烘干、碾碎，加水搅拌配制成目标含水率为35%左右的重塑土。

2)将土样分层填入模型箱，并在相应位置埋设钢管桩、导电塑料排水板、传感器。钢管桩入土深度为650mm，导电塑料排水板入土深度为1000mm，并在钢管桩、导电塑料排水板之间的土体等间距埋设含水率传感器，如图7.16所示。在两极之间距离阳极1cm处和阴极1cm处各插入一根电势测针，如图7.17所示。电势测针为直径5mm的钢筋。在桩周设置2个百分表，桩与2个百分表之间的距离为5cm。导电塑料排水板附近设置集水杯，将水收集至埋设在模型箱侧边的集水杯中，用注射器将集水杯中的水移至量筒，测量排水量。土体填筑完成后用塑料膜覆盖模型箱，静置24h。

3)试验开始前，用环刀取模型箱中钢管桩附近土样进行室内直接剪切试验测定电渗前桩周土体的抗剪强度，如图7.18所示。

4)将直流电源、钢管桩、导电塑料排水板、电流表用导线连接起来，检查无误后，设置指定大小的电压，并接通开关开始电渗排水试验。

5)在试验过程中，在试验前期(0～24h)，每隔1h测量记录电渗排水量、排水速率、土体各处含水量、电势分布、电流强度和桩周土体沉降等数据；在试验中后期(24～96h)，每隔2～3h测量记录一次试验数据，并同时观察土体表面产生的裂缝变化情况。

6)待电渗达到一定时间后断开电源，在桩周取土样进行室内直接剪切试验，测定电渗后桩周土体的抗剪强度，桩周土取样完成后立即对模型桩进行静载荷试验，测量钢管桩的极限承载力，如图7.19所示。桩的静载荷试验采用慢速维持荷载法，具体试验步骤参照《建筑桩基检测技术规范》(JGJ 106—2014)。

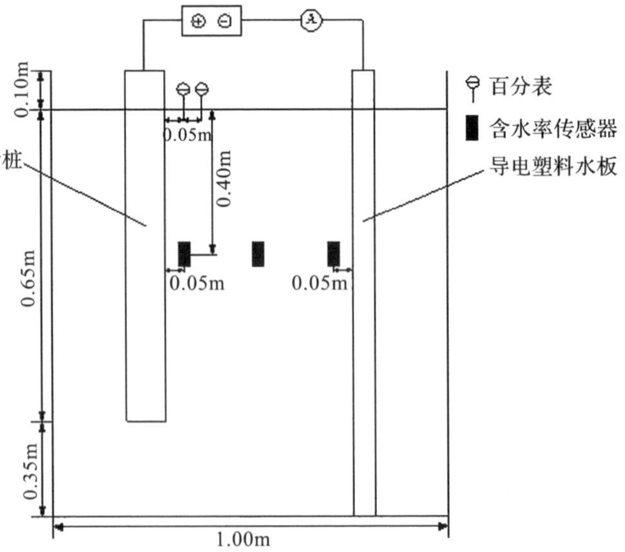

图7.16 电渗复合地基模型试验

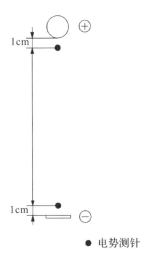

图7.17　电势测针位置

图7.18　环刀取土样

图7.19　电渗后钢管桩静载试验

7.3 电渗单桩复合地基模型试验研究

7.3.1 排水距离变化的试验数据分析

(1)排水量及排水速率

相同时间的电渗排水量能直观反映3组不同排水距离的试验的电渗排水量与时间的关系,如图7.20所示。由于3组试验的排水距离不同,即参与电渗的土体体积不同,单用排水总量来衡量排水距离对电渗的影响较为片面。因此,增加单位时间的排水量随时间变化曲线,如图7.21所示。用排水速率来比较不同排水距离对电渗的影响更为准确。

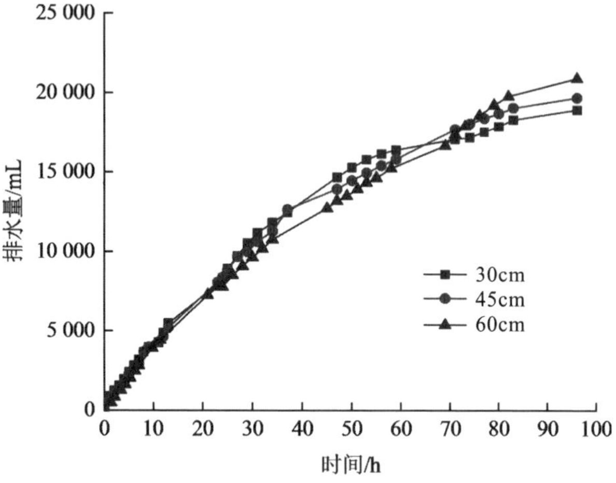

图7.20 不同排水距离的电渗排水量随时间变化曲线

在电渗前期(0～24h),3组试验排水量均呈直线型增长,排水距离越短,排水量越高,排水速率越快;在电渗中期(24～70h),由于土体含水量减小和在两极附近的不均匀分布,排水速率越来越慢,呈曲线形增长;在电渗后期(70～96h),由于土体中水的大量排出、土体电阻的增大,3组试验的排水速率均较低,排水距离小的试验在电渗前期排水速率较快、排水量较大,因此电渗后期排水距离大的试验排水速率和排水量优于排水距离小的试验。地基土体在电场作用下,通过阴极导电塑料排水板将土中

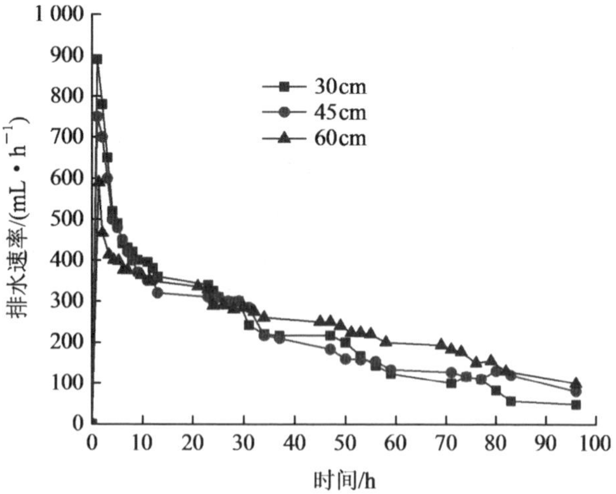

图7.21 不同排水距离的电渗排水速率随时间变化曲线

水排出，使土体含水率下降，使地基土体的抗剪强度和黏聚力提高，这也是电渗法加固软土的机制。

(2)土体含水率

土体含水率通过分别埋设在阳极钢管桩附近土体、两极中间及阴极导电塑料板附近的土体含水率传感器实时监测得到。

在试验过程中，3组试验中阳极和两极之间的土体含水率总体均呈降低趋势。阴极导电塑料排水板将水排到土体表面后，在汇集过程中部分水会渗回土体，滞留在阴极附近土体中，导致阴极附近土体含水率明显增大。在排水距离为45cm的试验中，两极之间的土体含水率在电渗前期出现先升高后降低的现象，原因是在较短的时间里，有效电势较大，土中水在电场作用下从阳极排向阴极的速率大于孔隙水从导电塑料排水板排出的速率，导致两极中间土体的含水率迅速提高。随着电渗时间的逐渐增加，两极中间土体的含水率逐渐降低，恢复到正常现象，如图7.22所示。

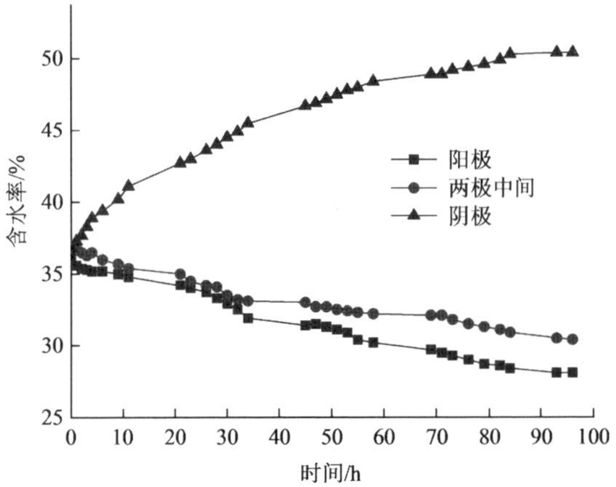

(a)60cm试验

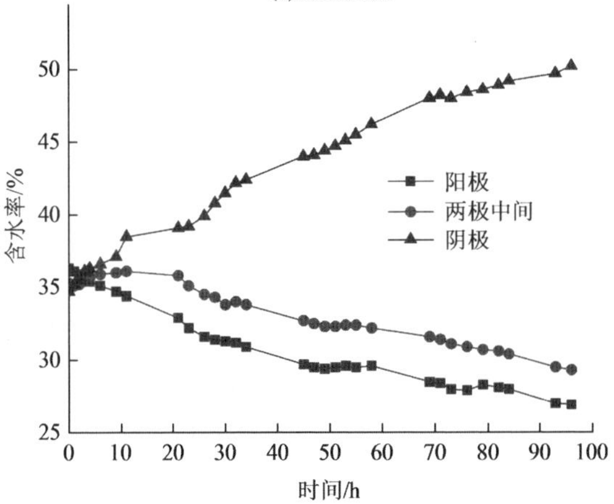

(b)45cm试验

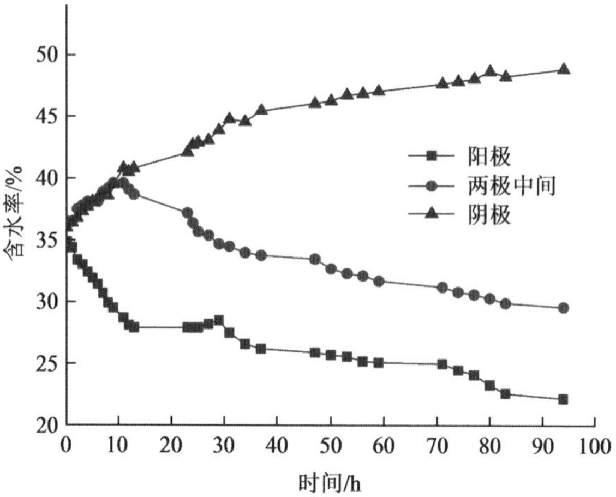

(c)30cm试验

图 7.22 不同排水距离的土体各处含水率随时间变化曲线

电渗试验结束后，排水距离为 60cm、45cm、30cm 的 3 组试验其阳极附近土体的最终含水率分别为 28.1%、26.9%、22.2%，含水率降低百分比分别为 22.4%、25.9%、36.4%。说明减小排水距离能较好地提高电渗的效果。

(3)通电电流与电渗能耗

电渗过程中电流大小直接影响电渗能耗大小。电渗过程中土体电流的变化规律如图 7.23 所示，排水距离为 30cm 的试验土体电流高于其他 2 组排水距离大的试验，三者电流随时间变小的趋势基本一致。说明在整个电渗过程中，随着土体中孔隙水的不断排出，土体的电阻在不断增大。试验结束时，排水距离为 60cm、45cm、30cm 的 3 组试验的电流分别为 1.965A、1.966A、2.040A，相较于初始电流分别损耗了 26.7%、30.9%、34.0%。说明排水距离越小，电流损耗值越大。

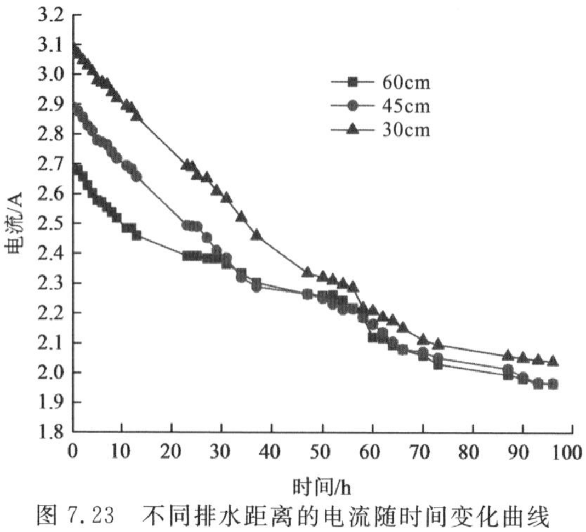

图 7.23 不同排水距离的电流随时间变化曲线

电渗能耗水平高是制约电渗法推广的主要因素之一，在电渗复合地基设计计算中应当将其作为一个重要的参数进行分析。电渗能耗系数公式参照式(6.1)。

3 组排水距离不同的试验的电渗能耗系数随电渗时间增加整体趋势一直缓慢增大，但是在电渗后期电渗能耗系数增长速率较快，如图 7.24 所示。原因是随着电渗时间的增加，电极与土体界面电阻的增加导致实际作用在土体上的有效电势降低。电渗时间 15h 前，排水距离为 30cm 试验的电渗能耗系数最小，但在电渗后期，通电 70h 后，排水距离为 30cm 试验的电渗能耗系数反而更大。说明在电源电压不变的情况下，减小排水距离能提高电能的利用效率，但长时间进行电渗，电能的利用效率反而并不理想。

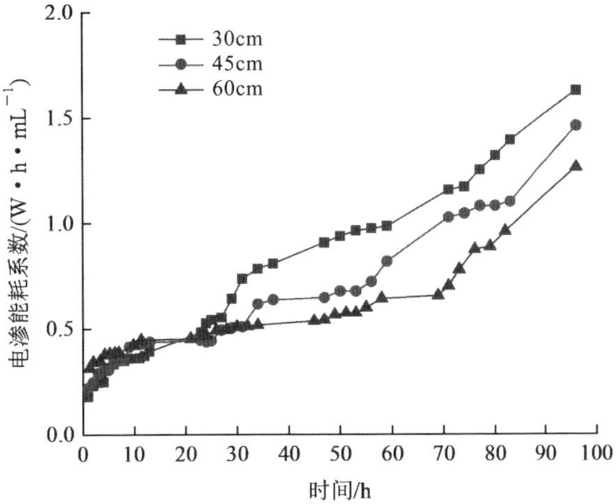

图 7.24　不同排水距离的电渗能耗系数随时间变化曲线

(4)有效电势与桩—土界面电阻

有效电势为电源电压实际作用于阴阳电极之间土体的电压，即实际用于电渗的电压。由于电极和土体面不能完全接触，因而存在较大的桩—土界面电阻，导致实际作用在土体两端的有效电势小于电源输出电压。在本试验中，电极和电势测针的距离均为 1cm，相对于土样的长度和截面尺寸来说可以忽略不计，因此可以近似地将电极和电势测针之间的电势差看作界面电阻引起的电势降。

3 组试验有效电势在电渗过程中的变化曲线如图 7.25 所示，有效电势随通电时间的增加呈逐渐减小的趋势。在电渗前期(0～24h)，3 组试验的有效电势均急剧下降；在电渗中后期(24～96h)，有效电势下降速率较缓。这是由于电渗前期排水速率快，排水量大，导致土体电阻迅速增大。3 组试验的桩—土界面电阻在电渗过程中的变化曲线如图 7.26 所示，桩—土界面电阻随通电时间的增加呈逐渐增大的趋势，且排水距离越大，桩—土界面电阻增长速率越快。这主要是因为随着电渗时间的增长，土中水由阳极流向阴极，导致桩周附近土体含水率不断下降，桩与土体之间的接触面积减小，桩—土界面电阻增加，进而导致桩—土界面电势损失增加，实际作用于土体的有效电势降低。因为阴极区域土体含水量较高，导电塑料排水板与土体间的接触电阻变化不大，所以此处不予分析。由此可以得出，排水距离越小,有效电势越大,桩—土界面电阻越小。

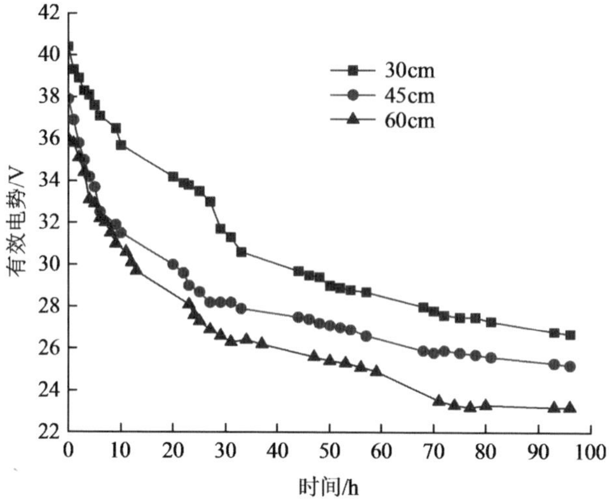

图 7.25　不同排水距离的有效电势随时间变化曲线

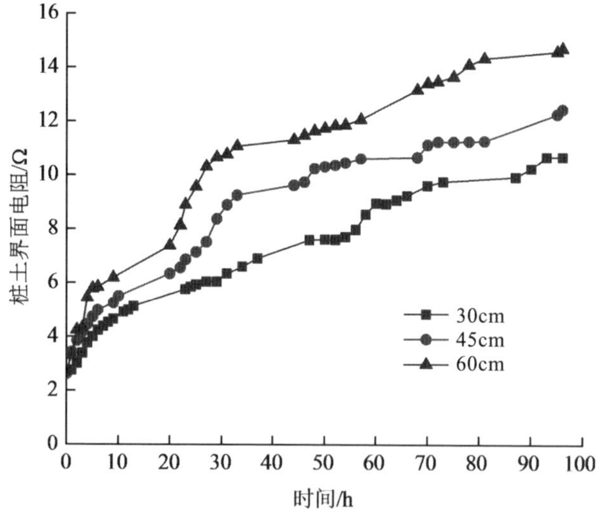

图 7.26　不同排水距离的桩—土界面电阻随时间变化曲线

(5)电渗透系数

电渗透系数参照式(4.4),计算结果如图 7.27 所示。从图 7.27 中可以看出,3 组试验的电渗透系数随电渗时间的增加均呈降低趋势,排水距离越小,电渗透系数越小。由于电渗透系数的影响因素较多,单凭以上 3 组数据难以得出其变化规律,所以对图 7.27 的分析仅针对本次试验。

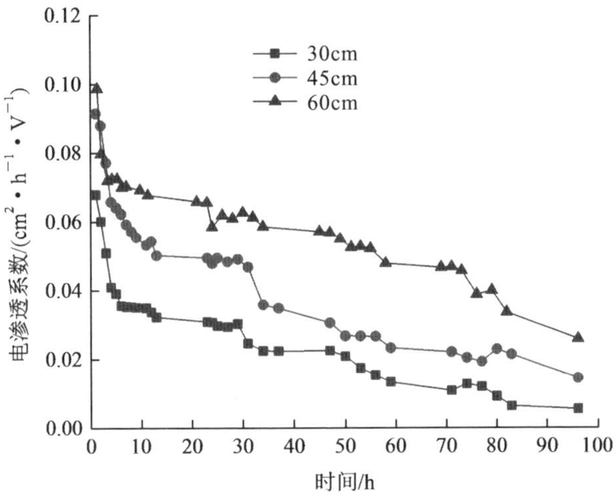

图 7.27 不同排水距离的电渗透系数随时间变化曲线

(6)桩周土体沉降、抗剪强度与桩承载力

在电渗试验前期，由于电渗排水速率较快，桩周土体的固结沉降速率较快，桩周土体的沉降量较大，如图 7.28 所示。在电渗试验中期，3 组试验的桩周土体沉降较慢，均呈曲线形增长。在电渗试验后期，阳极桩周土体的含水率较低，电渗排水速率较低，桩周土体的沉降量几乎不发生变化。排水距离为 30cm 的试验桩周土体沉降最早趋于稳定，排水距离为 45cm 的试验次之，排水距离为 60cm 的试验桩周土体沉降最晚趋于稳定。表明排水距离越小，桩周土的排水固结速度越快。

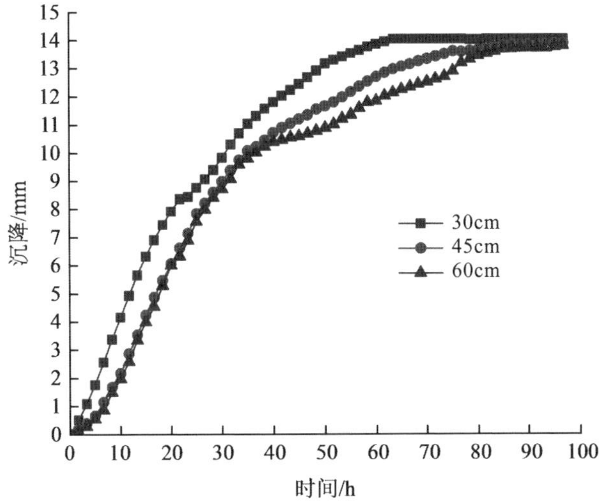

图 7.28 不同排水距离的桩周土体沉降量随时间变化曲线

在电渗试验前后分别对桩周土体进行直接剪切试验，抗剪强度指标计算结果如表 7.5 所示。由表 7.5 可以得出，电渗后桩周土体的抗剪强度提升了 5 倍以上。

表 7.5 电渗试验前后桩周土体抗剪强度

试验前	试验后		
	30cm	45cm	60cm
c=4.2kPa，φ=3.1°	c=26.9kPa，φ=20.1°	c=24.3kPa，φ=18.8°	c=20.5kPa，φ=15.4°

试验结束后，立即对 3 组试验钢管桩进行静载试验。将数据绘制成 $Q-s$ 曲线，如图 7.29 所示。

采用太沙基法（十分之一桩径法）[145]确定桩的极限承载力，本试验采用的钢管桩直径为 90mm，即取沉降值为 9mm 所对应的荷载为桩的极限承载力。排水距离为 30cm、45cm、60cm 的试验电渗后钢管桩的承载力分别为 2918N、2759N、2576N。

综上所述，在电源电压和通电时间相同的条件下，排水距离越小，电渗后桩周土体的抗剪强度和钢管的承载能力越大。

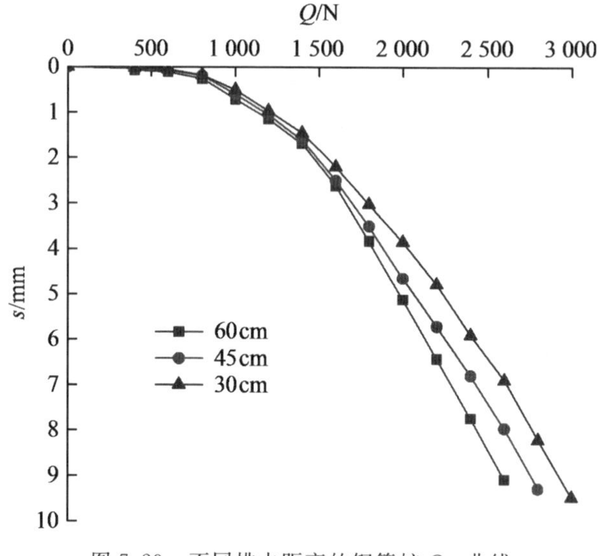

图 7.29 不同排水距离的钢管桩 Q-s 曲线

7.3.2 电源电压变化的试验数据分析

(1)排水量及排水速率

排水量是软土地基处理效果最为直观的体现，也是电渗能耗系数计算的关键部分。不同电源电压下电渗排水量、排水速率与通电时间之间的关系曲线如图

7.30～7.31所示，从图中可以看出，随着通电时间的增长，3组试验的排水量持续增加，排水速率不断减小。在整个试验过程中，电源电压高的试验排水量和排水速率自始至终都大于电源电压低的试验。在电渗前期，3组试验排水量与时间的关系均呈线性关系，排水速率较高。在电渗中期，排水量随电渗时间的增长呈曲线形增长，排水速率持续下降。在电渗后期，随着土中水不断排出，土体电阻不断增大，导致土体排水速率降低，排水量缓慢增长。

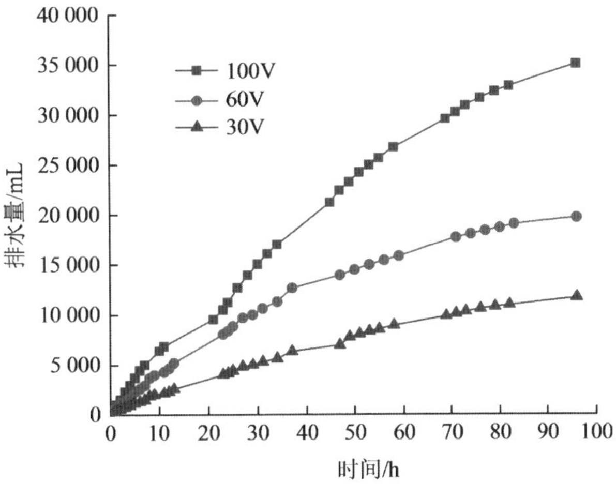

图7.30 不同电源电压的电渗排水量随时间变化曲线

电源电压为100V、60V、30V的试验在试验结束后排水总量分别为35030mL、19690mL、11680mL。3组试验从初始排水速率为980mL·h^{-1}、750mL·h^{-1}、360mL·h^{-1}到试验结束时分别降低至120mL·h^{-1}、80mL·h^{-1}、40mL·h^{-1}。由此可知，电源电压越大，排水量越大，电渗排水速率衰减越快，曲线越迟趋于平稳。

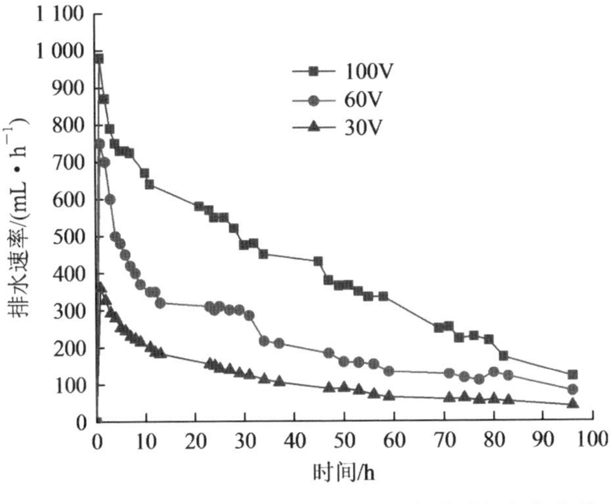

图7.31 不同电源电压的电渗排水速率随时间变化曲线

(2)土体含水率

试验结束后，电源电压为100V、60V、30V的3组试验阳极附近土体的最终含水率分别为 17.9%、26.9%、30.0%，含水率降低百分比分别为 50.6%、25.9%、19.1%，如图 7.32 所示。这说明电源电压对土体含水率的影响很大，提高电源电压能较大程度上提高电渗的效果。从图 7.32 还可以看出，接通电源后，土体中的水在电场作用下，从阳极向阴极移动，再通过导电塑料排水板排出土体外，因此阳极附近土体与两极之间土体含水率低于土体的初始含水率，阴极附近土体的含水率高于其他位置土体的含水率。随着试验时间的增长，这种趋势会越来越明显。电源电压越大，排水量越大，导致阳极附近土体与两极中间土体的含水率下降速率越快。在电源电压为 100V 的试验中，两极中间的土体含水率在电渗前期出现先升高后降低的现象，原因是在较短的时间里，有效电势较大，土中水在电场作用下从阳极排向阴极的速率大于土中水从导电塑料排水板排出的速率，导致两极中间土体的含水率迅速提高。

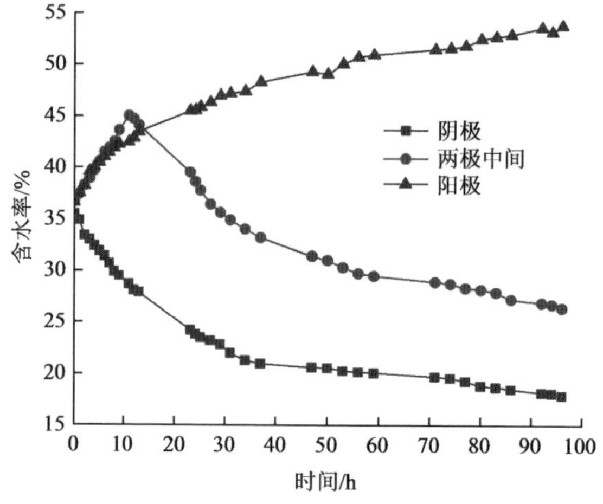

(a)100V试验

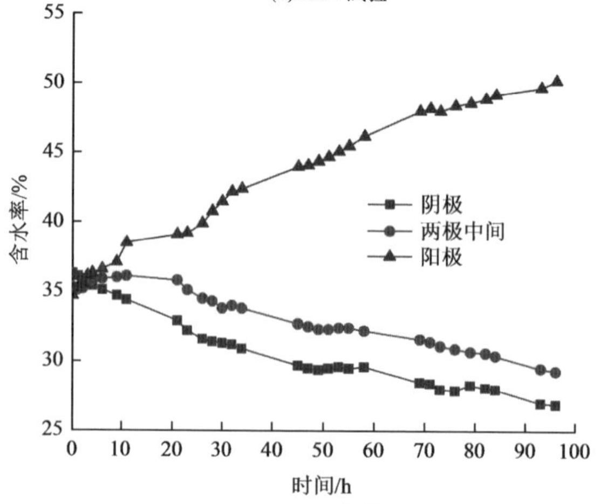

(b)60V试验

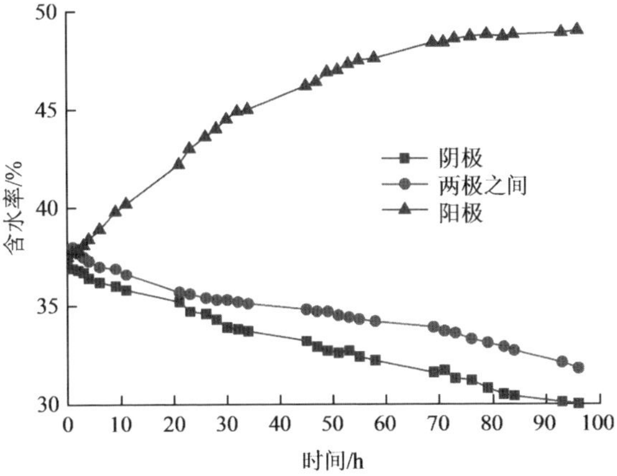

(c)30V试验

图 7.32 不同电源电压的土体各处含水率随时间变化曲线

(3)通电电流与电渗能耗

电流损耗作为电渗成本的最直观的表达,也是计算电渗能耗系数的主要指标。

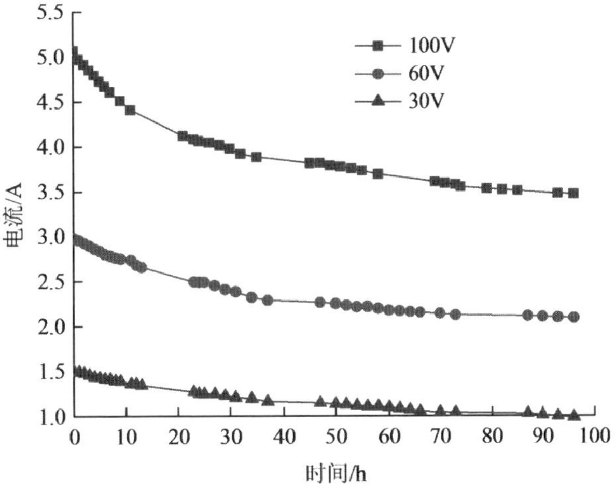

图 7.33 不同电源电压的电流随时间变化曲线

3 组试验的通电电流随通电时间的增加逐渐减小,原因是随着土中水不断排出,土体的电压不断增长,如图 7.33 所示。初始电源电压越大,初始电流越大。在试验过程中,电源电压为 100V,试验的电流值明显高于其他 2 组。通电电流在电渗前期衰减较快,在电渗中后期衰减较慢。从试验开始至试验结束,电源电压为 100V、60V、30V 的试验其电流损耗值分别为 1.61A、0.89A、0.52A,说明电源电压越大,电流的损耗越大。因此在电渗复合地基法应用于实际工程时选择合适的电源电压十分重要。

3 组试验电源电压不同的情况下,电渗能耗系数均随着电渗时间的增加不断增大,如图 7.34 所示。在电渗前期和电渗中期,电渗透系数增长较缓。但是在电渗后期电渗能耗系数增长较快,且电源电压越大,电渗透系数增长速率越快。原因是随着电渗时间的增加,桩—土界面电阻不断增加,导致实际作用在土体上的有效电势和通电电流降低，排出单位土中水所需的电能不断提高。电渗时间 10h 前，3 组试验的电渗能耗系数较小。但在电渗后期，通电 70h 后，电源电压为 100V 试验的电渗能耗系数急剧增大。说明在其他条件不变的情况下，提高电源电压能提高电能的利用效率，但是采用过高的电压进行长时间的电渗，电能的有效利用率反而不高。

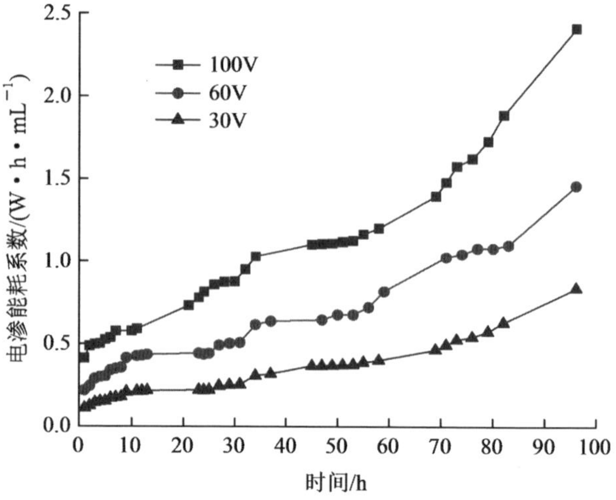

图 7.34 不同电源电压的电渗能耗系数随时间变化曲线

(4)有效电势与桩—土界面电阻

有效电势随通电时间的增加不断减小，电源电压越高，有效电势差损失越明显，如图 7.35 所示。对比 3 组试验的有效电势变化趋势，推荐电源输出电压以小于 60V 为宜。从图 7.36 中可知，施加的电源电压越大，初始的桩—土界面电势占电源电压的比例也越大，随着电渗时间的增加，桩—土界面电阻越来越大，从试验开始至试验结束，电源电压为 100V 的试验的桩—土界面电阻增长了 300%。电源电压为 100V、60V 的试验的电阻增长速率明显高于电源电压为 30V 的试验。因此采用合适的电渗电压能尽可能地减小桩—土界面电势占电源电压的比重，将更多的电源输入电压转换为有效电势用于土体的电渗，提高电源电压的利用效率。

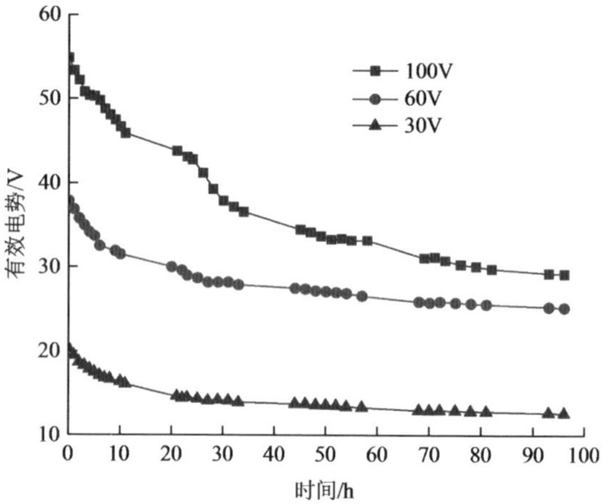

图 7.35 不同电源电压的有效电势随时间变化曲线

有效电势下降是接触电势增加造成的，桩—土界面电势随电极与土的接触面积减小而增大。黏性土具有失水收缩性，在土体排出水后，土体收缩，导致桩土接触面积减少，桩—土界面电阻增大。

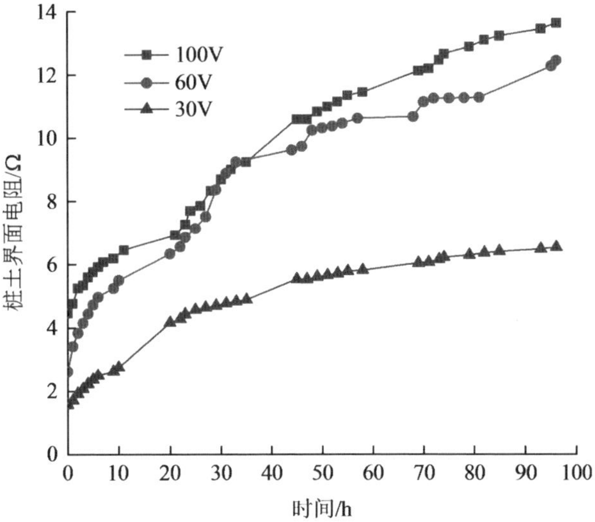

图 7.36　不同电源电压的桩—土界面电阻随时间变化曲线

(5)电渗透系数

在不同电源电压的条件下，3 组试验的电渗透系数均随通电时间的增长呈减小趋势。电源电压越大，电渗透系数越大，如图 7.37 所示。

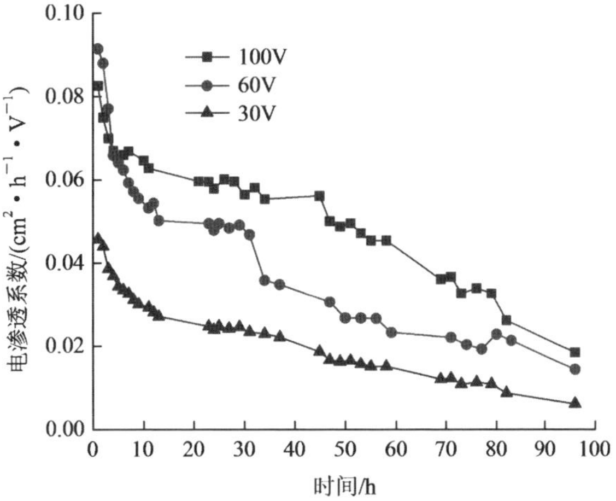

图 7.37　不同电源电压的电渗透系数随时间变化曲线

由于电渗透系数与较多因素有关，特别是与土体的性质有较大的关系[146]，上述对图 7.37 的分析仅针对本次试验，电渗透系数作为电渗复合地基的重要参数之一，要更多的试验数据才能对电渗透系数的变化规律进行总结，因此我们后续会进行更多试验，继续研究各种变量对电渗透系数的影响。

(6)桩周土体沉降、抗剪强度与桩承载力

电源电压为 100V 的试验桩周土体沉降在 60h 时已基本稳定，表明桩周土体排水固结基本完成，如图 7.38 所示。电源电压为 60V 的试验桩周土体沉降在 80h 时已达到基本稳定，而电源电压为 30V 的试验桩周土体沉降在试验结束时仍未稳定。这表明电源电压越大，桩周土体的排水固结速度越快，电源电压对电渗复合地基的影响程度较大。

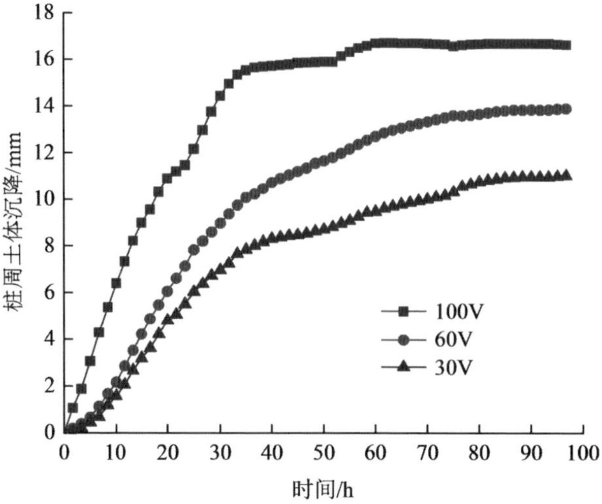

图 7.38　不同电源电压的桩周土体沉降量随时间变化曲线

电源电压对提高桩周土体的抗剪强度影响很大，如表 7.6 所示。电源电压为 100V、60V、30V 的 3 组试验的电渗后桩周土体的抗剪强度相较于电渗前分别提高了约 8 倍、6 倍和 5 倍。

表 7.6　电渗试验前后桩周土体抗剪强度

试验前	试验后		
	100V	60V	30V
$c=4.2$kPa，$\varphi=3.1°$	$c=35.8$kPa，$\varphi=23.4°$	$c=24.3$kPa，$\varphi=18.8°$	$c=19.2$kPa，$\varphi=14.1°$

试验结束后，立即对 3 组试验钢管桩进行静载试验。将数据绘制成 $Q-s$ 曲线，如图 7.39 所示。电源电压为 100V、60V 和 30V 的试验电渗后钢管桩的承载力分别为 3189N、2759N 和 2351N。

由此可知，在通电时间和排水距离相同的条件下，增大电源电压能大幅提高阳极钢管桩的承载能力，提高桩周土体的抗剪强度。

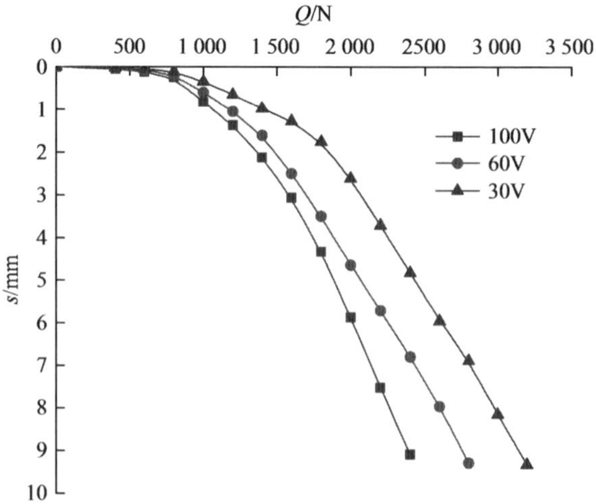

图 7.39　不同电源电压的钢管桩 $Q-s$ 曲线

7.3.3　通电时间变化的试验数据分析

在排水距离和通电电压变化的试验数据分析中已经分析了各个指标随时间的变化规律，而钢管桩的承载力和桩周土体抗剪强度只能在试验结束后进行的静载试验和直剪试验中得到。因此，通电时间变化的试验数据分析着重分析的是钢管桩的承载力和桩周土体抗剪强度 2 个指标。

3 组试验分别在通电 48h、96h 和 120h 后断开电源结束试验，先后对 3 组试验的桩周土体进行直接剪切试验和钢管桩进行静载试验。抗剪强度指标计算结果如表 7.7 所示。将静载试验数据绘制成 $Q-s$ 曲线，如图 7.40 所示。由表 7.7 可知，通电时间对提高桩周土体的抗剪强度影响较大。通电时间为 48h、96h、120h 的 3 组试验的电渗后桩周土体的抗剪强度相较于电渗前分别提高了约 4 倍、6 倍和 7 倍。电源电压和排水距离相同的条件下，通电时间越长，桩周土体的抗剪强度越大。

表 7.7　电渗试验前后桩周土体抗剪强度

试验前	试验后		
	48h	96h	120h
c=4.2kPa，φ=3.1°	c=16.4kpa，φ=12.7°	c=24.3kPa，φ=18.8°	c=29.2kPa，φ=21.6°

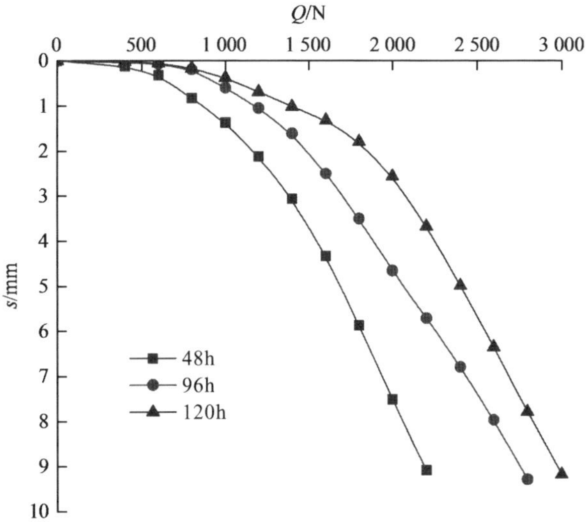

图 7.40　不同通电时间的钢管桩 $Q-s$ 曲线

7.3.4　试验后的钢管桩和土体裂缝

电渗试验过程中，各组试验土体裂缝首先从阳极开展，随着时间的推移慢慢向阴极扩展，阳极附近土体裂缝较阴极附近土体裂缝更长、更宽、更密集。

试验完成后，将桩体与导电塑料排水板挖出，如图 7.41 所示，发现钢管桩与土体紧密黏结在一起，桩周土体呈淡红褐色，这与刘飞禹等[146]观察到的现象一致。将桩周土体去除后，可以明显地观察到桩体表面有红褐色的铁锈，这是由于在通电作用下加剧了钢管桩的锈蚀速度，使钢管桩在短时间内大面积锈蚀。而试验后导电塑料排水板未发现有明显锈蚀。

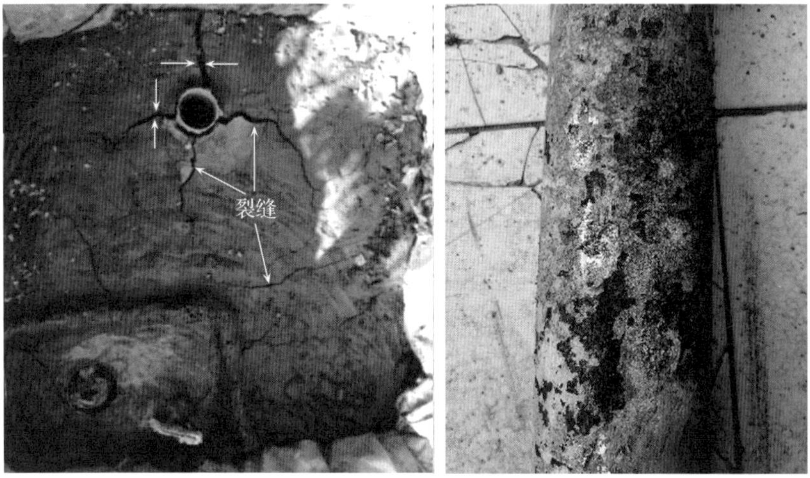

图 7.41　电渗后土体裂缝与锈蚀钢管桩

7.4　电渗群桩复合地基模型试验研究

7.4.1　导电塑料排水板排列不同的试验数据分析

(1)总排水量与平均排水量

在采用电渗排水固结法的试验及实际工程中，电渗排水量是衡量电渗处理效果最直接的体现。考虑到 2 种排列方式所使用的导电塑料排水板的数量不同，正方形排列有 12 个导电塑料排水板，而错位排列只有 9 个导电塑料排水板，因此也对单位导电塑料排水板的平均排水量进行了对比，用总排水量除以导电塑料排水板的数量可以得到平均排水量，以更加准确地分析在试验过程中电渗处理效率的变化。

2 组导电塑料排水板排列方式不同的试验的总排水量和平均排水量随时间变化曲线分别如图 7.42～7.43 所示。从电渗总排水量的角度分析，从图 7.42 中可以看到，导电塑料排水板正方形排列和错位排列两组试验的总排水量的增长趋势大致相同，在电渗前期(0～20h)，2组试验的总排水量都呈直线型增长，排水速率快；在电渗中期(24～50h)，由于土体中的水不断被排出，土体含水量减小导致排水速率变慢，2组试验的总排水量呈曲线形增长；在电渗后期(50～70h)，在电渗的持续作用下，土中的水大量排出，土体电阻不断增大，导致2组试验的排水速率均较低，总排水量趋于稳定。在整个试验过程中，导电塑料排水板正方形排列试验的总排水量一直大于导电塑料排水板错位排列试验，说明导电塑料排水板在正方形排列情况下的电渗排水效果要优于错位排列。

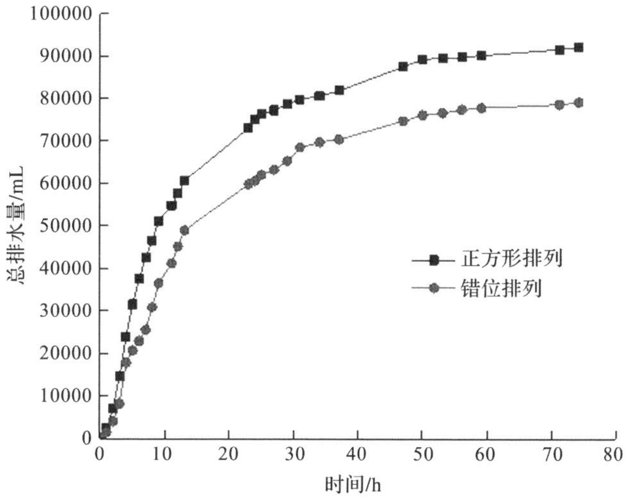

图7.42 总排水量随时间变化曲线

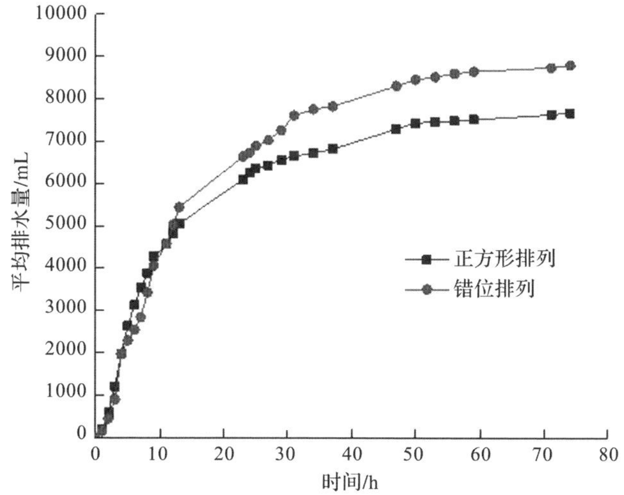

图7.43 平均排水量随时间变化曲线

从电渗平均排水量的角度分析，在试验前12h，2种排列方式试验的单位数量导电塑料排水板的平均排水量相差无几；而在试验12h后，正方形排列试验的单位数量导电塑料排水板的排水量大于错位排列，说明导电塑料排水板错位排列试验的单位数量导电塑料排水板的处理效率要高于正方形排列。证明在持续通电12h后，导电塑料排水板错位排列也存在着优势。

(2)土体含水率

在本章电渗群桩复合地基模型试验中，由于阳极钢管桩和阴极导电塑料排水板之间的距离相较于电渗单桩复合地基的阴阳极两极距离来说要小得多，而含水率传感器的感应范围较大，为了测得更加准确的数据和变化趋势，在本章电渗群桩复合地基模型试验中，只在阳极钢管桩附近土体和阴极导电塑料排水板附近土体埋设含水率传感器，而没有在两极中间埋设传感器。

在试验前后测量土体含水量是所有电渗试验的常规检测指标，电渗试验前后土体含水量的大小变化是评价电渗固结排水效果的重要指标。分析2组导电塑料排水板不同排列方式的试验的电渗效果，对比试验过程中土体含水量的变化即可。

监测到2组试验在电渗过程中阳极和阴极附近土体的含水率的变化情况如图7.44所示。从图中可以看到，2组导电塑料排水板排列方式不同的试验中阳极钢管桩附近土体的含水率呈降低趋势，而阴极导电塑料排水板附近土体的含水率呈增长趋势。这是由于在电渗作用下土体中的水不断从阳极向阴极移动，导电塑料排水板将土中水排到土体表面后，汇集过程中的部分水会渗回土体，滞留在阴极附近土体中，导致阴极附近土体的含水率明显增大。

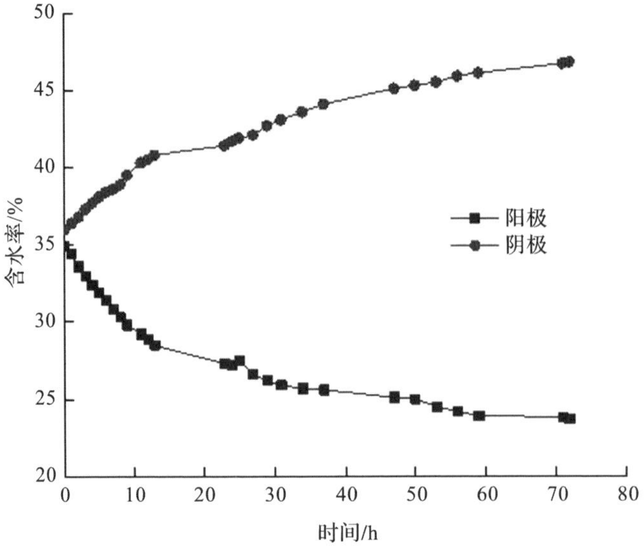

(a)正方形排列

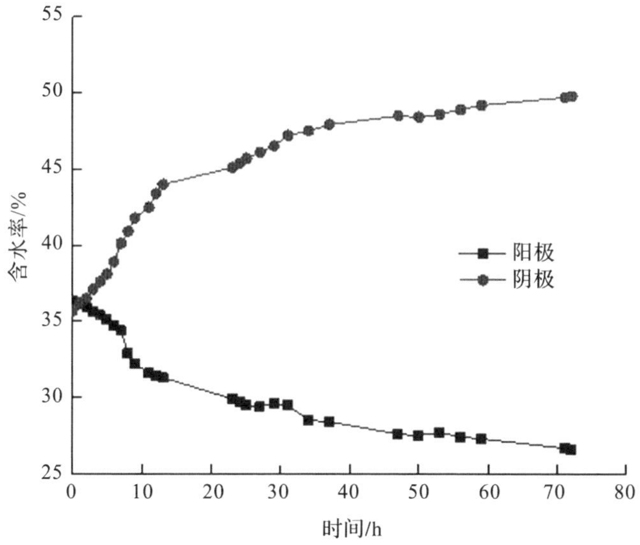

(b)错位排列

图 7.44　阴阳极土体含水率随时间变化曲线

电渗试验结束后,导电塑料排水板正方形排列和错位排列试验阳极附近土体的最终含水率分别为 23.7%、26.6%,含水率降低百分比分别为 32.3%、26.7%。说明导电塑料排水板在正方形排列条件下的电渗排水效果比错位排列好。

(3)通电电流与电流值降低率

本章的电渗群桩复合地基模型试验中,直流电源采用 36V 恒压输出,在电渗试验过程中土体的电流值的大小变化间接显示了土体电阻和桩—土界面电阻在电渗试验过程的变化情况。

导电塑料排水板排列方式不同试验的电流变化情况如图 7.45 所示,在整个试验过程中,导电塑料排水板正方形排列试验的电流始终高于错位排列试验,2 组试验的电流值下降整体趋势基本一致。在试验 0～10h 时间段内,2 组试验的电流值都呈现出一个快速下降的趋势,在通电 10h 之后电流值缓慢下降。说明在电渗过程中,随着土体中的水不断排出,土体的电阻不断增加,导致电流越来越小,电渗处理效果慢慢变差。

在本试验中,由于导电塑料排水板排列方式不同,造成了处理相同体积地基土体所用导电塑料排水板的数量不同,所以即使采用相同的电源电压进行电渗处理,直接对比导电塑料排水板正方形排列和错位排列条件下土体中电流大小仍然比较片面。因此,本试验计算了 2 组试验在各个时间段内电流值的降低率,并将各时间段的电流值降低率绘制成曲线图,更加直观地分析导电塑料排水板排列方式不同对电渗效果的影响。

导电塑料排水板的 2 种不同排列方式的电流值降低率随时间变化曲线如图 7.46 所示。由图可见，在试验 0～10h，2 组试验的电流值降低率急剧增大，大小基本保持一致；在通电 10h 之后，2 组试验的电流值增长率缓慢增长，并趋于稳定，导电塑料排水板长方形排列试验的电流值降低率一直低于错位排列。试验结束时，2 组试验的电流值降低率分别为 27.4％和 28.0％，比较接近。

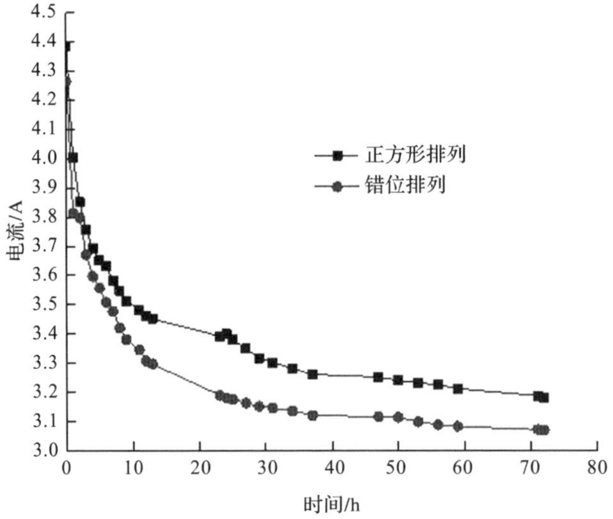

图 7.45　电流随时间变化曲线

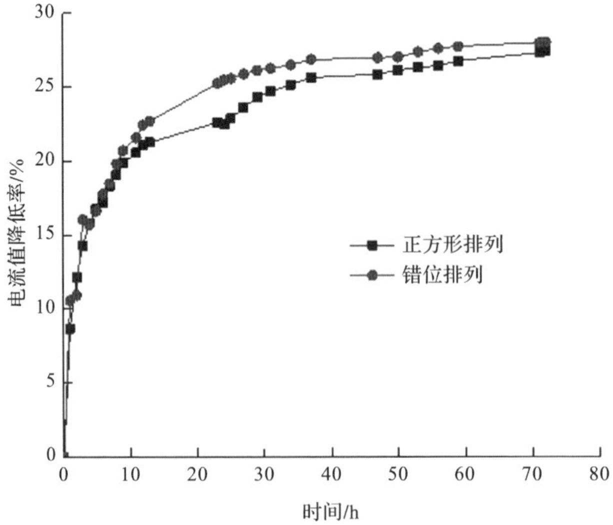

图 7.46　电流值降低率随时间变化曲线

(4)有效电势与桩—土界面电阻

有效电势是电源输出电压实际作用于两极土体之间,对土体进行电渗固结排水的电压。本章电渗群桩复合地基模型试验中,分别在两极之间阳极钢管桩和阴极导电塑料排水板附近土体各插入一根钢筋作为电势测针,插入电势测针和2个电极的距离均为1cm,相对于土样的长度和截面尺寸来说可以忽略不计,因此可以近似地将两根电势测针之间测得的电势作为有效电势。

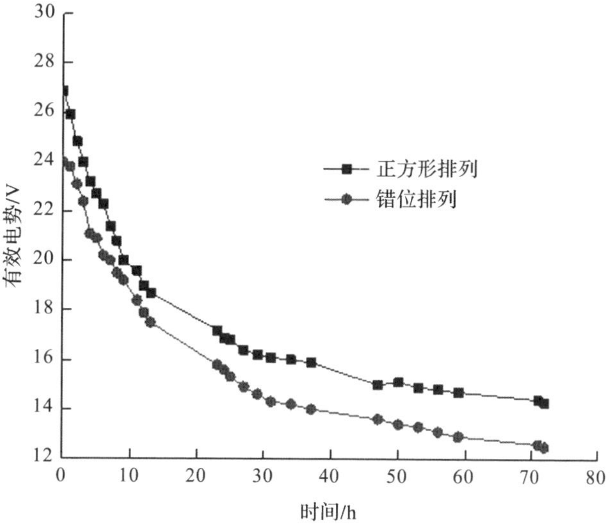

图7.47 有效电势随时间变化曲线

导电塑料排水板2种排列方式试验的有效电势随时间变化曲线如图7.47所示。从图中可以看到,在试验过程中,导电塑料排水板正方形排列试验的有效电势始终大于错位排列。在试验0～20h时间段内,导电塑料排水2种排列方式试验的有效电势快速下降;在试验20～50h时间段内,两者的有效电势下降速率减缓;在60h之后,两者的有效电势趋于稳定。说明导电塑料排水板在正方形排列下的电源电压利用率更高,在电渗复合地基实际工程中宜优先考虑导电塑料排水板正方形排列。

导电塑料排水板不同排列方式试验的桩—土界面电阻随时间变化曲线如图7.48所示。从图中可以直观地看出,随着电渗持续时间的不断推移,桩—土界面电阻呈现出不断变大的趋势。在接通电源时,即电渗刚开始时,2组导电塑料排水板不同排列方式试验的桩—土界面电阻初始值在2.5Ω左右;在试验0～10h内,导电塑料排水板错位排列试验的桩—土界面电阻值略大于正方形排列;在试验10～60 h内,导电塑料排水板错位排列试验的桩—土界面电阻值明显大于正方形排列;在试验进行60h之后,导电塑料排水板错位排列试验的桩—土界面电阻值略大于正方形排列。在整个试验过程中,导电塑料排水板错位排列试验的桩—土界面电阻值始终大于错位排列。这是由于在电渗过程中,土体中的水被不断排出,导致钢管桩界面和土体接触面不能完全接触,产生了桩—土界面电阻。而且在持续的通电作用下,会加快阳极钢管桩的腐蚀,使桩—土界面电阻不断增大。

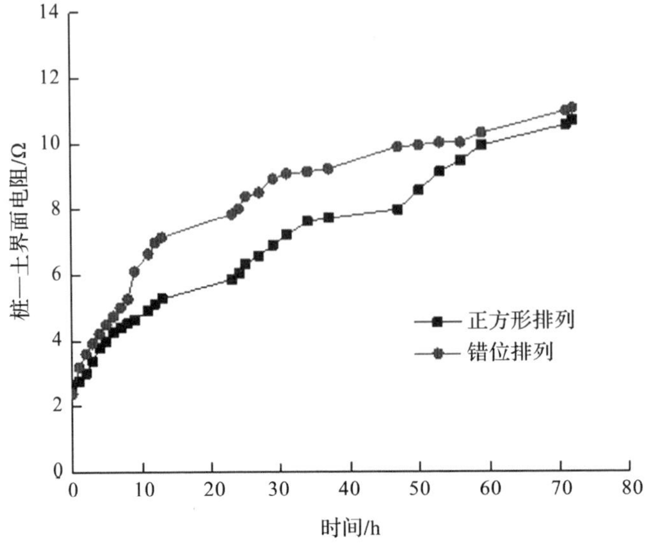

图 7.48 桩—土界面电阻随时间变化曲线

(5)电渗能耗

电渗法的效率和能耗问题一直以来都是广大专家学者重点研究的对象,电渗能耗系数和电渗透系数作为电渗复合地基中 2 个非常重要的参数,同样有非常重要的研究意义。

由上文可知,由于桩—土界面电阻的存在,实际作用于土体电渗的有效电势小于电源电压。随着电渗时间的增加,桩—土界面电阻不断增大,导致有效电势和电流不断变小,电渗效率不断降低。电渗透系数是电渗效率的数据量化的表现形式,电渗透系数不能在试验中直接测得,需要根据 Esrig 一维电渗固结理论计算得到,而本章电渗群桩复合地基模型试验是二维电渗排水固结试验,不能采用 Esrig 一维电渗固结理论计算电渗透系数,因此在本章中不再对电渗透系数进行分析。

电渗能耗系数表示在电渗作用下每排出单位体积的水所需消耗的电能。电渗能耗系数的计算方法参见式(6.1),并通过计算将得到的电渗能耗系数绘制成图便于分析。

在试验 0～50h 时间段内,导电塑料排水板 2 种排列方式试验的电渗能耗系数增加缓慢,大小基本相同,如图 7.49 所示。这是因为电渗能耗系数主要受电流和排水量影响,虽然导电塑料排水板在正方形排列条件下的电流值大于错位排列,但是它的电渗排水量也大,所以 2 种导电塑料排水板排列形式试验的电渗能耗系数大小基本相同。在 50h 之后,2 组试验的电渗能耗系数增加趋势均呈骤增状态，表明持续通电 50h 后电渗能耗不断增大。除此之外，在相同处理体积土体下 2 种排列方式所采用的导电塑料排水板数量不同，消耗的导电塑料排水板的成本也因此不同，正方形排列的电极成本要高于错位排列。综上所述，从消耗导电塑料排水板的角度考虑，错位排列的成本相对较低，得到的经济效益较高。

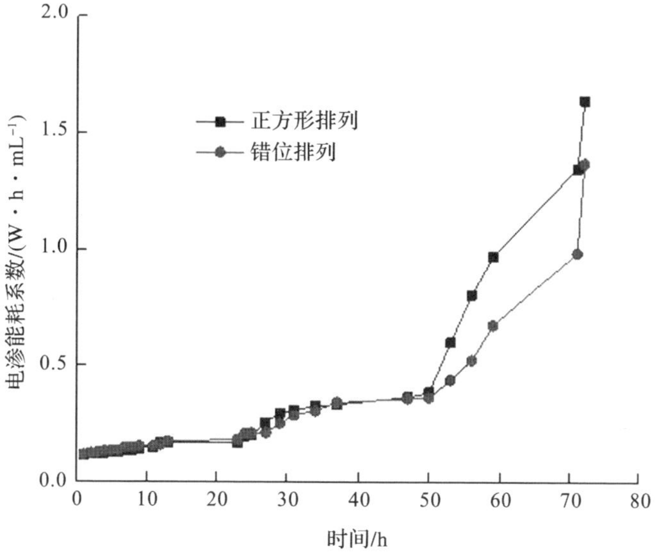

图 7.49 电渗能耗系数随时间变化曲线

(6)桩周土体沉降、抗剪强度与桩承载力

在电渗作用下，阳极钢管桩附近土体中的水会不断向阴极移动，并通过导电塑料排水板排出土体外，使得钢管桩附近的土体快速固结，导致土体产生沉降。在本试验中监测桩周土体表面的沉降变化，通过对比反映出电渗的固结排水效果，也可以从宏观角度监测桩周土体的固结程度。

导电塑料排水板 2 种不同排列方式试验的桩周土体沉降随时间变化曲线如图 7.50 所示，在整个试验过程中，导电塑料排水板正方形排列试验的桩周土体沉降量始终大于错位排列。从图中可以看出，两者的沉降趋势大致相同，桩周土体先快速沉降，然后沉降速率逐渐减慢，在 60h 时基本趋于稳定，说明桩周土体的固结基本稳定。试验结束时，导电塑料排水板正方形排列试验和错位排列试验的桩周土体沉降量分别基本稳定在 19.3mm 和 17.2mm。

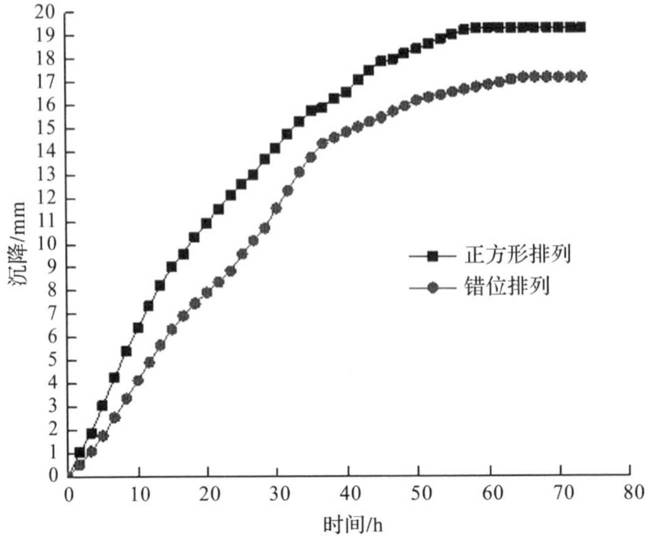

图 7.50 导电塑料排水板不同排列方式的桩周土体沉降量随时间变化曲线

试验前和试验后，地基土体的抗剪强度是电渗法运用于实际工程中处理效果最直观且最有说服力的指标，在试验研究中，土体的抗剪强度的重要性亦是如此。在本章电渗群桩复合地基试验中，为了对比导电塑料排水板 2 种排列方式对电渗复合地基承载力的影响，分别在电渗试验前和电渗试验结束后对桩周取土样进行室内直接剪切试验，测试土样的抗剪强度，得到试验前和试验后土体的抗剪强度指标如表 7.8 所示。从表中可以得出，试验后桩周土体的抗剪强度相较于试验前提升了 8 倍左右，导电塑料排水板正方形排列试验的抗剪强度高于错位排列，说明正方形排列的电渗排水效果更好。

表 7.8 电渗试验前后桩周土体抗剪强度

试验前	试验后	
	正方形排列	错位排列
$c=4.2\text{kPa},\varphi=3.1°$	$c=33.8\text{kPa},\varphi=24.5°$	$c=31.2\text{kPa},\varphi=23.3°$

在电渗复合地基中，桩为最重要的部分，在本章模型试验中，电渗复合地基的承载力主要由钢管桩来承担，因此在电渗后对钢管桩进行静载试验测定其极限承载力，比较导电塑料排水板在正方形排列条件下和错位排列条件下的钢管桩承载力，是检验电渗效果最有力的说明。

电渗结束在桩周土体取样完成后，立即对 2 组导电塑料排水板不同排列方式试验的钢管桩同时进行静载试验。将荷载和沉降量数据绘制成 $Q-s$ 曲线，如图 7.51 所示。

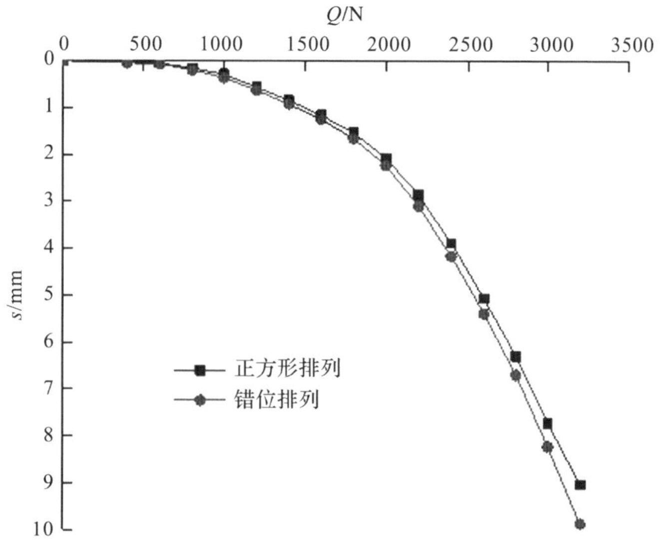

图 7.51 导电塑料排水板不同排列方式的钢管桩 Q-s 曲线

在以下分析中同样采用太沙基法确定桩的极限承载力，本章电渗群桩复合地基模型试验采用的钢管桩直径为 90mm，即取沉降值为 9mm 所对应的荷载为桩的极限承载力。导电塑料排水板正方形排列和错位排列试验电渗后钢管桩的承载力分别为 3093N 和 3198N。说明在相同布桩方式的条件下，导电塑料排水板正方形排列比错位排列电渗后钢管桩的承载能力大。

综上所述，在布桩方式相同的条件下，导电塑料排水板正方形排列相较于错位排列经电渗处理后阳极钢管桩的承载能力更大，桩周土体的抗剪强度更大，得到的复合地基的承载力也就更大。

7.4.2 不同布桩方式的试验数据分析

(1)排水量与排水速率

2 组不同布桩方式试验的电渗总排水量和电渗平均排水量随通电时间变化的关系曲线如图 7.52～7.53 所示。

从电渗总排水量的角度分析，从图 7.52 中可以看到，三角形布桩和正方形布桩 2 组试验总排水量的增长趋势大致相同，在试验 0～10h 时间段内，2 组试验的电渗总排水量相差不大，均呈现出直线型增长的趋势，电渗排水速率快；在试验 10～50h 时间段内，由于土体中的水不断排出，土体含水率变小，导致排水速率变慢，2 组试验的电渗总排水量均呈现出曲线型增长的趋势；在试验进行 50h 之后，在电渗的持续作用下，土中的水大量排出，土体电阻不断增大，导致 2 组试验的排水速率均较低，电渗总排水量趋于稳定。在整个试验过程中，正方形布桩试验的电渗总排水量始终大于三角形布桩试验，说明正方形布桩条件下的电渗排水效果要优于三角形布桩。

从电渗平均排水量的角度分析，从图 7.53 中可以看出，在整个试验过程中，三角形布桩试验的单位数量导电塑料排水板的平均排水量始终高于正方形布桩试验，但是两者差距并不大，说明不同布桩方式条件下单位数量导电塑料排水板的处理效率基本相同。

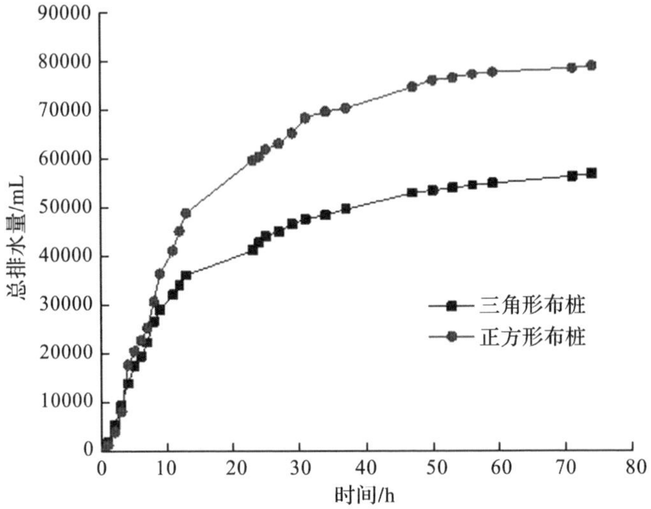

图 7.52　不同布桩方式的电渗总排水量随时间变化曲线

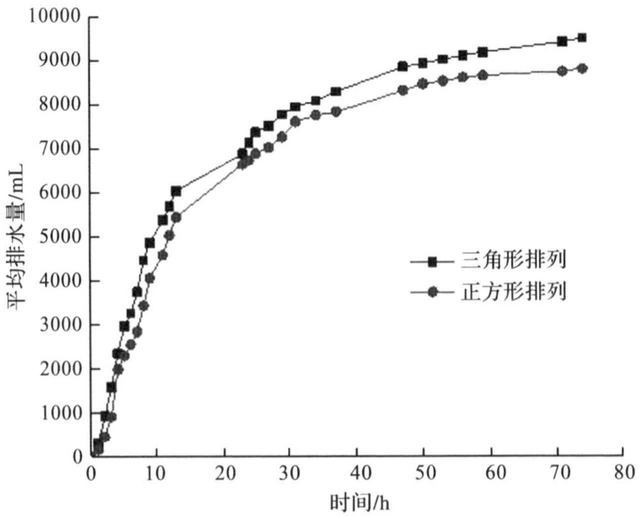

图 7.53　不同布桩方式的电渗平均排水量随时间变化曲线

(2)土体含水率

正方形布桩试验和三角形布桩试验的阴阳两极土体含水率随通电时间变化曲线如图7.54所示。从图7.54中可以看出,2组不同布桩方式试验阳极钢管桩附近土体的含水率呈现出逐渐降低的趋势,而阴极导电塑料排水板附近土体的含水率呈现出不断增长的趋势。

电渗试验结束后,正方形布桩试验和三角形布桩试验阳极附近土体的最终含水率分别为26.6%、28.0%,含水率降低百分比分别为26.7%、24.1%。说明正方形布桩条件下的电渗排水效果优于三角形布桩。

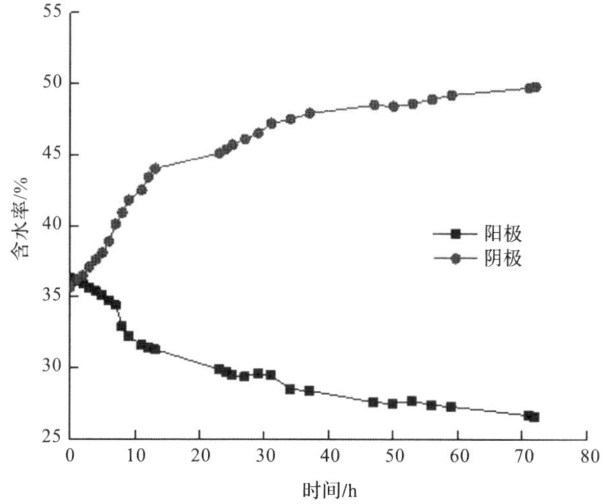

(a)正方形布桩

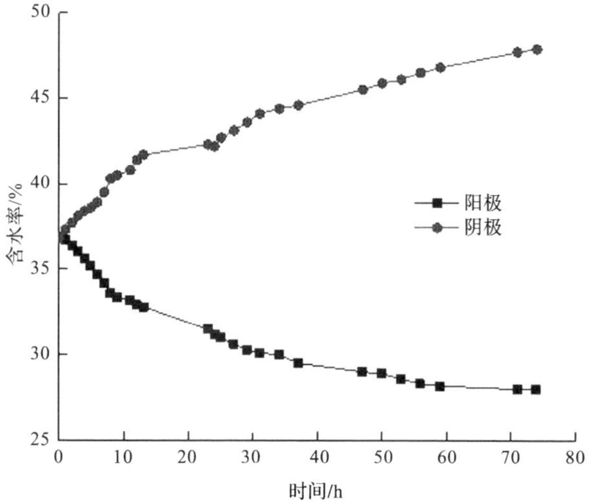

(b)三角形布桩

图7.54 不同布桩方式的阴阳两极土体含水率随时间变化曲线

(3)通电电流与电流值降低率

2组不同布桩方式的试验的电流值随通电时间变化曲线如图7.55所示，从图中可以看出，在整个试验过程中，正方形布桩试验的电流值始终高于三角形布桩试验，2组试验电流值的下降整体趋势基本一致。在试验0～10h内，2组试验的电流值均呈现出快速衰减的趋势；在试验进行10h之后，电流值衰减逐渐变慢。

与第7.4.1节相似，由于2组不同布桩方式试验所使用的导电塑料排水板数量不同，造成了处理相同体积地基土体所用导电塑料排水板的数量不同，所以即使采用相同的电源电压进行电渗处理，直接对比正方形布桩和三角形布桩条件下土体中电流大小仍然比较片面。为了更加直观地分析导电塑料排水板排列方式不同对电渗效果的影响，计算了2组试验在各个时间段内电流值的降低率，并将各时间段的电流值降低率绘制成曲线图。

2组不同布桩方式的电流值降低率随时间变化曲线如图7.56所示。从图中可以看出，在整个试验过程中，2组不同布桩方式试验的电流值降低率增长趋势基本保持一致，大小基本相同。在试验0～10h内，2组试验的电流值降低率均呈现出急剧增大的趋势；在试验进行10h之后，2组试验的电流值增长率缓慢增长，并趋于稳定；在试验结束时，2组试验的电流值降低率分别是28.8%和28.0%，比较接近。

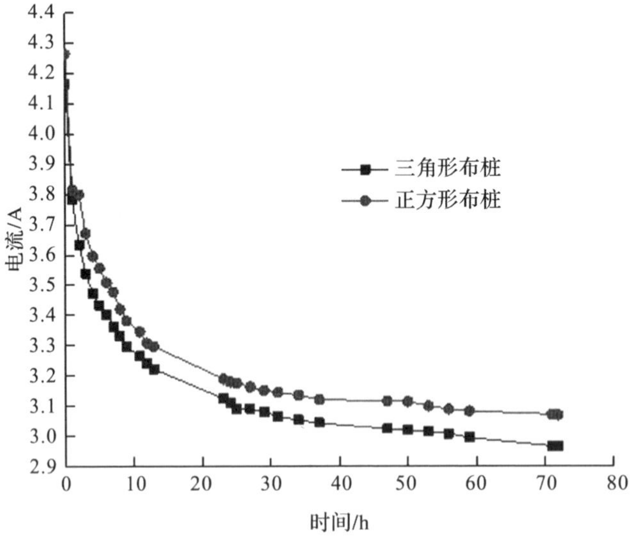

图7.55 不同布桩方式的电流随时间变化曲线

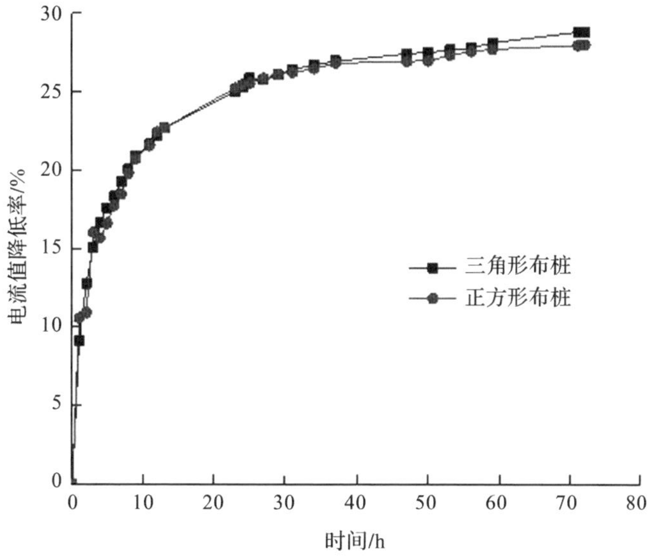

图 7.56 不同布桩方式的电流值降低率随时间变化曲线

(4)有效电势与桩—土界面电阻

2组不同布桩方式试验的有效电势随时间变化曲线如图 7.57 所示。从图中可以看出,2组不同布桩方式试验的有效电势的下降趋势基本保持一致。在试验0～20h内,2组试验不同布桩方式的有效电势快速衰减;在试验20～50h内,两者的有效电势衰减速率逐渐减缓;在试验进行60h之后,两者的有效电势下降趋势基本趋于稳定。在整个试验过程中,正方形布桩试验的有效电势始终大于三角形布桩。说明正方形布桩条件下电源电压利用率更高,在电渗复合地基实际工程中宜优先考虑正方形布桩。

2组不同布桩方式试验的桩—土界面电阻随时间变化曲线如图 7.58 所示。从图中可以直观地看出,随着电渗持续时间的不断推移,2组试验的桩—土界面电阻呈现出不断变大的趋势。开始电渗时,2组不同布桩方式试验的桩—土界面电阻初始值在 2.5Ω 左右;在试验0～10h内,三角形布桩试验的桩—土界面电阻值略大于正方形布桩试验;在试验10～50h内,正方形布桩试验的桩—土界面电阻值明显大于三角形布桩试验;在试验进行50h之后,三角形布桩试验的桩—土界面电阻值略大于正方形布桩试验。在整个试验过程中,2组不同布桩方式试验的桩—土界面电阻值增长基本相同。这是由于在电渗过程中,土体中的水被不断排出,导致钢管桩界面和土体接触面不能完全接触,产生了桩—土界面电阻。而且在持续的通电作用下,会加快阳极钢管桩的腐蚀,使桩—土界面电阻不断增大。

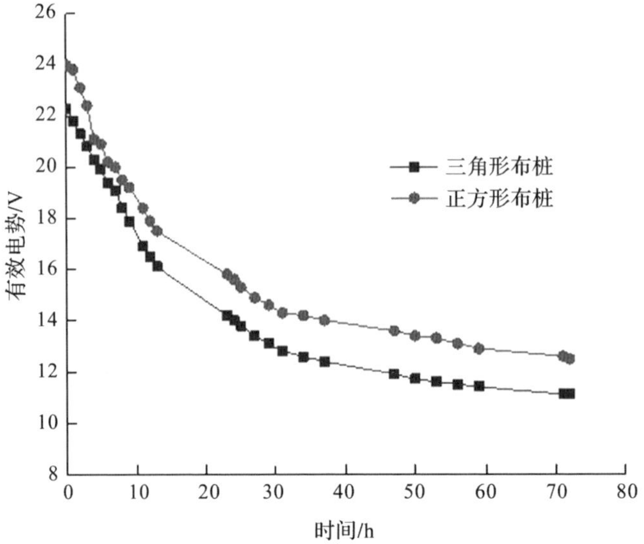

图 7.57　不同布桩方式的有效电势随时间变化曲线

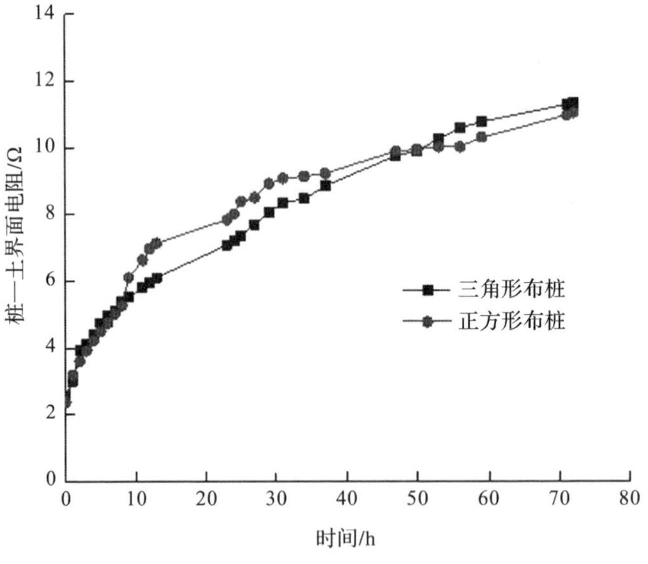

图 7.58　不同布桩方式的桩—土界面电阻随时间变化曲线

(5)电渗能耗

电渗的能耗较大是一直以来制约电渗排水固结方法推广的重要问题，也是电渗法研究者的重点关注对象，本节将从电渗能耗角度对 2 种不同布桩方式试验的电渗处理效果进行对比分析。

2组不同布桩方式试验的电渗能耗系数随通电时间变化曲线如图7.59所示。从图中可以看出，在试验0～25h内，2组不同布桩方式试验的电渗能耗系数增长较为缓慢，且两者大小基本相同。这是因为电渗能耗系数主要受通电电流和电渗排水量影响，虽然正方形布桩试验在电渗过程中的电流值大于三角形布桩试验，但是它的电渗排水量也大，所以2种不同布桩方式试验的电渗能耗系数大小基本相同。在25h之后，2组试验的电渗能耗系数增加趋势均呈现出不断增大的状态，表明持续通电25h后电渗能耗的增长幅度不断变大。

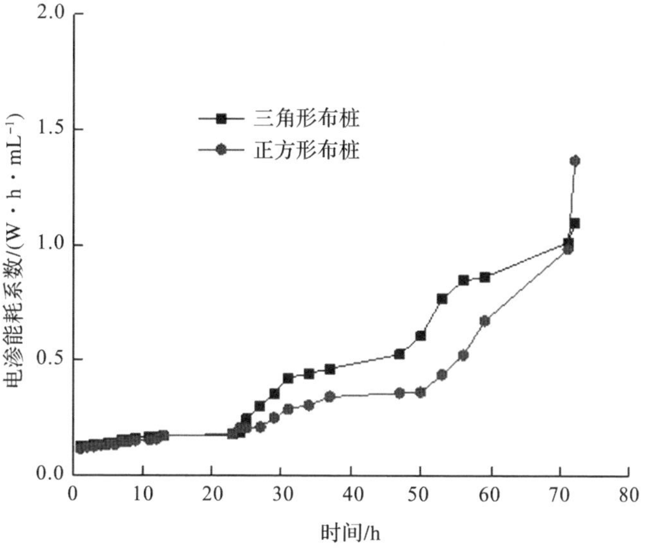

图7.59　不同布桩方式的电渗能耗系数随时间变化曲线

(6)桩周土体沉降、抗剪强度与桩承载力

2种不同布桩方式试验的桩周土体沉降量随时间变化曲线如图7.60所示。从图中可以看出，在整个试验过程中，正方形布桩试验的桩周土体沉降量始终大于三角形布桩。2组试验桩周土体的沉降趋势大致相同。在试验前中期，测得的桩周土体沉降较为明显，随着通电时间的不断推移，桩周土体的沉降速率逐渐减慢；在65h之后基本趋于稳定，说明桩周土体的固结基本趋于稳定；试验结束时，正方形布桩试验和三角形布桩试验的桩周土体沉降量分别基本稳定在15.6mm和17.2mm。

2组不同布桩方式试验桩周土体在电渗试验前和电渗试验后桩周土样经室内直接剪切试验测得的抗剪强度指标如表7.9所示。从表中可以看出，电渗后桩周土体的抗剪强度相较于电渗前提升了7倍以上，正方形布桩试验的抗剪强度明显

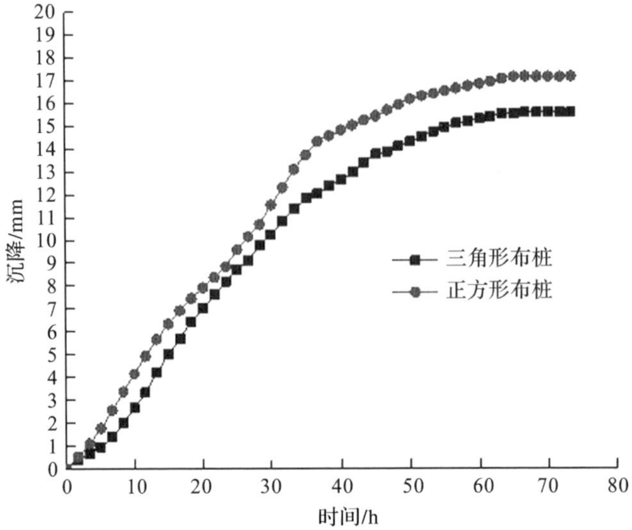

图 7.60　不同布桩方式的桩周土体沉降量随时间变化曲线

高于三角形布桩，说明以导电塑料排水板作为排列的条件下，正方形布桩的电渗处理效果更好。

表 7.9　电渗试验前后桩周土体抗剪强度

试验前	试验后	
	三角形布桩	正方形布桩
c=4.2kPa,φ=3.1°	c=29.2kPa,φ=21.9°	c=31.2kPa,φ= 23.3°

三角形布桩试验和正方形布桩试验电渗后钢管桩的承载力分别为 2979N 和 3095N，如图 7.61 所示。说明在导电塑料排水板排列方式相同的条件下，正方形布桩比三角形布桩电渗后钢管桩的承载能力大。

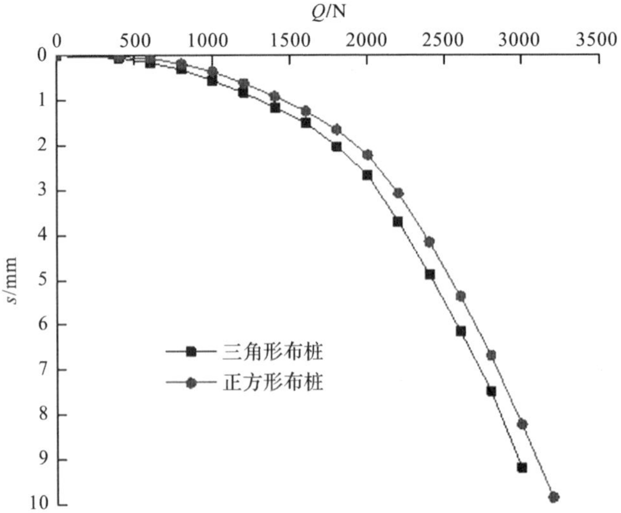

图 7.61　不同布桩方式的钢管桩 $Q-s$ 曲线

7.5　本章小结

首先,本章介绍了电渗复合地基模型试验中所用到的试验设备、材料,并详细介绍了试验步骤及试验内容,确定了模型试验过程中所需要测得的物理力学数据。其次,通过开展多组电渗单桩复合地基模型试验研究了排水距离、电源电压、通电时间对电渗复合地基的影响。最后,分别开展了多组电渗群桩复合地基模型试验,研究了导电塑料排水板排列方式和布桩方式不同对电渗复合地基承载效果的影响。具体结论如下。

①在试验过程中发现桩—土界面电阻对电渗复合地基影响较大,较大的电源电压和长时间的通电会使桩—土界面电阻急剧增加,导致有效电势不断较小,而有效电势是决定排水速率快慢的关键。

②影响电渗复合地基法处理软土地基的主次因素为电源电压、通电时间、排水距离。电源电压变化对各测试指标的影响最大,因此电压对电渗复合地基法处理软土地基起主要作用。在本章电渗单桩复合地基模型试验中,当通电时间超过70h后,电渗能耗系数呈现出明显的增大趋势,故在考虑经济成本的基础上,建议实际工程中的通电时间不宜过长,宜控制在70h以内,否则电渗能耗会急剧增大,影响电渗的经济效益。

③提高电源电压、延长通电时间、缩短排水距离均对提高电渗复合地基的承载力有显著的效果,但也会使处理单位地基土体的电渗能耗成本增加,将电渗复合地基法应用于实际工程中应该力求电渗处理效率和电渗能耗成本之间的最优关系。

④导电塑料排水板在正方形排列条件下的电渗总排水量和有效电势更大,电流降低率更小,电渗处理后土体的含水率更低,桩的承载力和桩周土体抗剪强度更大,因此导电塑料排水板采用正方形布排列的电渗处理效果更好,我们建议在电渗复合地基实际工程中导电塑料排水板优先采用正方形布置。然而,在错位排列的条件下,单位导电塑料排水板的平均排水量要优于正方形排列,且在相同的电渗能耗情况下,错位排列工况下使用的导电塑料排水板数量更少,成本更低。此外,考虑到施工的方便性,导电塑料排水板错位排列便于插板机作业,加快了施工的速度,经济效益较高。因此,在电渗复合地基法应用于实际工程中,需平衡电能、材料、机械等一系列成本和电渗处理效果,同时兼顾施工的速度,在实际工程中选择相对更优的排列方式。

⑤正方形布桩比三角形布桩条件下的排水电渗总排水量、通电电流和有效电势更大，电渗处理后土体的含水率更低，桩的承载力和桩周土体抗剪强度更大，因此正方形布桩条件下的电渗处理效果更好。而且正方形布桩的施工方式相较于三角形布桩要更加方便，目前在工程中也被广泛采用。因此，建议在电渗复合地基实际工程中优先考虑正方形布桩。

第8章 电渗复合技术设计方法

8.1 引　言

目前，对于电渗联合真空预压和电渗复合地基的设计方法研究较少，已有的成果不够系统和全面，因此需要对电渗联合真空预压法和电渗复合地基加固软土地基的设计方法进行系统研究，形成一套完整的电渗联合真空预压和电渗复合地基设计方法。对于电渗联合真空预压法设计，由于沿海地区深厚软土地基往往存在一定厚度的夹砂层，而夹砂层含水丰富，渗透系数大，在进行电渗联合真空预压处理时容易造成电极浪费、电流过大造成线路过载、真空封闭系统漏气等，因此本章先提出了可压缩排水电极设计方法、电源与供电线路设计方法、真空封闭及排水系统设计方法和工期与沉降预测方法，并给出了具体的夹砂层地基场地电阻的计算公式和有限元法模拟时电压换算超孔压的计算公式。对于电渗复合地基设计，考虑了电渗复合地基的主要影响因素，并给出了适用于工程实践影响因素的取值范围。另外，本章还提出了标准化的电渗复合地基设计流程。

8.2 电渗联合真空预压设计方法研究

8.2.1 电源与供电线路设计

直流电源是电渗联合真空预压加固地基工程的主要设备。工地用电通常为380V三相交流电，需要通过直流电源设备将其转换为直流电。采用的直流电源主要分为单向脉冲式直流电源和单向恒直流电源2种。单向脉冲式直流电源输出的电流波形为高频次的单向方波，单向恒直流电源输出的电流波形为单向恒定直流电。根据我们的试验，研究脉冲式直流电源相比恒直流电源，其电渗效率更高，建议采用脉冲式直流电源。插入地基的排水电极通过支导线汇总到主导线并连接到直流电源的阳极和阴极。导线可采用铜芯电缆线或铝芯电缆线。铝芯电缆线载流能力不及铜芯电缆线，容易发热，但价格较便宜，在电流较小的情况下可采用铝芯电缆线。在实际工程中，由于场地含水量高，场地电阻小，往往对导线载流量和直流电源功率有较大的要求，导线载流量和直流电源功率也是电渗处理面积的限制因素，因此导线电流和电源功率的计算十分重要。工程设计中，应根据每根支导线串联的电极根数计算支导线电流，并汇总求得主导线电流，分别确定支导线截面积和主导线截面积，最后根据主导线电流及设计电压计算所需电源功率。由于电源功率越大，电源重量越大，价格越高，因此在工程中对于大面积场地宜划分成小面积的电渗区块，每个区块采用一台直流电源控制。

电源功率 $P=UI$，其中：U 为电源输出电压，通常为安全电压，在 36V 以内，也可根据工程需要采用更高的电压，但采用太高的电压将造成电能浪费严重，且对电路系统和电源要求较高，成本显著增长；I 为电源输出总电流，其电流大小为每根阳极（或阴极）支导线电流 I 的总和。每根阳极支导线电流 $I=U/\sum R$，其中 $\sum R$ 为每根阳极（或阳极）支导线所控制场地面积的总电阻。电渗线路系统如图 8.1 所示。

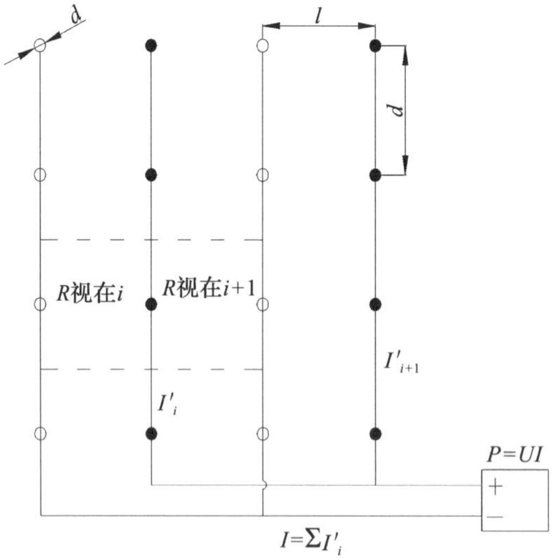

图 8.1　电渗线路系统

电渗塑料排水板间距宜为 1.0～1.5m，在地基中的插入深度不大于 30m，支导线间距1.0～1.5m。每根阳极支导线所控制场地面积的总电阻 $\sum R$ 可用每对阴阳极的视在电阻来描述。将每一对电极之间的土体划分为一个土条，如图8.1所示，则该对电极的视在电阻：

$$R_{视在}=R_{线路}+R_{电极}+R_{界面}+R_{土体} \tag{8.1}$$

式中：$R_{线路}$ 为导线及导线连接处产生的电阻，工程估算时可令 $R_{线路}=0$，$R_{电极}$ 为排水电极材料自身电阻，采用金属电极时可令 $R_{金属}=0$，采用电动塑料排水板(EKG)材料时根据实测材料电阻取值。由于电极材料与土体导电面积差别较大，且电极材料与土体界面的接触不良，电极与土体的界面电阻 $R_{界面}$ 往往是不能忽略的。庄艳峰和王钊[147] 与胡俞晨等[39] 给出的界面电阻计算公式为：

$$R_{界面}=\frac{k_j}{s_2}\left(\frac{1}{rat}-1\right) \tag{8.2}$$

式中：$rat=s_1/s_2$，s_1 和 s_2 分别为电极和土体的导电面积。

界面电阻和土体电阻计算需考虑夹砂层的影响。针对采用本节所提可压缩排水电极处理夹砂层地基情况，式(8.2)可改写为：

$$R_{界面}=\left(\frac{1}{d\sum h_i}-\frac{1}{b\sum h_i}\right)k_j \tag{8.3}$$

式中：k_j 为界面电阻率，$\Omega\cdot cm^2$；d 为阳极或阴极直径，cm；h_i 为电极处理范围内第 i 层土体厚度，cm，针对可压缩排水电极处理夹砂层地基情况不包括砂层厚度和电极顶部弹簧软管段土层厚度；b 为阳极间距或阴极间距，cm。

每一对阴阳极之间的土体电阻：

$$R_{土体}=\frac{\rho_{土}\, l}{\sum h_i b} \tag{8.4}$$

式中：$\rho_{土}$ 为阴阳极间土体的平均电阻率，将每层土体的电阻率按照土层厚度进行加权平均，针对可压缩排水电极处理夹砂层地基情况不包括砂层电阻率和电极顶部弹簧软管段土层的电阻率；l 为阴阳极之间距离。

由于一根阳极支导线上所连接的每对阴阳极的视在电阻为并联关系，因此，每根阳极支导线所控制场地面积的总电阻 $\sum R'=R_{视在}/n$，其中 n 为阴阳极对数。由于电渗场地中有多对阴阳极，可将每对阴阳极视为一个单元，只考虑单元内阴阳极彼此之间的电阻，不考虑单元与单元间阴阳极的电阻，这是因为单元与单元间阴阳极的电流较小，可以忽略不计。每根阳极支导线电流 $I'=U/\sum R'$，根据计算得到的电流，按照导线截面积载流能力选择合适的支导线类型。每台电源控制面积的总电流 $I=\sum I'$，根据总电流确定主导线的截面积，选择合适的主导线类型。

电动塑料排水板宜采用EKG材料，宽度为100mm，厚度为4mm，纵向通水量为14.3$cm^3\cdot s^{-1}$，10%延伸率抗拉强度（干态）为1.24kN/10cm，电阻率为0.03 Ω·m，表面电阻率为0.015Ω。其滤膜等效孔径为0.428mm，垂直渗透系数为0.299$cm\cdot s^{-1}$。

8.2.2 真空密闭系统设计

由于地基中夹有砂层，容易导致抽真空过程中场地漏气，使真空度达不到设计要求，因此需要在场地四周设置密封墙阻断透气层。密封墙可采用泥浆搅拌墙技术，通过水泥搅拌桩桩机将黏土制作的泥浆打入地基，形成由泥浆搅拌桩互相搭接而成的黏土密封墙。黏土密封墙所采用泥浆中的黏土掺入量不低于20%，掺入黏土的黏粒含量大于20%，泥浆浓度1.2～1.3为宜，渗透系数要求$k<1\times10^{-5}cm\cdot s^{-1}$。黏土密封墙的宽度通常为0.7～1.2m，黏土密封墙应穿透砂层并进入不透水层不小于1.0m。

砂层埋藏较深的情况下，泥浆搅拌密封墙效果不佳，在真空压力作用下容易失效，建议采用自凝灰浆墙作为密封墙。对于淤泥质软黏土地基夹砂层的地质，经现场试验建议自凝灰浆的配合比为：水泥（PO42.5）∶钙基膨润土∶JM-Ⅶ型缓凝剂∶纯碱∶水＝280∶62.5∶1.12∶5∶1000。自凝灰浆墙厚度为600～800mm。根据实验情况，自凝灰浆墙体的渗透系数可达到不大于$1\times10^{-6}cm\cdot s^{-1}$，28d无侧限抗压强度不小于0.3MPa。

在利用密封墙封闭的场地区域内，通过真空排水系统排水。利用排水电极作为竖向排水通道，排水电极与铺设在场地表面的水平排水支管直接连接，水平排水支管汇总到水平排水主管，水平排水主管连接真空泵。用真空膜覆盖场地，并将真空膜埋入场地四周的黏土中，使待处理场地形成一个密闭的空间。将水平排水主管连接真空泵，利用真空泵进行真空排水，真空度不低于85kPa。真空膜上铺设土工布后直接堆土进行加载，或者沿场地四周修建围堰，然后在围堰内注水加载。

8.2.3 沉降计算

（1）有限元计算

根据前述研究，电渗联合真空预压沉降计算可采用有限元计算，在有限元模拟中将施加在阴阳极之间的电压通过式（8.5）转化为负的超孔压施加在阳极处，以负压固结的方式近似模拟电渗固结从而计算地基沉降，可满足工程精度要求。

$$u=\frac{k_e\gamma_w\varphi}{k_h} \tag{8.5}$$

式中，k_e 为电渗透系数；k_h 为土体的水平渗透系数；φ 为电势；γ_w 为水的重度；u 为负的超孔隙水压力。

(2)公式计算

根据《吹填土地基处理技术规范》(GB/T 51064—2015)，电渗产生的地基固结度可按下式计算：

$$U=1-\frac{4}{\pi^3}\sum_{n=0}^{\infty}\left\{\frac{(-1)^n}{\left(n+\frac{1}{2}\right)^3}\exp\left[-\left(n+\frac{1}{2}\right)^2\pi^2\frac{C_h t}{l^2}\right]\right\} \tag{8.6}$$

式中：U 为地基土的固结度；C_h 为地基土水平向固结系数，cm^2/s；t 为电渗处理时间，s；l 为地基土中阴极和阳极的电极间距，cm；地基沉降量可按下列公式估算：

$$S_t=\frac{1}{2}m_v H\left|u_a\right|U \tag{8.7}$$

$$u_a=-\frac{k_e\gamma_w v_0}{k_h} \tag{8.8}$$

式中：S_t 为地基沉降量，mm；m_v 为地基土的体积压缩系数，Pa^{-1}；H 为吹填土层厚度，mm；u_a 为电渗产生的最大负孔压，Pa；v_0 为阳极和阴极之间的电势差，V；k_h 为地基土的水力渗透系数，$m\cdot s^{-1}$；k_e 为地基土的电渗系数，$m^2\cdot(s\cdot v)^{-1}$；U 为地基土的固结度，按式(8.6)计算。

电渗真空预压处理进行路堤堆载时，下一级堆载高度计算宜考虑地基土在已经施加荷载情况下的强度增长，对正常压密的黏性土，地基土强度增量标准值可按下式计算：

$$\Delta S_{uk}=U_\sigma\sigma_{zk}\tan\varphi_{cq} \tag{8.9}$$

式中：ΔS_{uk} 为地基土强度增量的标准值，kPa；U_σ 为应力固结度；σ_{zk} 为地基垂直附加应力标准值，kPa；φ_{cq} 为固结快剪内摩擦角标准值，°，可取均值。

对于欠固结地基，其固结度和沉降计算应考虑欠固结因素的影响。

8.3　电渗复合地基设计方法研究

电渗复合地基中桩承载力的快速提高主要是电渗排水固结与电化学加固2个方面的作用。电渗过程中，在没有在桩—土交界面以及桩周土体裂缝处注入化学溶液的条件下，电化学加固对提高桩的侧摩阻力的影响与电渗排水固结相比要小得多,而且发生化学反应的速率也比较慢,因此,主要是电渗的排水固结对快速提高电渗复合地基中桩的承载力起到重要作用。电渗复合地基缺少设计方法以及相关的规范是限制电渗复合地基法被广泛应用于实际工程的重要原因之一。目前,电渗复合地基法应用于实际工程主要依靠现场工程技术人员的施工经验,因此在施工中必然会存在不合理性和风险性。综上所述,对电渗复合地基法处理软土地基设计方法进行研究具有十分重要的意义。

8.3.1 电渗复合地基的主要影响因素

(1)土体的影响

电渗复合地基法主要适用于水力渗透系数非常小的粉质黏土,本章模型试验的对象是典型的宁波地区软土,其满足水力渗透系数小的特点,若采用传统力学固结的方法不能有效排除土体中的水,而电渗能快速排出土体中的水,且电渗固结排水速度快,处理后土体的承载力满足要求,效果显著,这也是电渗的优势所在。因此,在考虑采用电渗复合地基法处理软土地基之前,必须先对土体进行相关室内土工试验,尤其是水力渗透系数指标是否远小于电渗透系数,评价该土体是否适合进行电渗。

(2)桩的影响

本章电渗复合地基模型试验采用钢管桩进行电渗,钢管桩是良导体,满足作为电极的要求,因此在本章的试验中不需要考虑桩导电性的问题。

电渗复合地基法运用于实际工程中时,桩作为阳极电极,必须是导电体。而在实际工程中钢桩的使用率相较于混凝土桩并不高,而混凝土桩属于非导电体,为了解决混凝土桩不能导电的问题,可以在混凝土桩体表面粘贴导电高分子材料使混凝土桩成为导电桩。因此,在非导电预制桩的桩体表面设置导电高分子材料就解决了大多数桩不导电的问题。

(3)导电塑料排水板的影响

一个桩所对应的导电塑料排水板的数量越多,桩的承载力提高越快,电渗复合地基的承载力也越高。

导电塑料排水板根据实际情况进行布置,如果考虑施工的方便性,可采用桩周导电塑料排水板平行错位排列,便于插板机作业;如果需要更快的排水速率和更好的电渗处理效果,可采用桩周导电塑料排水板正方形排列,在加快处理速度的同时也节省了电能,即降低了施工成本。增加导电塑料排水板的数量可缩短通电时间,故应平衡两者以达到最佳经济优势。

(4)电压的影响

电压的大小是影响电渗效果好差最主要的因素,电压和电渗固结排水速度呈正相关。但是,较高的电压会使桩—土界面电阻急剧增大,导致用于电渗的有效电压下降,降低电能的利用率,过高的电压会产生更大的电渗能耗。

由电渗单桩复合地基模型试验结果分析得到,最适合电渗的电压范围为30～60V,而且电压过高,超过人体安全电压36V会存在一定的危险性,因此在电渗群桩复合地基模型试验中,考虑了电渗复合地基法运用于实际工程时要保证施工人员的人身安全,将电源初始电压设置为人体安全电压36V。分析试验数据可知,最适宜的电压范围为30～36V。

随着电渗时间的不断增加,实际作用于土体电渗的有效电势会不断减小。在实际工程中,在电渗前期可采用较低的电压进行电渗处理,在电渗中后期工作人员可以根据电渗过程中土体实际的有效电势适当调高电源输出电压来提高电渗效率。

(5)通电方式的影响

电渗复合地基法处理软土地基效果显著,但是在很长一段时间以来没有被广泛推广使用。众所周知,制约其发展的根本原因之一在于电渗需要消耗电能,而长时间的通电必然会消耗大量电能,这就使得采用电渗复合地基法处理软土地基的成本相对较高。因此,对电渗时间的控制显得十分重要。

基于已有文献[126]对间歇通电和持续通电对电渗效果的研究,结合我国工业用电峰谷平时间段收费标准发现,电低谷的电能比较充足,电能的价格相对比较低,可以在用电低谷(23:00～次日8:00)进行电渗,在用电高峰(8:00～12:00,17:00～21:00)停止电渗,以降低电渗的用电成本。而且相关研究表明,采用间歇通电的电渗方式可以减少电极的腐蚀。

若将电渗复合地基法应用于实际工程中,就必须要考虑到处理要求、经济成本、施工方案的可操作性等因素,进行综合分析评价,确定电渗参数、布桩方式和导电塑料排水板的排布方式。结合已有的电渗软土固结相关文献的研究结论,将上述影响电渗复合地基的主要因素进行汇总,并列出各个主要影响因素所对应的最优参数取值范围,如表8.1所示。

表 8.1 电渗复合地基主要影响因素及其取值范围汇总

主要影响因素		适宜取值范围
土体性质	土体粒径	粒径小于 2×10^{-6} m 的土颗粒
	矿物类型	粉质黏土
	水力渗透系数	与电渗透系数的倍数在 100～1000 倍为宜
电极材料及布置形式	阳极	钢桩最优，非导电预制桩可在桩身外围包裹一层导电高分子材料使其成为导电桩，推荐正方形布桩
	阴极	导电塑料排水板兼具排水体和导电体功能，是作为阴极的最佳电渗材料，推荐以桩为中心，导电塑料排水板正方形排列
电源	输出电压	推荐电源输出电压为 36V，电势梯度一般不超过 0.5V
	通电方式	推荐晚上通电，白天断电

8.3.2 电渗复合地基设计流程

(1)评价地基土采用电渗复合地基法处理的适宜性

根据上一节所述可知，不是所有的软土地基都适合采用电渗复合地基法进行处理，因此必须在选择采用电渗复合地基法进行加固处理之前先评价土体的各项物理力学指标是否符合电渗固结性质。

取软土地基土样进行相关土工试验，测定土样的含水率、抗剪强度、水力渗透系数、电渗透系数等。进行室内模型试验，初步拟定排水距离、电源电压、通电时间等参数。在条件允许的情况下，可在现场划定部分区域先进行现场试验实践，保证复合地基承载力满足要求。当此项技术成熟后，这一步骤内容便可省略。

(2)布设桩和导电塑料排水板

正方形布桩方式因其施工的方便性，已广泛应用于工程实践中。由第 7.4 节电渗群桩复合地基模型试验结论可知，正方形布桩相较于三角形布桩电渗后得到的复合地基的承载力更大。因此在电渗复合地基法应用于实际工程中建议采用正方形布桩的方式。

在电渗复合地基法中，经过电渗后桩的承载力相较于普通桩更高，因此在设计桩长时，可以考虑适当缩短摩擦桩的长度。

在工程实践中考虑到插板机施工的方便性，导电塑料排水板推荐采用错位排列形式。此外，在实际工程中可根据导电塑料排水板的排水情况，考虑是否需要增加连接真空泵来提高排水效果。

(3)确定电渗参数、安排电渗工期

在工程现场可采用交/直流变压转换器装置，将交流电压转换成设计要求所需的电渗直流电压。我们建议电源输出电压宜设置为 36V，电渗通电时间宜为 70h。

(4)完成电渗复合地基法的加固设计

在上文对电渗复合地基主要影响因素研究的基础上，提出电渗复合地基设计方法流程，如图 8.2 所示。

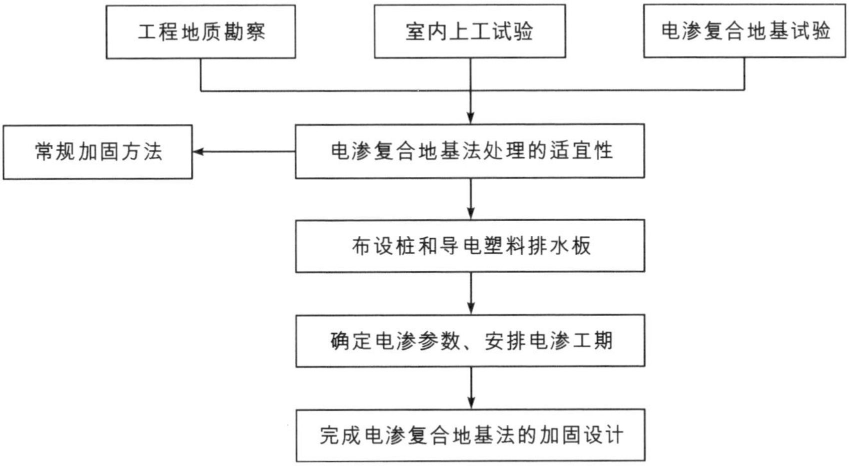

图 8.2　电渗复合地基设计流程

8.4　本章小结

本章针对夹砂层软土地基电渗联合真空预压处理设计，提出了可压缩排水电极设计、电源与供电线路设计、真空封闭及排水系统设计和工期与沉降预测成套设计方法。并且，在前文电渗复合地基模型试验研究结论的基础上，参考并总结已有文献资料中有关电渗的重要影响因素，相互结合对比并分析总结影响电渗复合地基的各个主要因素，对电渗复合地基设计流程进行了总结。具体结论如下。

①可压缩排水电极同时具有导电和排水功能，可隔离夹砂层，同时可压缩避免刺破真空膜，适用于夹砂层软土地基电渗联合真空预压处理。

②合理设计供电线路和电源功率是电渗处理工程的关键，需考虑界面电阻和夹砂层的影响，准确计算场地电阻。本章提出的计算方法可合理计算夹砂层软土地基所需的导线截面积和电源功率。

③夹砂层软土地基需保证场地密封效果，建议采用自凝灰浆墙进行真空封闭，本章试验所得自凝灰浆配合比可用于夹砂层软土地基。

④提出了电渗固结的简化有限模拟方法，基于单元土体渗流量相等原则，将电压换算成超孔压施加在排水边界。该方法可用于预测电渗联合真空预压处理场地沉降和估算工期。

⑤对电渗各个主要影响因素给出最合适的参数范围，提出了评价电渗复合地基适用性的设计方法及设计流程，为电渗复合地基法设计规范的编写提供指导。

第9章 电渗复合技术数值分析方法

9.1 引言

电渗联合真空预压处理软基设计需要对处理过程进行计算分析，以做出合理的预测。但电渗联合真空预压固结过程包含电场、渗流场、位移场的耦合作用，难以实现精确的计算。目前已有不少学者推导出电渗联合真空预压固结的解析解，也有一些学者编制了数值分析软件，但这些只能适用于简单的工况，对于实际工程的复杂情况并不适用，而且复杂的自编程序对于工程设计人员来说难以掌握。工程中更偏爱使用常规商业有限元软件，如 ABAQUS、COMSOL、PLAXIS 和 ADINA 等。问题在于，这些常规商业有限元软件难以直接施加电场作用引起渗流场来模拟电渗固结。如何使用岩土工程中常用的一些商业有限元分析软件进行电渗有限元模拟是亟须研究的课题。因此，为了满足工程中对电渗固结有限元模拟的需求，我们选取常规商业有限元软件 ABAQUS 和 COMSOL，分别提出简化的、易于工程技术人员掌握的有限元模拟电渗固结的方法，并进行验证。

由于对于软土地基的数值模拟需要精确的软土本构模型，本章首先对滩涂地区深层软土建立了更符合原状软土力学特性的本构模型，嵌入 ABAQUS 用于数值分析。另外，由于絮凝剂加入土体可以改变土体的电渗透系数、渗透系数、电导率，通过测试絮凝后淤泥的这些参数，可以代入数值模型准确模拟。本章将采用吴辉[109]的多场耦合电渗固结理论，同时建立考虑絮凝后土体参数非线性变化的 COMSOL 有限元模型，将数值模拟结果与第 5 章的试验结果对比，验证试验结果的有效性，同时进一步验证该数值模型的合理性，推进电渗固结数值模拟的应用。

9.2 ABAQUS 模拟电渗真空固结

9.2.1 模拟方法提出

假设单元土体内由电渗引起的水流可以用负压引起的水流等效，则在保证渗流量相等的条件下，可推导出施加多大的负压可以与一定的电压下单元土体的排水效果等价。虽然电渗固结和负压固结的固结机理不同，但软土加固工程在乎的因素是加固效果，最直观的体现就是固结排水量。因此在保证单元土体单位排水量相等的条件下用负压固结来近似模拟电渗固结可以满足工程需要。

电渗加固软土地基主要为水平方向的渗流，在只考虑水平渗流的情况下，一维电渗固结模型如图 9.1 所示。

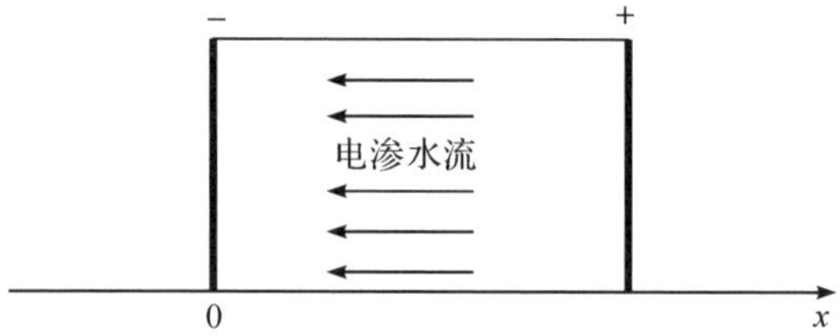

图 9.1 一维电渗固结模型

单元土体内由电渗引起的单位流量可以表示为：

$$q_e = k_e i_e = k_e \mathrm{grad}(\varphi) = k_e \frac{\partial \varphi}{\partial x} \tag{9.1}$$

式中：k_e 为电渗透系数；i_e 为电势梯度；φ 为电势。

根据达西定律，单元土体内由负压引起的单位流量可以表示为：

$$q_h = k_h i_h = k_h \frac{\mathrm{grad}(H)}{\gamma_w} = \frac{k_h}{\gamma_w}\frac{\partial u}{\partial x} \tag{9.2}$$

式中：k_h 为土体的水平渗透系数；i_h 为水头梯度；H 为水头；u 为负的超孔隙水压力。

假设在负的超孔隙水压力 u 作用下产生的单位水流 q_h 与电势 φ 作用下产生的单位水流 q_e 相等，则：

$$q_h = q_e = \frac{k_h}{\gamma_w}\frac{\partial u}{\partial x} = k_e \frac{\partial \varphi}{\partial x} \tag{9.3}$$

对式(9.3)积分得：

$$\frac{k_h}{\gamma_w} u = k_e \varphi + C \tag{9.4}$$

式中:C 为任意常数。根据 $x=0$ 时,$\varphi=0$,$u=0$ 的边界条件,则常数 $C=0$。

由式(9.4)得:

$$u=\frac{k_e\gamma_w\varphi}{k_h} \tag{9.5}$$

则电势 φ 产生单位渗流量等于负的超孔压 $u=k_e\gamma_w f/k_h$ 产生的单位渗流量。

在电渗的有限元模拟中,采用施加负的超孔压排水的办法来近似模拟电渗排水,将阳极设置成负压边界,负压的大小通过式(9.5)计算。在实际电渗过程中,水流从阳极流向阴极,然后从阴极排出。阴极处的超孔压始终为0,在阳极不排水的条件下,随着阳极处孔隙水的排出,逐渐在阳极处形成负的超孔隙水压力(超孔压),阳极处的土体首先固结,产生比阴极处土体更大的沉降。在采用简化方法进行模拟电渗时,施加在阳极处的负的超孔压使阳极处的土体首先得到固结沉降,随着负的超孔压向周围的土体中扩散,周围的土体也逐渐得到固结。这与实际电渗过程中的土体的固结沉降规律是一致的。不过,在采用本章提出的简化方法进行电渗有限元模拟时,施加在阳极处的负的超孔压会产生从阴极流向阳极的渗流,这与实际电渗的渗流方向是不一致的,因而这种方法只是一种简化的近似方法。这种方法除了可以保证土体排水量相等外,还可以反映电渗过程中阳极处的土体比阴极处更先得到固结沉降的规律。软土地基加固最关心的是沉降和位移,渗流方向并不重要,因而上述简化方法可在软土地基加固中应用。

这种简化的模拟电渗的方法不需要推导复杂的电渗固结方程并编制有限元程序,只需要将电压换算成负的超孔压,并在模拟时将电极设置为孔压边界,就可以近似模拟电渗固结,预测电渗过程中土体的变形情况。因而本方法可以方便地利用岩土工程常用的商业有限元软件模拟电渗固结,便于工程技术人员掌握和推广应用。但是这种简化方法不能从本质上反映电渗的加固机理,只能从宏观上去反映,因而需要对这种方法进行必要的验证。

9.2.2 方法初步验证

利用有限元软件 ABAQUS 模拟王柳江等[67]所做的室内电渗模型试验,通过模拟结果与实测数据的对比来验证本章所提出的电渗模拟简化方法的可行性和有效性。该试验在一个 80cm×80cm×60cm 的模型箱中进行,电渗土体为海相淤泥质软土,土样填筑高度为 50cm。在模型箱的 4 个角处布置阳极,阴极和塑料排水板布置在模型箱的正中间。电极为直径为 1cm 的钢筋,塑料排水板尺寸为 100mm×4mm。土体表面覆盖一层土工膜隔水。试验模型如图 9.2 所示。

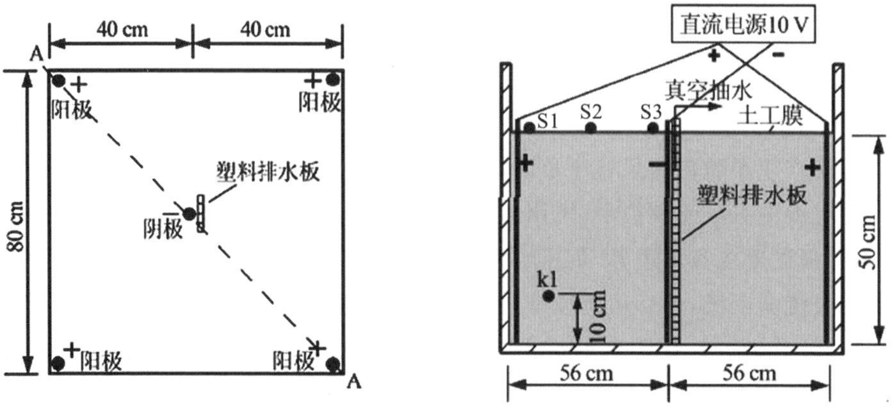

(a)试验模型平面 (b)对角线A-A剖面

图 9.2 试验模型

S1、S2 和 S3 点设置了位移计监测沉降。在试验开始的前 72h 先进行真空抽水,然后接通电源采用稳定的 10V 输出电压进行电渗。由于塑料排水板处土体裂缝容易漏气,因而实测排水板中的真空度是不断变化的,如图 9.3 所示。由于金属电极容易腐蚀而降低电渗效率,因而两极间土体中的有效电压也是不断变化的,试验过程中有效电压随时间的变化情况如图 9.4 所示。利用 ABAQUS 建立三维模型对该试验进行有限元模拟,所建立的有限元几何模型和网格划分如图 9.5 所示。有限元模型的底部为固定位移边界,四侧约束水平位移,模型的底部、顶部和四周均为不排水边界。由于阴极真空抽水,所以阴极设置为负压边界,负压大小按照图 9.3 所示实测真空度设置。

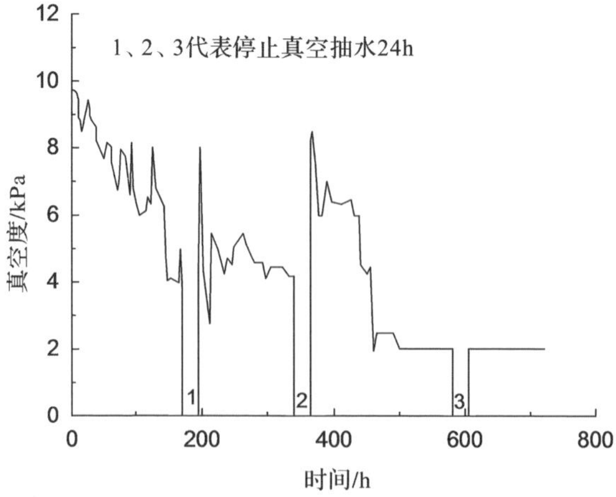

图 9.3 试验过程中真空度随时间变化

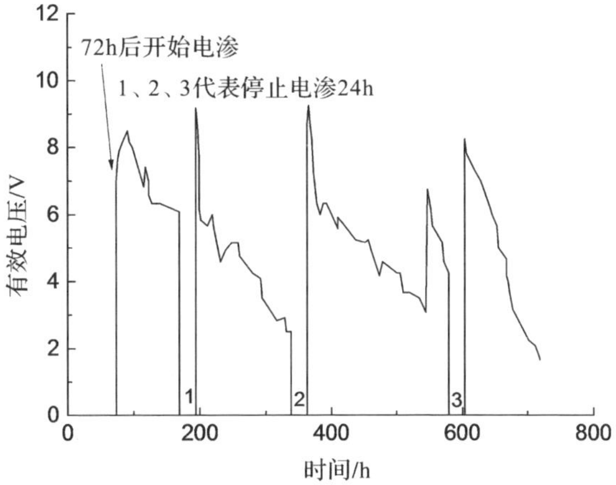

图 9.4 试验过程中有效电压随时间变化

本章采用负压固结近似模拟电渗固结的简化方法，阳极处也设置为负压边界，负压的大小根据图 9.4 所示的有效电压通过式(9.5)换算。根据王柳江等[67]研究中的取值，土体的渗透系数 $k_h=2.5\times10^{-9}\ \mathrm{m\cdot s^{-1}}$，电渗透系数 $k_e=1.0\times10^{-9}\ \mathrm{m^2\cdot V^{-1}\cdot s^{-1}}$。有限元计算采用修正剑桥模型，修正剑桥模型的参数采用该试验研究中的参数：$\lambda=4.179$，$k=0.052$，$M=0.65$，$\nu=0.3$，$e_0=2.96$。由于电极的尺寸较小，对土体变形的影响可以忽略，电极均采用与土体相同的本构模型和参数，因为电极设置为排水边界，其渗透系数假设与塑料排水板相同，为 $2.0\times10^{-4}\ \mathrm{m\cdot s^{-1}}$。采用本章提出的简化方法模拟该电渗试验的沉降云图如图 9.6 所示。

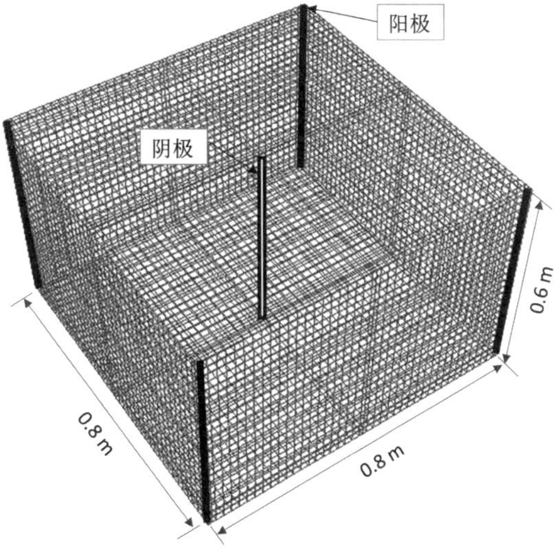

图 9.5 模型试验有限元网格

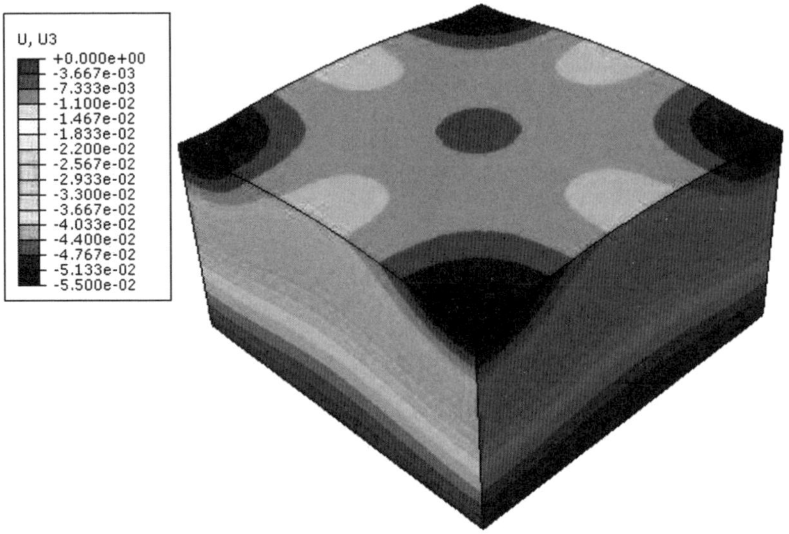

图 9.6 有限元模拟室内电渗模型试验沉降云图

采用该方法模拟得土体表面 S1、S2 和 S3 处的沉降与试验中实测数据的对比情况如图 9.7 所示。

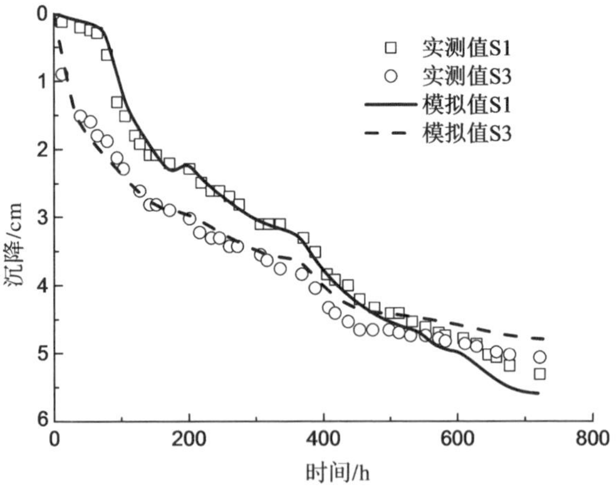

图 9.7 表面沉降实测值与有限元模拟值比较

S1 点和 S3 点有限元模拟沉降值和实测沉降值的比较如图 9.7 所示，由于位移计失效，缺少了 S2 点处的实测值与模拟值的对比。由图可以看出，S1 点和 S3 点的有限元模拟沉降值与实测数据基本吻合。试验开始的前 72h，只在阴极进行真空抽水而未进行电渗，因而阴极处（S3 点）的沉降值明显大于阳极处（S1 点）

的沉降值。开始电渗之后，实际电渗过程中阳极处的水流向阴极，从而加快了阳极处的固结沉降，有限元计算中采用在阳极处施加负的超孔压的方式实现阳极处土体的固结沉降，并随着超孔压向周围土体扩散而使周围的土体固结沉降。由于阳极处电渗的作用较大而阴极处抽真空力度较小可以反映电渗过程中土体的沉降规律，该有限元计算方法是可行和有效的。虽然该方法不能从本质上反映电渗加固机理，但是可以预测土体位移，在软土地基电渗加固工程中有一定的应用价值。

9.2.3 数值模拟软土本构模型

(1)扰动状态本构理论

扰动状态本构理论认为，在变形的任何一个阶段，材料单元的一部分处于相对完整状态(relative intact state，RI)，另一部分达到完全调整状态(fully adjusted state，FA)或临界状态(critical state)。材料是相对完整状态部分和完全调整状态部分的随机的混合体。在材料的变形过程中，材料逐渐从初始态达到完全调整状态。因此，材料的总体响应是相对完整状态和完全调整状态的耦合作用，可以通过相对完整状态的响应和完全调整状态的响应来表达。扰动状态概念通过一个扰动因子 D 来衡量处于相对完整状态的材料和处于完全调整状态的材料所占的权重，如图 9.8 所示。为扰动因子 D 建立一个与塑性应变相关的扰动函数来描述这种微结构变化的过程。扰动状态概念(DSC)通过扰动函数考虑相对完整状态和完全调整状态的耦合作用，不需要在微观结构上定义材料的响应。如图 9.8 所示，在初始相对完整状态下，$D=0$，随着塑性应变的发展，扰动状态的部分逐渐增多，$D>0$，最终达到完全调整状态，$D=1$。

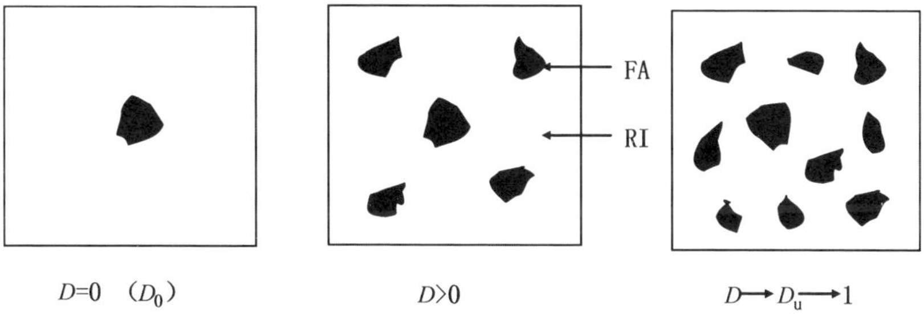

(a)相对完整(RI)和完全调整(FA)部分材料组成

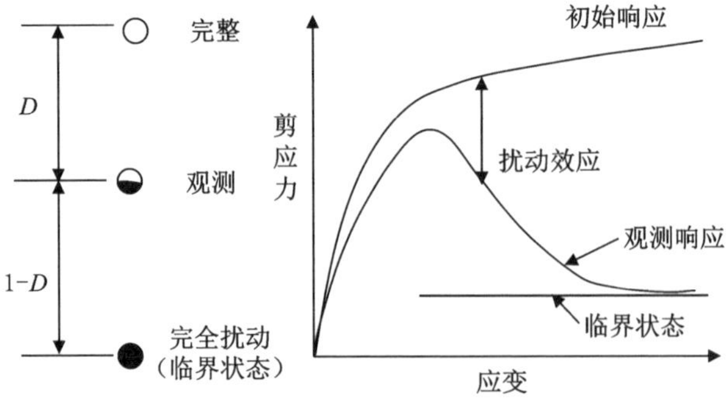

(b)扰动状态响应描述

图 9.8 扰动状态概念

因此扰动状态本构模型的观测响应可以表示为：

$$d\boldsymbol{\sigma}^a = (1 - D)d\boldsymbol{\sigma}^i + Dd\boldsymbol{\sigma}^c + dD(\boldsymbol{\sigma}^c - \boldsymbol{\sigma}^i) \tag{9.6}$$

式中：a、i 和 c 分别用来表示观测响应(observed response)，相对完整状态响应(RI response) 和完全调整响应(FA response)；$\boldsymbol{\sigma}$ 表示应力；D 为标量型的扰动因子。DESAI 教授的 DSC 本构模型用分级单屈服面模型(HISS model) 来描述相对完整状态的响应。HISS 模型是一个统一的塑性模型，有多种不同的版本用于描述关联的各向同性硬化、非关联的各向同性硬化、各向异性硬化和粘塑性等。本章只采用其最基本的模型 δ_0 版本。该模型的屈服面表达式为：

$$F = \frac{J_{2D}}{p_a^2} - F_b \cdot F_s = 0 \tag{9.7}$$

$$F_b = -\alpha\left(\frac{J_1 + 3R}{p_a}\right)^n + \gamma\left(\frac{J_1 + 3R}{p_a}\right)^2 \tag{9.8}$$

$$F_s = (1 - \beta S_r) - 0.5 \tag{9.9}$$

$$S_r = \frac{\sqrt{27}}{2}\frac{J_{3D}}{J_{2D}^{1.5}} \tag{9.10}$$

式中：J_1 为应力张量 $\boldsymbol{\sigma}_{ij}$ 的第一不变量；J_{2D} 和 J_{3D} 分别为偏应力张量 $\boldsymbol{S}_{ij}$ 的第二和第三不变量；γ、β、n 和 $3R$ 为材料参数；pa 为大气压力；α 为硬化函数。

$$\alpha = \alpha(\xi, \xi_v, \xi_D) \tag{9.11}$$

式中：ξ、ξ_v 和 ξ_D 分别为塑性总应变、塑性体积应变和塑性偏应变的积。

完全扰动状态可以用临界状态模型来描述。临界状态下的响应可用以下公式来描述：

$$\sqrt{J_{2D}^c} = \bar{m}J_1^c \tag{9.12}$$

$$J_1^c = 3p_a\exp\left(\frac{e_o^c - e^c}{\lambda}\right) \tag{9.13}$$

$$e^c = e_0^c - \lambda \ell n(J_1^c/3p_a) \tag{9.14}$$

式中：e^c 为临界孔隙比；e_0^c 为 $J_1^c = 3pa$ 时的临界孔隙比；J_{2D}^c 和 J_1^c 分别为临界状态下偏应力张量的第二不变量和应力张量的第一不变量；λ 和$\overline{m}$ 为模型参数，分别为 e-lnP 平面各向同性压缩曲线斜率和 $\sqrt{J_{2D}}$-J_1 平面临界状态线斜率。

(2) 扰动函数改进

扰动函数 D 发挥耦合作用，通过耦合 RI 和 FA 这 2 种响应来确定观测响应。对于饱和土体，扰动因子可以通过下式确定：

$$D = \frac{\sigma^i - \sigma^a}{\sigma^i - \sigma^c} \tag{9.15}$$

式中：σ 可以选用合适的应力，可以是轴应力 σ_1、剪应力 τ、主应力差 $\sigma_1 - \sigma_3$ 或者 $\sqrt{J_{2D}}$。上标 i、c、u 分别表示相对完整状态、临界状态和实际观测状态。

扰动状态模型的扰动函数一般用下式来表达：

$$D = D_u(1 - \mathrm{e}^{-A\xi_D^Z}) \tag{9.16}$$

式中：D_u 为极限扰动参数；A 和 Z 为扰动函数的参数；ξ_D 为塑性偏应变的积。

DESAI 教授创立的扰动状态本构模型是从金属或其他变形过程中没有明显体积应变的材料出发提出的，模型中的扰动函数只考虑了塑性偏应变的影响。而对于土体，尤其是结构性软土这种材料，其结构性的扰动不但会由塑性偏应变引起，而且会由塑性体积应变引起，这 2 种应变同时存在，在研究其结构性扰动的时候仅仅考虑其中任何一方面都是不全面的。因此，扰动变量采用这 2 种应变的耦合形式是一种较好的解决思路。耦合可以有很多方式，本章首次提出在原扰动函数的基础上引入一个塑性偏应变的迹和塑性体积应变的迹的耦合形式作为扰动函数的扰动变量，如式(9.17) 所示：

$$\xi_\delta = \sqrt{(1-\delta)\xi_v^2 + \delta\xi_D^2} \tag{9.17}$$

式中：ξ_v 为塑性体积应变的迹；ξ_D 为塑性偏应变的迹。以上 2 个值分别可通过式(9.18) 和式(9.19) 计算得到。

$$\xi_v = \int \frac{1}{\sqrt{3}} \left| \mathrm{d}\boldsymbol{\varepsilon}_{ii}^p \right| \tag{9.18}$$

$$\xi_\mathrm{d} = \int (\mathrm{d}\boldsymbol{E}_{ij}^p \mathrm{d}\boldsymbol{E}_{ij}^p)^{1/2} \tag{9.19}$$

$$\mathrm{d}\boldsymbol{E}_{ij}^p = \mathrm{d}\boldsymbol{\varepsilon}_{ij}^p - \frac{1}{3}\mathrm{d}\boldsymbol{\varepsilon}_{kk}^p \delta_{ij} \tag{9.20}$$

式中：$\boldsymbol{\varepsilon}_{ii}^p$ 和 $\boldsymbol{E}_{ij}^p$ 分别为塑性体积应变和塑性偏应变张量；δ 为耦合参数，这是一个比例参数，本身没有物理意义，仅用于表达塑性体积应变和塑性偏应变对扰动的贡献比例。当$\delta = 0$时，扰动完全由塑性体积应变产生；当$\delta = 1$时，扰动完全由塑性偏应变产生，扰动函数退化为原来的形式。实际上，对于土体材料，$0 < \delta < 1$。在进一步研究之前，δ具体的值可通过对试验应力应变曲线的拟合得到，为方便使用，在工程中令$\delta = 0.5$可满足精度要求。

根据新的扰动变量ξ_δ，改进后的扰动函数如式(9.21)所示：

$$D = D_u(1 - \mathrm{e}^{-A\xi_\delta^Z}) = D_u(1 - \mathrm{e}^{-A\sqrt{(1-\delta)\xi_v^2 + \delta\xi_D^2}^{\,Z}}) \tag{9.21}$$

(3)扰动状态模型嵌入 ABAQUS 子程序

1)ABAQUS 用户材料子程序接口

ABAQUS 是一种大型的通用有限元计算分析软件，拥有众多的单元模型、材料模型和分析过程等，非常适合复杂的岩土工程问题。最重要的是，ABAQUS 提供了二次开发的接口，使用户可以根据需要嵌入相应的子程序。用户可以通过子程序定义模型的边界条件、荷载条件、接触条件、材料特性等，也可以通过子程序与其他软件进行数值交换。用户根据 ABAQUS 提供的接口，编写 FORTRAN 程序，在计算时调用这个 FORTRAN 程序。

其中，用户材料子程序(user-defined material，UMAT)是 ABAQUS 提供给用户定义自己的材料属性的 FORTRAN 程序接口，用户能自己定义 ABAQUS 材料库中没有的材料模型。用户材料子程序 UMAT 通过与 ABAQUS 主程序的接口实现与 ABAQUS 的交流。在输入文件中，使用关键词“ * USER MATERIAL”表示定义用户材料属性。

由于主程序与 UMAT 之间存在数据传递，甚至共享一些变量，因此必须遵守固定的 UMAT 书写格式，UMAT 中常用的变量在文件开头予以定义，通常格式为：

```
SUBROUTINE UMAT(STRESS,STATEV,DDSDDE,SSE,SPD,SCD,
 1 RPL,DDSDDT,DRPLDE,DRPLDT,
 2 STRAN, DSTRAN, TIME, DTIME, TEMP, DTEMP, PREDEF,
DPRED,CMNAME,
 3 NDI,NSHR,NTENS,NSTATV,PROPS,NPROPS,COORDS,DROT,
PNEWDT,
 4 CELENT,DFGRD0,DFGRD1,NOEL,NPT,LAYER,KSPT,KSTEP,
KINC)
    INCLUDE 'ABA_PARAM.INC'
    CHARACTER*80 CMNAME
    DIMENSION STRESS(NTENS),STATEV(NSTATV),
```

```
1 DDSDDE(NTENS,NTENS),
2 DDSDDT(NTENS),DRPLDE(NTENS),
3 STRAN(NTENS),DSTRAN(NTENS),TIME(2),PREDEF(1),DPRED(1),
4 PROPS(NPROPS),COORDS(3),DROT(3,3),DFGRD0(3,3),DFGRD1(3,3)
用户编程定义 DDSDDE, STRESS, STATEV, SSE, SPD, SCD
  RETURN
  END
```

UMAT 中的应力矩阵、应变矩阵以及矩阵 DDSDDE、DDSDDT、DRPLDE 等，都是直接分量存储在前，剪切分量存储在后。直接分量有 NDI 个，剪切分量有 NSHR 个。各分量之间的顺序根据单元自由度的不同有一些差异，所以编写 UMAT 时要考虑到所使用单元的类别。下面对 UMAT 中用到的一些变量进行说明。

DDSDDE (NTENS NTENS)：一个 NTENS×NTENS 的矩阵，称作 Jacobian 矩阵：DDSDDE(i,j)表示增量步结束时第 j 个应变分量的改变引起的 i 个应力分量的变化。Jacobian 矩阵通常是一个对称矩阵，除非在“*USER MATERIAL”语句中加入了“UNSYMM”参数。

STRESS (NTENS)：应力张量数组，对应 NDI 个直接分量和 NSHR 个剪切分量。在增量步的开始，应力张量矩阵中的数值通过 UMAT 和主程序之间的接口传递到 UMAT 中，在增量步的结束 UMAT 将对应力张量矩阵更新。

STATEV (NSTATEV)：用于存储与解有关的状态变量的数组，在增量步开始时将数值传递到 UMAT 中，也可在子程序 USDFLD 或 UEXPAN 中先更新数据，然后增量步开始时将更新后的资料传递到 UMAT 中。在增量步的结束必须更新状态变量矩阵中的数据。状态变量矩阵的维数通过 ABAQUS 输入文件中的关键词“*DEPVAR”定义，关键词下面数据行的数值即为状态变量矩阵的维数。

PROPS (NPROPS)：材料常数数组。材料常数的个数，等于关键词“*USER MATERIAL”中“CONSTANTS”常数设定的值。矩阵中元素的数值对应于关键词“USER MATERIAL”下面的数据行。

SSE,SPD,SCD：分别定义每一增量步的弹性应变能，塑性耗散和蠕变耗散。它们对计算结果没有影响，仅仅作为能量输出。

STRAN (NTENS)：应变数组。

DSTRAN (NTENS)：应变增量数组。

DTIME：增量步的时间增量。

NDI：直接应力分量的个数。

NSHR：剪切应力分量的个数。

NTENS：总应力分量的个数，NTENS＝NDI＋NSHR。

由于 UMAT 子程序在单元的积分点上调用，增量步开始时，主程序路径将通过 UMAT 的接口进入 UMAT，单元当前积分点必要变量的初始值将随之传递给 UMAT 的相应变量。在 UMAT 结束时，变量的更新值将通过接口返回主程序。

每个积分点在每个增量步的每个迭代步都会调用一次子程序进行本构方程的计算。

2)DSC 模型嵌入 ABAQUS 的积分方法

本研究分别开发了 DESAI 教授 DSC 模型和改进后 DSC 模型嵌入 ABAQUS 的二维用户材料(UMAT)程序。这 2 个子程序的积分过程是相同的，仅仅是扰动函数的计算方法不同。根据 ABAQUS 主体程序传入的应变增量，利用 HISS 模型计算相对完整状态的应力，然后在假设 $d\varepsilon^a = d\varepsilon^c = d\varepsilon^i$，$J_1^a = J_1^c = J_1^i$ 的基础上，计算完全调整状态的应力，从而利用扰动函数 D 计算 DSC 模型实际的应力。DSC 模型嵌入 ABAQUS 子程序结构如图 9.9 所示，其编程步骤如下。

①存储 ABAQUS 传入的材料参数数组 PROPS(NPROPS)、状态变量数组 STATEV(NSTATEV)、应力数组 STRESS(NTENS)、应变数组 STRAN(NTENS)、和应变增量数组 DSTRAN(NTENS)。注意 ABAQUS 传入的应力应变的符号是拉为正压为负，在子程序中转化为岩土本构模型常用的压为正拉为负。另外需注意 ABAQUS 传入的应变为工程剪应变，本构模型中的剪应变为传入的工程剪应变的一半。

② 将硬化参数 ξ、ξ_D 和 ξ_v 作为状态变量，计算硬化参数 ξ、ξ_D 和 ξ_v 的初始值。

③ 计算弹性刚度矩阵 $\boldsymbol{C}^e$，用弹性刚度矩阵 $\boldsymbol{C}^e$ 计算试探应力 $d\boldsymbol{\sigma} = \boldsymbol{C}^e \cdot d\varepsilon$。

④ 根据试探应力判断 HISS 模型屈服面 F 是否大于 0。

⑤ 如果 $F < 0$，则此增量步为弹性加载或者弹性卸载，弹性试探应力即为增量步后的 RI 状态实际应力。

⑥ 如果 $F > 0$，则此增量步为弹塑性加载，判断此增量步开始前的屈服面是否 $F < 0$。

⑦ 如果增量步开始前屈服面 $F < 0$，说明增量步开始前的应力点处于弹性域内，在本增量步内产生屈服，则用牛顿迭代法判断产生屈服时的应力 $\sigma_{i-1}^n = \sigma_{i-1}^{n-1} + \delta_n d\sigma_i$，计算产生屈服部分的应变增量。

⑧ 如果增量步开始前的屈服面 $F \geqslant 0$，说明此增量步处于塑性状态，应变增量

全部产生屈服。

⑨ 将产生屈服的应变增量分为 N 个子增量进行弹塑性计算，即 $\Delta d\varepsilon_i = \dfrac{d\varepsilon_i}{N}$，$\sigma_i^j = \sigma_i^{j-1} + Cep_{i,\,j-1}\Delta d\varepsilon_i$。

⑩ 判断每一子增量步后是否 $F(\sigma_i^j,\ \alpha_i^j) \leqslant 10^{-6}$，如果是，计算弹塑性矩阵 $\boldsymbol{C}_{i,\,j}^{ep}$ 和新的硬化参数。并转回步骤 ⑨ 继续进行下一增量步计算；如果不是，则进行漂移修正，然后计算弹塑性矩阵 $\boldsymbol{C}_{i,\,j}^{ep}$ 和新的硬化参数，转回步骤 ⑨ 继续进行下一增量步计算。

⑪ 循环进行步骤 ⑨ 和 ⑩，直到完成 N 个子增量步计算，得到增量步后 RI 状态的实际应力 σ_i、弹塑性和硬化参数。

⑫ 假设 $d\varepsilon_{ij}^a = d\varepsilon_{ij}^i = d\varepsilon_{ij}^c$，$J_1^a = J_1^i = J_1^c$，根据临界状态模型计算完全扰动状态的应力 σ_{ij}^c。

⑬ 根据增量步中产生的塑性应变计算扰动函数 D。

⑭ 计算 DSC 模型的实际应力 $\boldsymbol{\sigma}^a = (1-D)\boldsymbol{\sigma}^i + D\boldsymbol{\sigma}^c$。

⑮ 将更新后的应力、应变、刚度矩阵和状态变量返回给 ABAQUS 主程序。

3）以临界状态模型为 FA 状态的 DSC 模型应力计算

剪应力分量和球应力分量：

$$S_{ij}^a + \frac{1}{3}J_1^a\boldsymbol{\delta}_{ij} = (1-D)\left(S_{ij}^i + \frac{1}{3}J_1^i\boldsymbol{\delta}_{ij}\right) + D\left(S_{ij}^c + \frac{1}{3}J_1^c\boldsymbol{\delta}_{ij}\right) \tag{9.22}$$

式中：$S_{ij} = \sigma_{ij} - (\sigma_{ii}/3)\boldsymbol{\delta}_{ij}$；$\boldsymbol{\delta}_{ij} = [1,\ 1,\ 1,\ 0,\ 0,\ 0]^{\mathrm{T}}$；$a$、$i$ 和 c 分别代表实际观测状态、相对完整状态和完全扰动状态（临界状态）。

假设 $J_1^a = J_1^i = J_1^c = J_1$，上式退化为：

$$S_{ij}^a = (1-D)S_{ij}^i + DS_{ij}^c \tag{9.23}$$

根据上式可假设剪应力分量之间存在以下关系：

$$S_{ij}^a = F_1(D)S_{ij}^i + F_2(D)S_{ij}^c \tag{9.24}$$

由于 $1/2S_{ij}S_{ij} = J_{2D}$，上式可变形为：

$$\sqrt{J_{2D}^i} = \frac{F_2}{F_1}\sqrt{J_{2D}^c} \tag{9.25}$$

根据式(9.24)，

$$S_{ij}^c = \frac{\overline{m}J_1^c}{\sqrt{J_{2D}^i}}S_{ij}^i = \frac{\overline{m}J_1^i}{\sqrt{J_{2D}^i}}S_{ij}^i = \overline{m}\eta S_{ij}^i \tag{9.26}$$

式中：$\eta = J_1^i/\sqrt{J_{2D}^i}$。

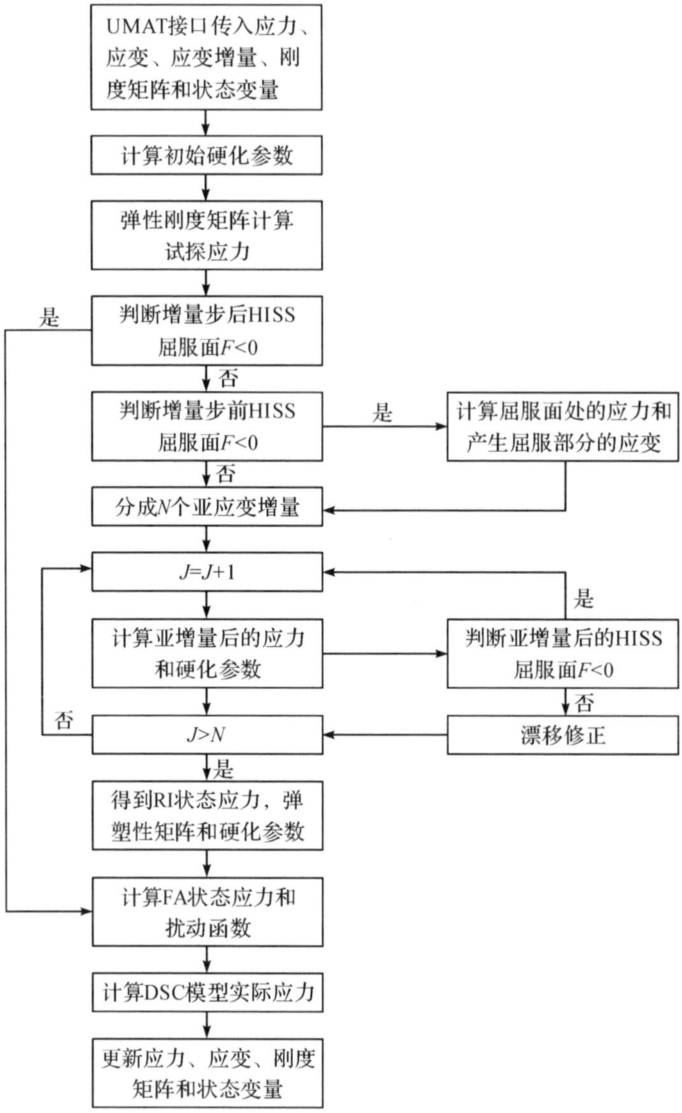

图 9.9　DSC 模型嵌入 ABAQUS 子程序结构

因此

$$\sigma_{ij}^{c} = \overline{m}\eta S_{ij}^{i} + \frac{1}{3} J_{1}^{i} \delta_{ij} \tag{9.27}$$

将式(9.26)代入式(9.23)

则

$$S_{ij}^{a} = (1 - D) S_{ij}^{i} + D \overline{m} \eta S_{ij}^{i} \tag{9.28}$$

则

$$\sigma_{ij}^{a} = S_{ij}^{a} + \frac{1}{3}J_{1}^{a}\delta_{ij} = (1-D)S_{ij}^{i} + D\overline{m}\eta S_{ij}^{i} + \frac{1}{3}J_{1}^{i}\delta_{ij} \tag{9.29}$$

由式(9.29)可通过相对完整状态的应力计算得到实际的应力。相对完整状态的应力通过 HISS 模型本构方程求得。下面介绍 HISS 模型求 RI 状态应力的方法。

4) 屈服状态判断

根据已知的应变增量 $\mathrm{d}\varepsilon_i$，通过弹性矩阵试探增量步后的应力：

$$\mathrm{d}\sigma_i = C^e \mathrm{d}\varepsilon_i \tag{9.30}$$

求得试探应力 σ_i，计算硬化函数 α_i，判断屈服方程 F 的大小。

如果 $F \leqslant 0$，说明增量后的应力仍在弹性域内，这一增量步为纯弹性的，则总应力为：

$$\sigma_i = \sigma_{i-1} + C^e \mathrm{d}\varepsilon_i \tag{9.31}$$

如果 $F > 0$，说明此增量步为弹塑性加载，需要考虑 2 种情况。一种情况是增量步前的应力点在屈服面上(如图 9.10 中 A 点所示)，A 点到 B 点为从屈服面开始的塑性加载，因此需要对弹性试探应力进行漂移修正；另一种情况是增量步前的应力点在屈服面内(如图 9.10 中 $\overline{A}$ 点所示)，如在这一增量步过程(从 A 点到 $\overline{B}$ 点)中产生了屈服，从增量步前的应力 $\overline{A}$ 点到屈服面处的 C 点为弹性的，对从 C 点到 $\overline{B}$ 点的部分为塑性加载，需要对 C 点到 $\overline{B}$ 点的部分进行修正，正确的屈服面应该在 D 点，虚线所示位置。因此需要首先确定 C 点的位置。利用牛顿迭代法来确定 C 点的位置，将屈服面写成如下形式：

$$F(\sigma_{i-1}^{j-1} + \delta^j \mathrm{d}\sigma_i,\ \alpha_{i-1}^{j-1}) = F(\sigma_{i-1}^{j-1},\ \alpha_{i-1}^{j-1}) + \delta^j \frac{\partial F}{\partial \sigma}\mathrm{d}\sigma_i = 0 \tag{9.32}$$

则

$$\delta^j = -\frac{F(\sigma_{i-1}^{j-1},\ \alpha_{i-1}^{j-1})}{\dfrac{\partial F}{\partial \sigma}\mathrm{d}\sigma_i} \tag{9.33}$$

则第 j 步迭代后的应力为

$$\sigma_{i-1}^{j} = \sigma_{i-1}^{j-1} + \delta^j \mathrm{d}\sigma_i \tag{9.34}$$

不断迭代，直到达到下面的收敛条件：

$$\left| F(\sigma_{i-1}^{j},\ \alpha^{i-1}) \right| \leqslant \bar{\varepsilon} \tag{9.35}$$

式中：$\bar{\varepsilon}$ 为容差，一般小于等于 10^{-4}。

则从 C 点到 $\overline{B}$ 点的实际应变增量为总的应变增量减去从 $\overline{A}$ 点到 C 点的弹性应变增量：

$$\mathrm{d}\varepsilon = \mathrm{d}\varepsilon_i - \sum_j \delta^j\ (C^e) - 1\mathrm{d}\sigma_i \tag{9.36}$$

根据以上得到的 C 点的应力 σ_{i-1}^{j}，$\overline{B}$(或 B) 点的应力 σ_i，以及从 C 点到 $\overline{B}$ 点的应

变增量 dε，可以对 C 点到 $\overline{B}$ 点的部分进行漂移修正，从而确定正确的应力（如图 9.10 中 D 点所示）。

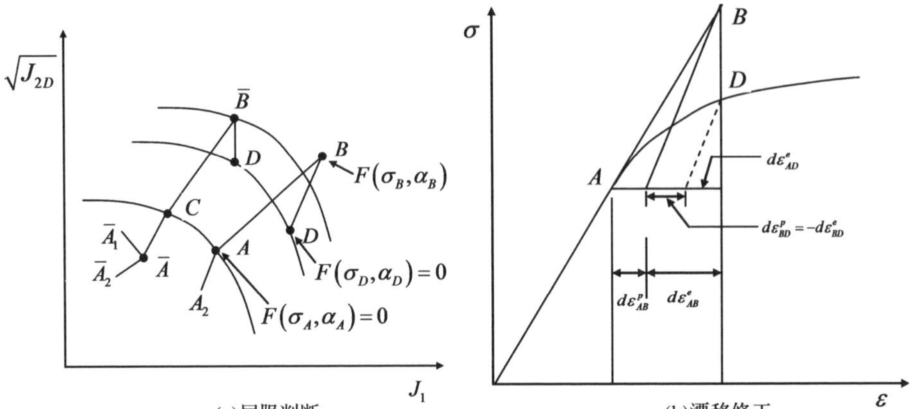

(a)屈服判断　　　　(b)漂移修正

图 9.10　屈服面判断和漂移修正

9.2.4　数值模拟方法验证

(1) 模拟实例

参照 Cui 等[150] 介绍的工程。

(2) 数值模拟建模

1) 地基平面应变简化方法

本研究中的地基的竖向排水体为塑料排水板，排水板是中空的，地基固结渗流速度比较慢，井阻很小，因而采用考虑了涂抹作用但不考虑井阻的赵维炳[148] 的换算公式。把砂井地基转换成砂墙地基，再调整地基土的渗透系数，保证转换前后地基的平均固结度和任一深度处的平均孔压保持不变。推导出的水平方向地基土的渗透系数的调整系数为：

$$D_h = \frac{4\,(n_p - s_p)^2(1+\upsilon)L^2}{9n_p^2\mu_a - 12\beta(n_p - s_p)(s_p - 1)(1+\upsilon)L^2} \tag{9.37}$$

其中

$$\mu_a = \frac{n^2}{n^2 - s^2}\ln\frac{n}{s} - \frac{3n^2 - s^2}{4n^2} + \frac{k_{ra}}{k_s}\frac{n^2 - s^2}{n^2}\ln s \tag{9.38}$$

式(9.38) 中 n 为砂井的井径比，$n = r_e/r_{wa}$，r_e 为单井的有效排水区半径，r_{wa} 为砂井半径，S 为涂抹半径 r_s 与砂井半径 r_{wa} 之比，$S = r_s/r_{wa}$，k_{ra} 和 k_{wa} 分别为砂井地基的径向和竖向渗透系数，k_s 为涂抹区渗透系数。式(9.37) 中 $n_p = B/r_{wp}$，$s_p = r_{sp}/r_{wp}$，B 为砂墙间距的一半，r_{wp} 为砂墙厚度的一半，r_{sp} 为涂抹区外缘距中心的距离，υ 为土体泊松比，L 为砂井间距的放大倍数，$L = B/r_e$。

竖直方向渗透系数的调整系数为：

$$D_v = 2(1+\upsilon)/3 \tag{9.39}$$

平面应变有限元计算时采用的砂墙地基渗透系数 k_{hp} 和 k_{vp} 应该分别是砂井地基渗透系数 k_{hp} 和 k_{vp} 的 D_h 和 D_v 倍。

2)建模基本假定

模型的建立基于如下假定。

①同一深度土层为均质土，各向同性并且均匀连续。

②不考虑固结排水过程中地下水位的变化。

③土体的渗透系数为常数。

④不考虑井阻作用。

⑤砂井按照平均固结度等效的原则简化成砂墙。

3)几何模型

本试验常规真空堆载预压加固区宽度为30m，真空联合堆载预压采用SPB-1型塑料排水板(100mm×4mm)，正方形分布，间距为1m，入土深度为15m。利用有限元软件ABAQUS建立二维平面应变分析模型。利用结构对称性，取地基的一半宽度15m进行分析。影响区宽度区取地基一半宽度的2倍，即30m。塑料排水板入土深度为15m，考虑竖向加固深度的影响范围，计算深度取塑料排水板深度的2倍，即30m。建立的几何模型如图9.11所示。

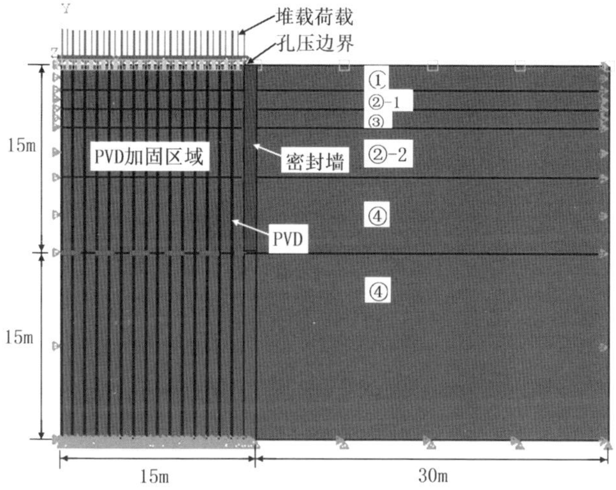

图9.11 真空联合堆载预压有限元几何模型

4)材料参数

场地土体采用本章改进的DSC本构模型来模拟，根据土层情况确定有限元模拟材料参数，如表9.1所示。

表 9.1 有限元计算 DSC 模型参数

土层	E /MPa	v	γ	β	n	h_1	h_2	e_{0c}	λ	$\overline{m}$	D_u	A		Z	
												DSC	MDSC	DSC	MDSC
①	1.79	0.35	0.0026	0.58	2.3	0.00126	0.42	1.32	0.13	0.075	0.99	1.69	1.88	0.31	0.33
②-1	2.09	0.35	0.0032	0.44	2.2	0.00047	0.89	1.43	0.15	0.11	0.99	2.41	2.75	0.67	0.71
②-2	2.11	0.35	0.0032	0.44	2.2	0.00047	0.89	1.42	0.15	0.11	0.99	2.41	2.75	0.67	0.71
③	2.41	0.30	0.0032	0.44	2.2	0.00047	0.89	1.25	0.15	0.11	0.99	2.41	2.75	0.67	0.71
④	2.18	0.35	0.0032	0.44	2.2	0.00047	0.89	1.34	0.15	0.11	0.99	2.41	2.75	0.67	0.71
砂墙	1.79	0.35	0.0026	0.58	2.3	0.00126	0.42	1.32	0.13	0.075	0.99	1.69	1.88	0.31	0.33
密封墙	1.79	0.35	0.0026	0.58	2.3	0.00126	0.42	1.32	0.13	0.075	0.99	1.69	1.88	0.31	0.33

注：表中 DSC 代表 DESAI 教授 DSC 模型，MDSC 代表改进的 DSC 模型。

本章分别采用了DESAI教授DSC模型和本章改进后的DSC模型进行有限元模拟，这2种模型的参数除了扰动参数A、Z和δ不同外，其他参数均一致，DESAI教授DSC模型和改进DSC模型的扰动参数A和Z如表9.1所示。其中改进DSC模型比DESAI教授DSC模型多出的参数δ取0.5。

现场试验采用SPB-1型塑料排水板（100mm×4mm），正方形分布，间距为1m，入土深度为15m，塑料排水板可以按照下式换算成相当直径的砂井：

$$d=\frac{2(b+a)}{\pi} \tag{9.40}$$

式中：b为排水板宽度；a为排水板厚度。这里排水板宽度为100mm，排水板厚度为4mm，则换算得到d=66mm，即等效半径r_{wa}=33mm。砂井有效排水区半径r_e=1.13l/2=565mm。取砂墙厚度的一半r_{wp}=50mm，砂墙间距的一半B=500mm，即砂墙间距为1m，与实际砂井间距一致，则n_p=10。根据赵维炳[148]的建议，取s=1.2、s_p=1.2、β=7。则根据式(9.37)计算的砂井地基转换成砂墙地基时，水平渗透系数的调整系数D_h=0.12，竖向渗透系数的调整系数根据式(9.39)计算得D_v=0.9。砂井地基转换成砂墙地基时，有限元模型中竖向排水体的体积大大增加，且模型中不划分涂抹区，因而要保证任一时刻同一深度的平均固结度相等，则渗透系数的调整系数小于1是合理的。

在有限元建模时，加固区内土体的水平渗透系数和竖向渗透系数分别乘以系数D_h和D_v进行调整，调整前和调整后的渗透系数如表9.2所示。加固区以外的土体以及砂墙和密封墙的渗透系数不作调整。

表9.2　有限元模型采用的渗透系数

土层	①	②-1	②-2	③	④	砂墙	密封墙
调整前k_h(10^{-9}m/s)	5.8	8.6	7.6	84.7	9.8	3500	5.8
调整后k_h(10^{-9}m/s)	0.696	1.032	0.912	10.2	1.176	—	—
调整前k_v(10^{-9}m/s)	3.2	5.4	4.1	71.5	4.5	3500	3.2
调整后k_v(10^{-9}m/s)	2.88	4.86	3.69	64.4	4.05	—	—

5)边界条件设置

地基底面边界设置为固定约束，模型左侧和右侧边界约束水平位移，地基顶面为自由位移边界。地基顶面加固区以外设置自由排水边界，通过设置边界处各单元节点的孔隙水压力为0来实现。加固区顶面也为排水边界，加固区顶面各单元节点的孔压设置为与膜下真空度监测结果一致，孔隙水压力在10d内逐渐从0降低到−87kPa，然后稳定在−87kPa。

加固区顶面施加均布荷载，荷载从第15d开始施加，到第17d线性增加到

20kPa 后稳定，模拟膜上覆水作用。

9.2.5 改进本构模型与 ABAQUS 子程序验证

基于所开发的将改进扰动状态本构模型嵌入 ABAQUS 中的用户材料子程序，对真空联合堆载预压现场试验进行有限元模拟的沉降云图、水平位移云图和超孔压云图分别如图 9.12、图 9.13 和图 9.14 所示。

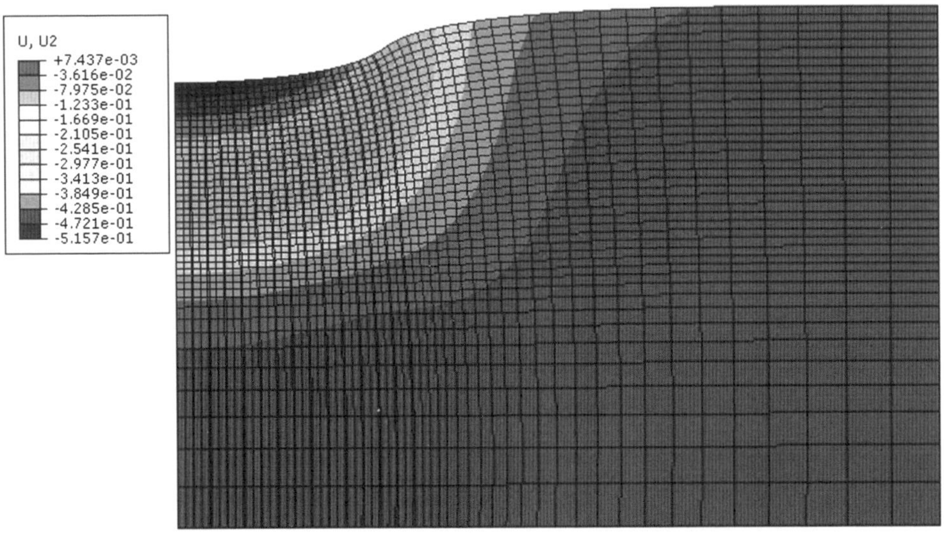

图 9.12 真空联合堆载预压有限元模拟沉降

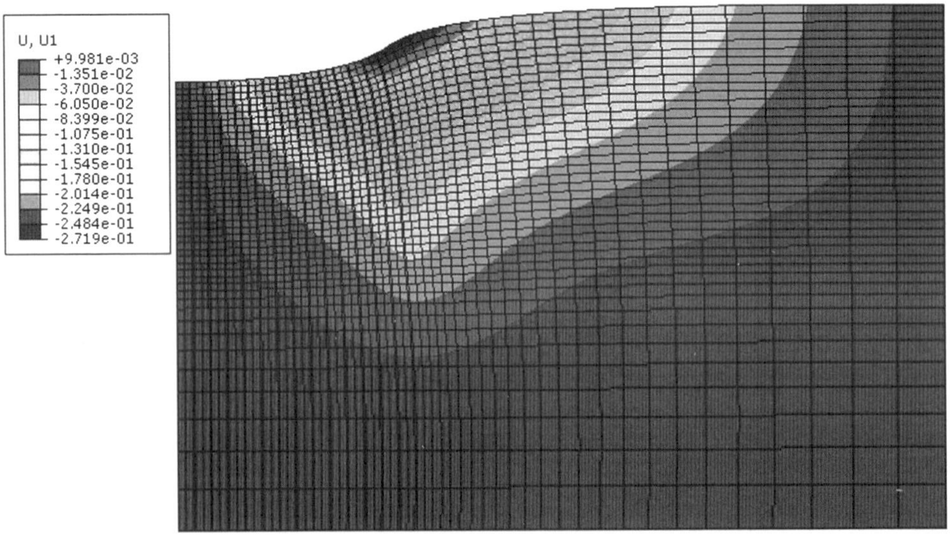

图 9.13 真空联合堆载预压有限元模拟水平位移

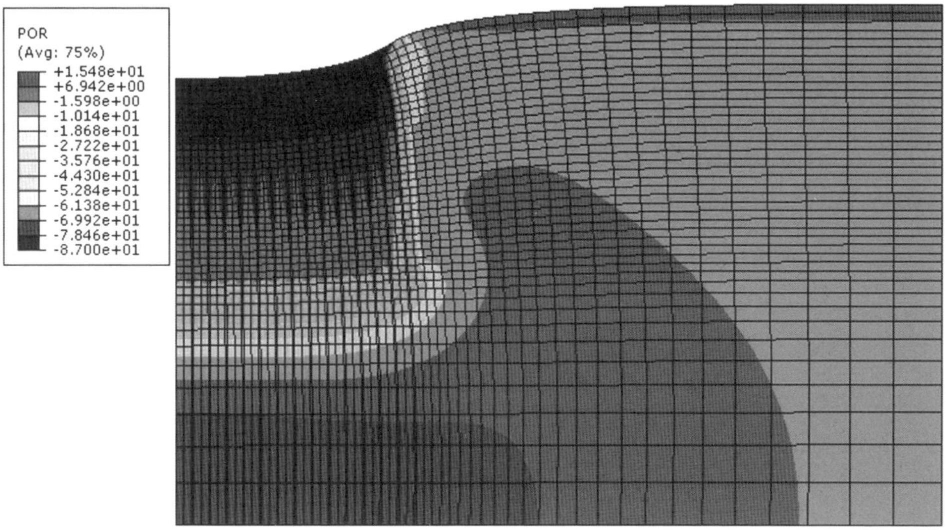

图 9.14 真空联合堆载预压有限元模拟超孔压

提取有限元模拟加固区中心点处的沉降和加固区边缘 3m 处地基深层水平位移与实测数据对比如图 9.15～9.16 所示。为将 DESAI 教授 DSC 模型与改进 DSC 模型进行对比，本章又基于 DESAI 教授 DSC 模型对真空联合堆载预压试验进行了有限元分析，并提取加固区中心点处的沉降和加固区边缘 3m 处地基深层水平位移与改进 DSC 模型的模拟数据对比，如图 9.15～9.16 所示。

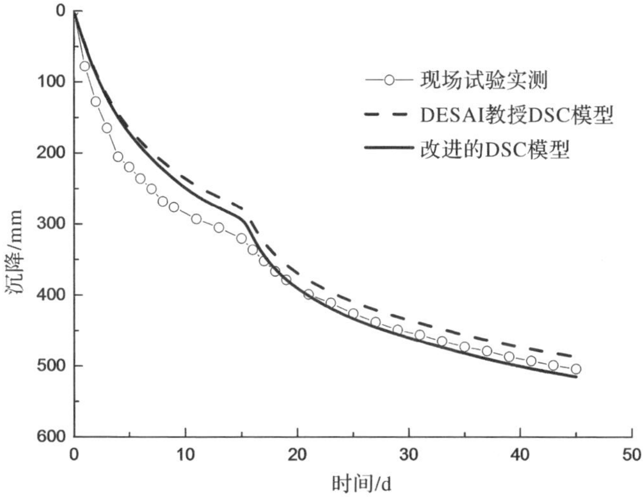

图 9.15 真空联合堆载预压有限元模拟表面沉降与实测对比

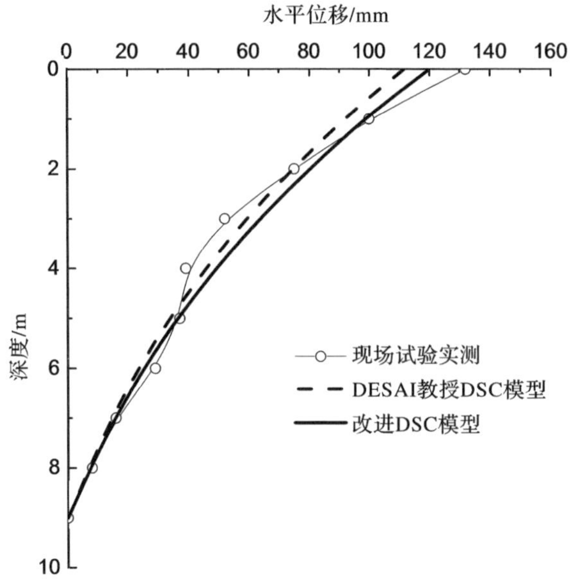

图 9.16 距加固区边缘 3m 处深层水平位移有限元模拟与实测对比

由于现场施工原因，测斜管深度只有 9m，需注意，图 9.16 中的水平位移模拟值以 9m 深度处的水平位移为 0 点计算得到，实际根据有限元模拟结果，9m 深处仍有 75mm 的水平位移，距加固区边缘 3m 处地基顶面的实际水平位移应该为 207mm，而不是测斜管测得的水平位移 132mm，在实际工程中测斜管要埋入足够深度以监测地基的水平位移。

本章基于改进 DSC 模型模拟的沉降、水平位移和超孔压符合真空联合堆载预压地基的沉降、水平位移和超孔压分布规律，如图 9.12～9.14 所示。通过图 9.15～9.16 有限元模拟表面沉降和深层水平位移与现场试验实测数据的对比情况可以看出，基于 DESAI 教授 DSC 模型和本章改进后的 DSC 模型模拟的地基表面沉降和水平位移均能与实测数据较好地吻合，说明 DESAI 教授 DSC 模型和本章改进 DSC 模型及其相应的 ABAQUS 子程序适用于软土地基的负压固结分析。对比 DESAI 教授 DSC 模型和本章改进 DSC 模型模拟沉降和水平位移结果，可以看到，改进 DSC 模型的模拟结果更接近实测数据，说明考虑了塑性体积应变对土体扰动影响的改进 DSC 模型在进行软土加固分析中更具有优势。

模拟真空联合堆载预压试验的有限元模型是在固结度或平均孔压相等的基础上将三维的塑料排水板（砂井）地基转化成平面应变砂墙地基而建立的，这种简化方法不能保证转化前和转化后 2 种地基中任一点的孔压对应相等，有限元模型中某一点距竖向排水体的距离不等价于地基中某一点距塑料排水板的距离。因而，转化成平面应变砂墙地基的有限元分析只能反映地基中孔隙水压力的分布规律，不能准确模拟地基中任一点的孔隙水压力大小，无法和实测值对应进行比较。然而，转化成平面应变砂墙地基的有限元分析方法可较准确地模拟加固区的表面沉降和加固区外围的深层水平位移。

9.2.6 电渗固结模拟简化方法验证

为对本研究提出的电渗固结简化方法进行验证，对所选取实例电渗联合真空预压试验区进行数值模拟。

(1)有限元模型建立

真空—电渗—堆载联合加固有限元模型的建立除了真空联合堆载预压有限元模型的几项基本假定外还要增加以下假定。

①电势差引起的水流可以等效为负压引起的水流。

②电势差引起的水流可以和水头差引起的水流叠加。

③电渗透系数为常数。

④不考虑电渗中的化学作用。

⑤土体中的有效电压为施加在电极上总电压的50%，并保持这个比例不变。

⑥不考虑土体中由离子浓度、热差等引起的水流移动。

真空—电渗—堆载联合加固试验区与真空联合堆载预压试验区相比，除了按照2m×2m的电极间距在1.5～7.5m深度内增加了电极外，其他各项设计都保持一致。因此，在有限元模型建立时，真空—电渗—堆载联合加固有限元模拟的几何模型、边界条件和各项参数等要素都与真空联合堆载预压有限元模型相同，唯一的不同之处在于真空—电渗—堆载联合加固有限元模拟把阳极作为负压边界。

由于所选实例现场试验中很难准确测量电渗排水量，因此不能根据试验结果计算电渗透系数 k_e。根据 Mitchell[149] 的建议，电渗透系数 k_e 的取值应该在 $1\times10^{-9}\sim1\times10^{-8}\,\mathrm{m^2\cdot V^{-1}\cdot s^{-1}}$ 内。本次有限元模拟，吹填土和淤泥质粉质黏土层取 $k_e=2\times10^{-9}\,\mathrm{m^2\cdot V^{-1}\cdot s^{-1}}$，粉砂层取 $k_e=3\times10^{-8}\,\mathrm{m^2\cdot V^{-1}\cdot s^{-1}}$。水的重度为 $\gamma_w=10\mathrm{kN\cdot(m^3)^{-1}}$。现场试验中电源输出采用稳流输出方式，因此电压是随时间不断变化的。两极间有效电压的变化情况如式(9.41)所示：

$$\varphi = 6.47 + 0.49e^{\frac{T}{16.21}} \tag{9.41}$$

将电极深度范围内每层土体的电渗透系数与土体水平渗透系数的比值 k_e/k_h 根据土层厚度平均后乘以 $\gamma_w\varphi$，即得到电压转换成的负的超孔压。将计算得的负的超孔压与竖向排水体(PVD)中真空抽水产生的负的超孔压叠加后施加在电极处。竖向排水体中由真空抽水产生的负的超孔压在不考虑井阻的情况下可假设其变化情况与膜下真空度一致。现场试验中，电渗工作 20d 以后每 5d 进行一次电极转换，以提高电渗效率，因此在进行有限元模拟时也要根据电极转换情况来改变负的超孔压施加的位置。即施加在阳极上的由电压转换的负的超孔压要在电极转换时改为施加在原来的阴极上，实际上原来的阴极在电极转换后已经变为阳极。在 ABAQUS 中定义幅值曲线来施加随时间变化的负的超孔压。施加在阳极和阴极处的负的超孔压如图 9.17 所示。

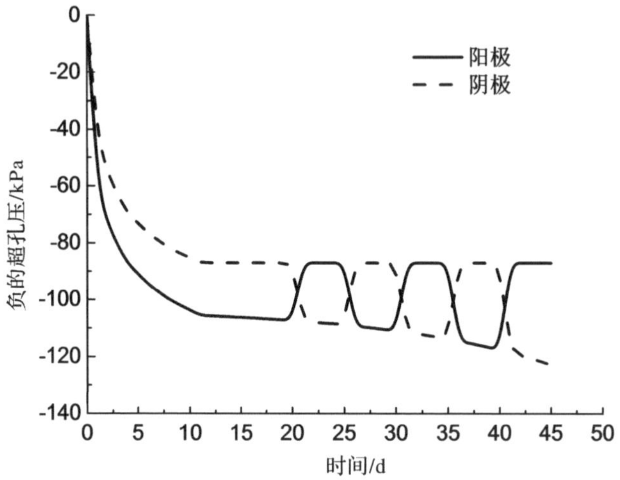

图 9.17　有限元模型中施加在电极上的总的负的超孔压

(2) 有限元模拟结果分析与验证

基于改进扰动状态(DSC)本构模型嵌入 ABAQUS 子程序对真空—电渗—堆载联合加固进行有限元模拟的沉降云图如图 9.18 所示。

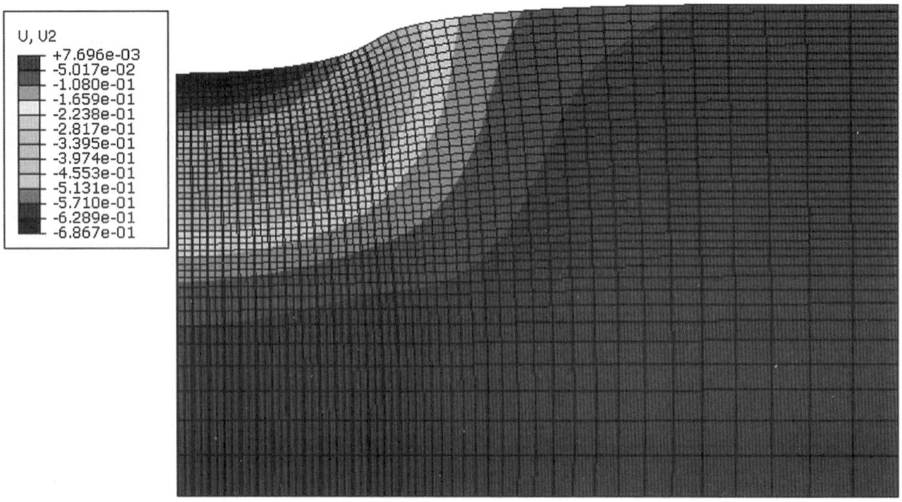

图 9.18　真空—电渗—堆载联合加固有限元模拟沉降

提取加固区表面中心点处的沉降数据与实测数据对比如图 9.19 所示。提取加固试验开始第 5d、15d、25d、35d 和 45d 时地基表面各点的沉降如图 9.20 所示。

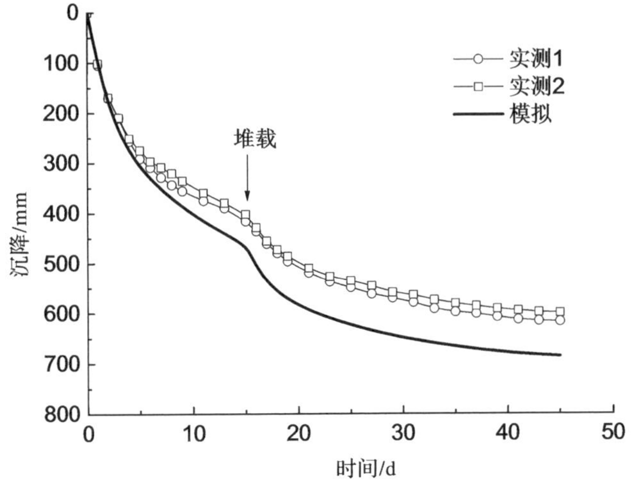

图 9.19　真空—电渗—堆载联合加固有限元模拟沉降与实测数据对比

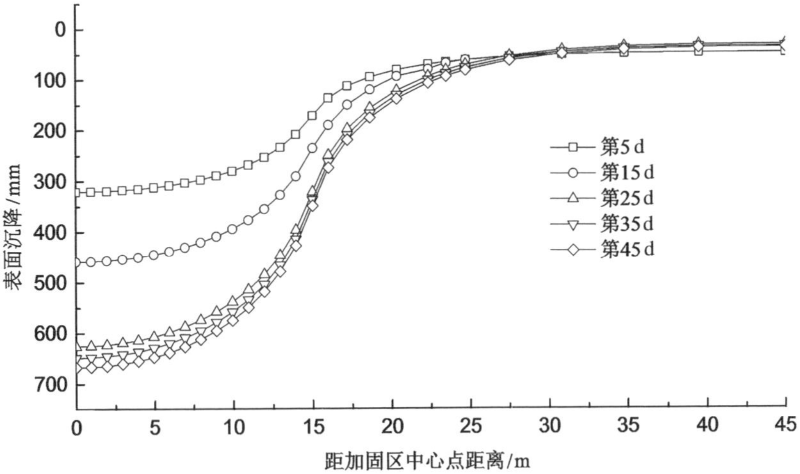

图 9.20　真空—电渗—堆载联合加固地基表面各点的模拟沉降对比

图 9.19 中实测 1 和实测 2 表示真空—电渗—堆载联合加固区的 2 条实测表面沉降曲线。由图 9.19 可以看出，有限元模拟沉降与实测数据基本吻合，有限元模拟最终沉降比实测沉降偏大 80mm 左右，误差在 15%以内，模拟结果虽然不是十分精确，但尚可满足工程需要，说明本研究提出的有限元模拟电渗固结简化方法是可行的。误差主要由以下几个方面组成：①电渗透系数 k_e 未经试验获得，取值

为经验值产生的误差；②三维塑料排水板地基等效成平面应变砂墙地基产生的误差；③电渗排水等效成负压排水产生的误差；④有限元模型材料参数取值误差；⑤现场测量误差。其中最主要的误差为电渗透系数取值产生的误差。电渗透系数取值的大小直接影响到电压转换成的负的超孔压大小，因此电渗透系数 k_e 须通过室内电渗模型试验获得。

图 9.20 中距加固区中心点 15m 以内为真空联合堆载预压加固区，加固区中心点的沉降最大，距加固区边缘越近，沉降越小，说明边界影响越大，现场试验或有限元分析均应该保证足够的加固区宽度以降低边界对试验或分析结果的影响。从图 9.20 中还可以看到，加固区以外的土体也发生了相当大的沉降，说明真空—电渗—堆载联合加固对周围环境的影响非常大，图 9.19～9.20 可以看到，真空—电渗—堆载联合加固对地基表面沉降的影响范围达到加固区以外 20m 以上。

有限元模拟水平位移云图如图 9.21 所示。提取加固区边缘 3m 处深层水平位移数据与实测数据对比如图 9.22 所示。

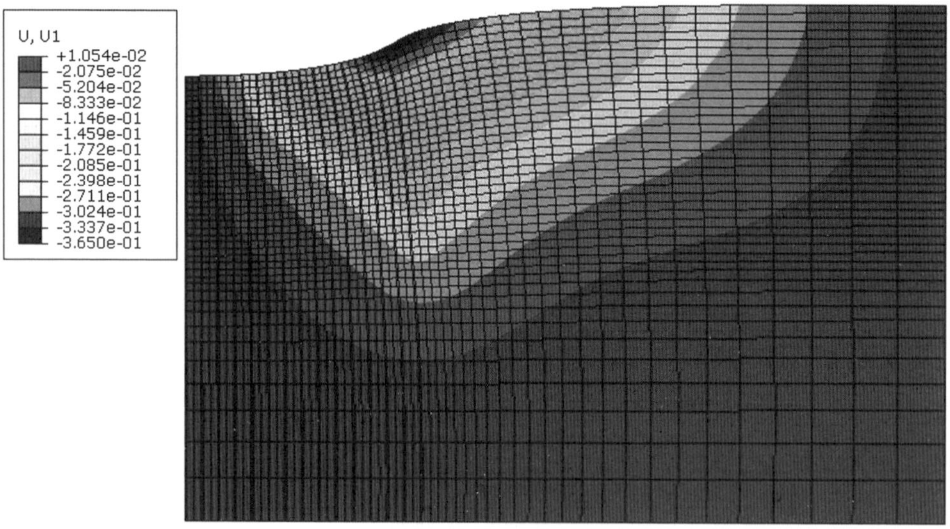

图 9.21　真空—电渗—堆载联合加固有限元模拟水平位移

由于现场施工原因，测斜管深度只有 9m，图 9.21 中的水平位移模拟值是以 9m 深度处的水平位移为 0 点计算得到的，实际根据有限元模拟结果，9m 深处仍有 106mm 的水平位移，地基顶面的水平位移为 286mm。图 9.22 中加固区边缘 3m 处的深层水平位移模拟结果与实测数据较为吻合。

真空—电渗—堆载联合加固有限元模拟超孔隙水压力云图如图 9.23 所示。由图 9.23 可以看出，电极处施加的负的超孔压向周围土体中扩散，电极深度范围

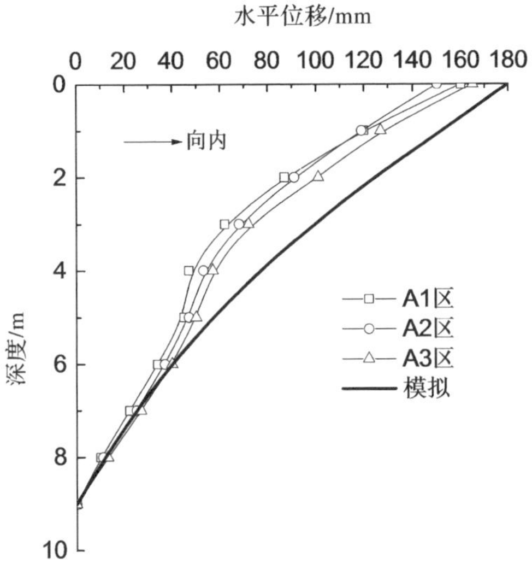

图 9.22　真空—电渗—堆载联合加固有限元模拟水平位移与实测数据对比

内的负的超孔压明显比其他深度处土体的负的超孔压大，负孔压的扩散增大了地基中的有效应力，从而促使土体的固结，加速并增大了地基沉降。加固区下部有一个正的超孔压区，这是由于加固区下部区域内的水难以排出，上层土体固结收缩增大了这个区域内土体中的总应力，从而产生了正的超孔压，这个正的超孔压会随着固结时间的增加而逐渐减小。

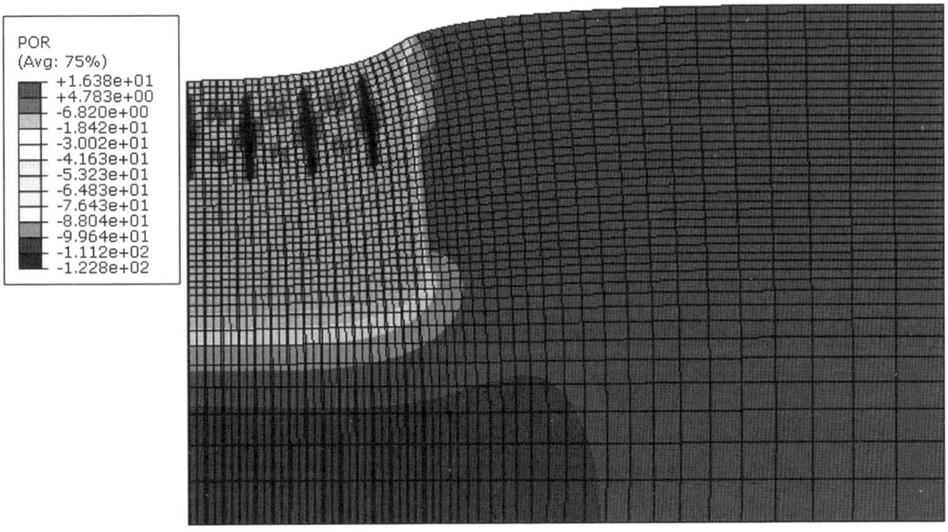

图 9.23　真空—电渗—堆载联合加固有限元模拟超孔隙水压力

由于有限元模拟中根据固结度或平均孔压相等的原则将三维塑料排水板地基等效成平面应变砂墙地基，无法保证 2 种地基中任一点的孔压对应相等，有限元模拟不能预测地基中任意一点的孔压大小，无法与实测数据对比，这是这种平面应变有限元模拟方法的遗憾。不过，这种转化成平面应变砂墙地基的方法能较准确地模拟真空—电渗—堆载联合加固地基的沉降和水平位移，也能在一定程度上反映超孔隙水压力在地基的中分布规律。

真空—电渗—堆载联合加固试验中，从第 20d 开始每 5d 进行一次电极转换，即第 20d、25d、30d、35d 和 40d 均进行了一次电极转换，有限元模拟中通过在电极处设置变化的超孔压边界的方法模拟这种电极转换效果。提取第 25d、30d、35d 和 40d 加固区超孔隙水压力云图，如图 9.24 所示，电极转换过程中超孔隙水压力分布的变化规律可以从图 9.24 中得到反映。

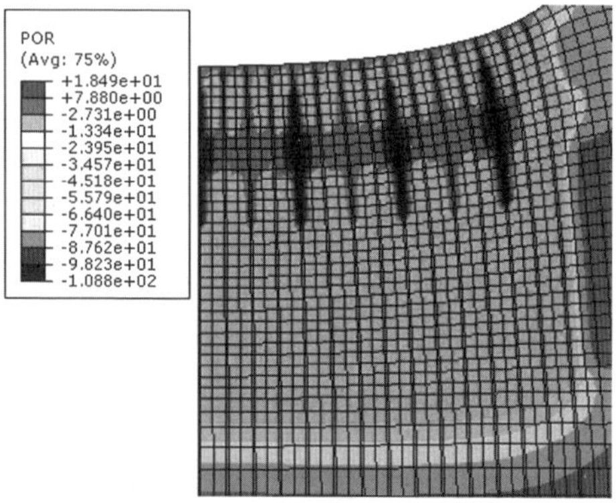

(a)第 25d

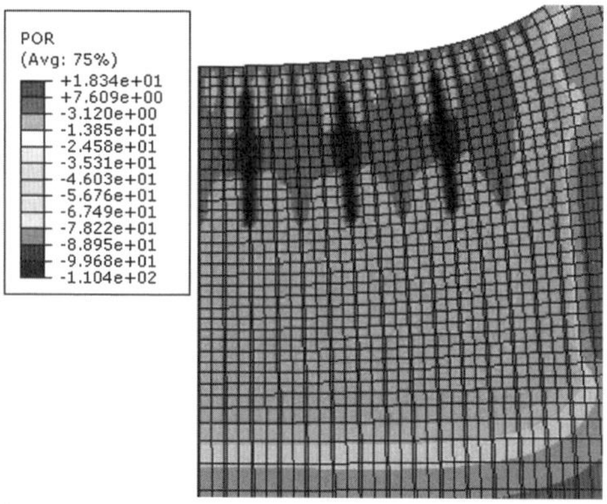

(b)第 30d

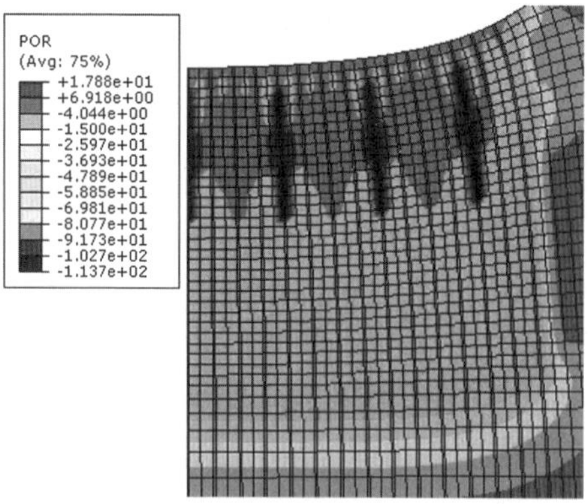

(c)第 35d

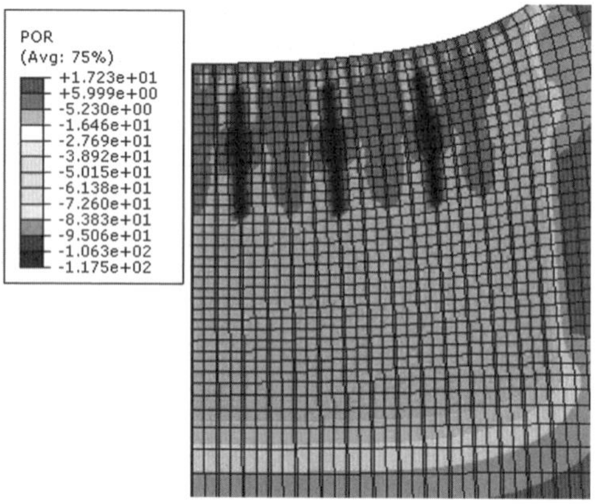

(d)第 40d

图 9.24　电极转换过程中加固区超孔隙水压力变化

从图 9.24(a)可以看到,阳极处施加了较大的负的超孔压,负的超孔压向周围土体中扩散,加速了阳极周围土体的固结。由于地面以下 3.5～5.0m 深范围内为粉砂层,渗透系数较大,因而负的超孔压在该层土体中扩散较快。图 9.24(b)则反映了电极转换之后施加在原来阳极上的负的超孔压转而施加到其余的电极上,这时原来的阳极变为阴极。从图 9.24(c)和(d)中可以看到,经过多次电极转换后在电极深度范围内的土体中产生了超出真空抽水产生的负的超孔压。由于电渗的作用机理与负压固结的机理不同,根据排水量相等的原则通过负压固结近似模拟电渗固结可以用来预测地基沉降和位移,也能够用于反映地基中的孔隙水压力的大概分布规律,但并不能准确预测地基中各点的孔隙水压力大小。

9.3　COMSOL 模拟絮凝电渗真空固结

9.3.1　COMSOL 简介

COMSOL 是一款多物理耦合分析软件,该软件以有限元法为基础,通过求解偏微分方程或偏微分方程组来实现真实物理现象的模拟仿真。它具有高效的计算性能和杰出的多场直接耦合分析能力,进而实现了任意多物理场高度精确的数值仿真,目前广泛应用于量子力学、化学反应、结构力学、多孔介质等工程分析中。

COMSOL 内置模块包含了基于比奥固结的流固耦合模块,由于电渗真空固结中添加了电场,内置模块无法达到 3 场耦合的目的。但是,COMSOL 也提供了自定义耦合的方式,本章用到的 COMSOL 模块主要为 PDE 方程中的系数型偏微分方程,该模块可以根据自定义的偏微分方程或偏微分方程组实现 3 场耦合下的数值模拟。

9.3.2　土的压缩特性和渗透特性

(1)土的压缩特性

土的压缩特性是指在压力作用下,土骨架将随着孔隙中水和气的压缩与排出而发生变形。土的压缩性常用土的压缩系数 a 或压缩指数 C_c、压缩模量 E_s 和体积压缩系数 m_v、变形模量 E 等指标来评价。土体压缩指标是正确计算沉降的关键。

根据土力学中土的压缩试验,土样高度与孔隙比变化关系如图 9.25 所示,可以得到:

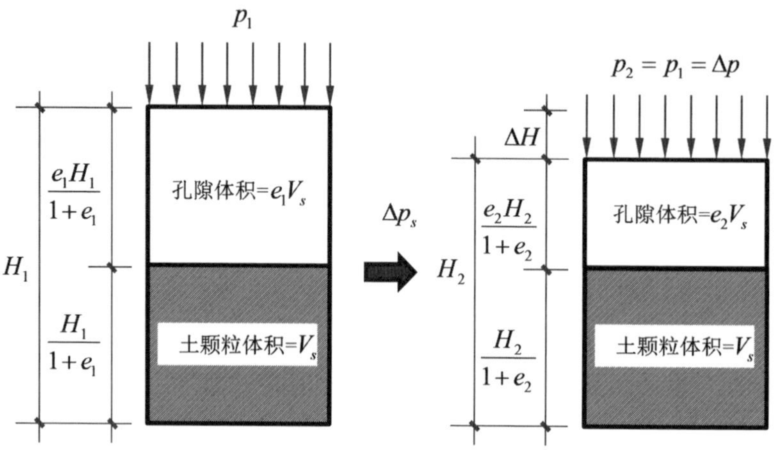

图 9.25 压缩试验中土样高度与孔隙比变化关系

$$e_2=e_1-\frac{\Delta H}{H_1}(1+e_1) \tag{9.42}$$

式中：e_1 为压缩前的孔隙比；e_2 为压缩后的孔隙比；ΔH 为竖向位移；H_1 为土样原始高度。

土的压缩系数 a 或压缩指数 C_c 和体积压缩系数 m_v(在侧限条件下）有以下关系式：

$$a=-\frac{\mathrm{d}e}{\mathrm{d}p}\approx-\frac{\Delta e}{\Delta p}=\frac{e_1-e_2}{p_2-p_1} \tag{9.43}$$

$$C_c=(e_1-e_2)/\log\frac{p_2}{p_1} \tag{9.44}$$

$$m_v=\frac{a}{1+e_1} \tag{9.45}$$

式中：p_1 为计算点处土的竖向自重应力；p_2 为计算点处土的竖向自重应力与附加应力之和。

将式(9.43)(9.44) 代换到式(9.45)，可得：

$$m_v=\frac{1}{\log\left(1+\frac{\sigma}{p_1}\right)}\frac{C_c}{(1+e_1)\sigma} \tag{9.46}$$

式中：σ 为附加应力。

由于在渗透固结过程中附加应力不易求得，根据太沙基一维固结模型（如图 9.26 所示)，式(9.46) 可变为：

$$m_v=\frac{1}{\log\left(1+\frac{\sigma'}{p_1}\right)}\frac{C_c}{(1+e_1)\sigma'} \tag{9.47}$$

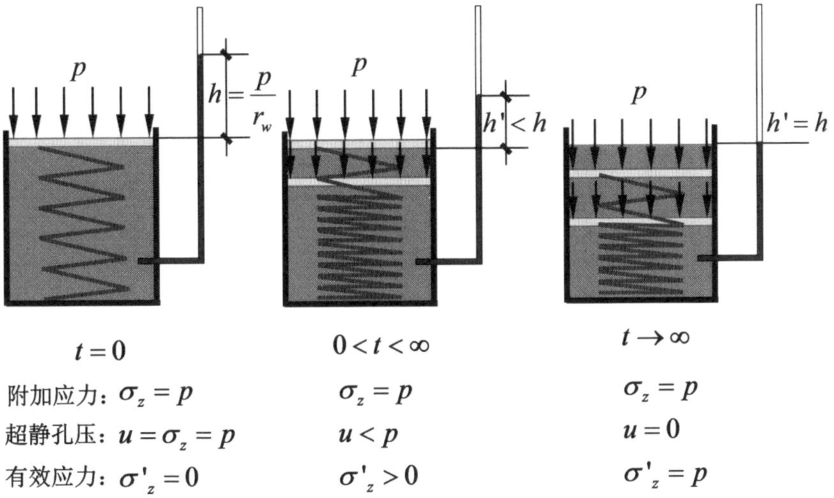

图 9.26　太沙基一维固结模型

式中：σ' 为有效应力。

根据上述式(9.42)(9.47) 和吴辉[109] 的研究，总结电渗固结过程中孔隙比的关系式，体积压缩系数、水力渗透系数、电渗透系数、电导率和孔隙比之间的关系式如下所示：

$$e = \frac{\partial \overline{w}}{\partial z}(1 + e_0) + e_0 \tag{9.48}$$

$$m_v = m_{v0} \frac{1}{(1+e)\sigma'} (\mathrm{MPa}^{-1}) \tag{9.49}$$

$$k_h = k_{h0} \frac{e^3}{1+e} (\mathrm{m} \cdot \mathrm{s}^{-1}) \tag{9.50}$$

$$k_e = k_{e0} \frac{e}{1+e} [\mathrm{m}^2 \cdot (\mathrm{V} \cdot \mathrm{s})^{-1}] \tag{9.51}$$

$$\sigma_e = \sigma_{e0} \left(\frac{e}{1+e}\right)^{\mathrm{m}} (\mathrm{S} \cdot \mathrm{m}^{-1}) \tag{9.52}$$

(2) 土的渗透特性

由第 4 章可知，加入絮凝剂会改变淤泥孔径分布，孔径分布会直接影响渗透系数的大小，因此有必要研究絮凝后初始渗透系数的变化，并且为数值模拟提供必要的参数。采用变水头试验(如图 9.27 所示) 测定加入不同最优掺量絮凝剂的初始渗透系数 k_{h0}，试验结果如表 9.3 所示。

表 9.3 淤泥初始渗透系数(k_{h0})

淤泥样品	絮凝剂种类	絮凝剂掺量/%	初始渗透系数 k_{h0}/(m·s^{-1})
杭州市丰潭河河道疏浚淤泥	无	0	9.362×10^{-8}
	$FeCl_3$	0.5	1.495×10^{-7}
	APAM	0.25	4.352×10^{-7}
杭州市婴儿港河疏浚淤泥	无	0	1.06×10^{-7}
	PAC	0.5	3.315×10^{-7}
	$FeCl_3$	0.25	1.954×10^{-7}
	APAM	0.25	4.441×10^{-7}
	APAM-PAC	0.25、0.15	7.525×10^{-7}
	APAM-$FeCl_3$	0.25、0.15	6.329×10^{-7}

图 9.27 变水头试验

9.3.3 多场耦合电渗固结理论模型

多场耦合模型采用 COMSOL 中 PDE 模块的系数型偏微分方程建立,包含渗流电场和应力应变控制方程,系数型偏微分方程的 COMSOL 格式如下:

$$e_{lk}\frac{\partial^2 u_k}{\partial t^2}+d_{lk}\frac{\partial u_k}{\partial t}+\nabla\cdot(-c_{lk}\nabla u_k-au_k+\gamma)+au_k+\beta\cdot\nabla u_k=F_l \quad (9.53)$$

式中：u_k 为待求变量；e_{lk}、d_{lk}、c_{lk}、a、γ、β 为输入系数；F_l 为源项

(1) 渗流电场控制方程

根据吴辉[109] 的研究渗流和电场控制方程改写成系数型偏微分方程的格式为：

$$\begin{cases}\dfrac{\partial}{\partial x}\left(k_{hx}\left(-\dfrac{\partial H}{\partial x}\right)+k_{ex}\left(-\dfrac{\partial V}{\partial x}\right)\right)+\dfrac{\partial}{\partial y}\left(k_{hy}\left(-\dfrac{\partial H}{\partial y}\right)+k_{ey}\left(-\dfrac{\partial V}{\partial y}\right)\right) \\ +\dfrac{\partial}{\partial z}\left(k_{hz}\left(-\dfrac{\partial H}{\partial z}\right)+k_{ez}\left(-\dfrac{\partial V}{\partial z}\right)\right)=-\dfrac{\partial}{\partial t}\left(\dfrac{\partial \bar{u}}{\partial x}+\dfrac{\partial \bar{v}}{\partial y}+\dfrac{\partial \bar{w}}{\partial z}\right) \\ \dfrac{\partial}{\partial x}\left(\sigma_{hx}\left(-\dfrac{\partial H}{\partial x}\right)+\sigma_{ex}\left(-\dfrac{\partial V}{\partial x}\right)\right)+\dfrac{\partial}{\partial y}\left(\sigma_{hy}\left(-\dfrac{\partial H}{\partial y}\right)+\sigma_{ey}\left(-\dfrac{\partial V}{\partial y}\right)\right) \\ +\dfrac{\partial}{\partial z}\left(\sigma_{hz}\left(-\dfrac{\partial H}{\partial z}\right)+\sigma_{ez}\left(-\dfrac{\partial V}{\partial z}\right)\right)=-C_p\dfrac{\partial V}{\partial t}\end{cases} \quad (9.54)$$

式中：$k_{hi}(i=x,y,z)$ 为 3 个方向的水力渗透系数；$k_{ei}(i=x,y,z)$ 为 3 个方向的电渗透系数；$\sigma_{ei}(i=x,y,z)$ 为 3 个方向的电导率；$\sigma_{hi}(i=x,y,z)$ 为 3 个方向的流动电导率，取为 0；C_p 为土体电容。

令方程中变量 $u_k=[H \quad V]$，系数设置如下：

$$c_{lk}=\begin{bmatrix}\begin{bmatrix}k_{hx}&&\\&k_{hy}&\\&&k_{hz}\end{bmatrix}&\begin{bmatrix}k_{ex}&&\\&k_{ey}&\\&&k_{ez}\end{bmatrix}\\ \begin{bmatrix}0&&\\&0&\\&&0\end{bmatrix}&\begin{bmatrix}\sigma_{ex}&&\\&\sigma_{ex}&\\&&\sigma_{ex}\end{bmatrix}\end{bmatrix} \quad (9.55)$$

$$d_{lk}=\begin{bmatrix}0&0\\0&C_p\end{bmatrix} \quad (9.56)$$

$$F_l=\begin{bmatrix}-\dfrac{\partial}{\partial t}\left(\dfrac{\partial \bar{u}}{\partial x}+\dfrac{\partial \bar{v}}{\partial y}+\dfrac{\partial \bar{w}}{\partial z}\right)\\ 0\end{bmatrix} \quad (9.57)$$

其他系数设置为 0。

(2) 应力应变控制方程

根据吴辉[109] 的研究应力，应变控制方程改写成系数型偏微分方程的格式为：

$$\begin{cases}\dfrac{\partial}{\partial x}\left(c_1\dfrac{\partial\overline{u}}{\partial x}+c_2\dfrac{\partial\overline{v}}{\partial y}+c_3\dfrac{\partial\overline{w}}{\partial z}\right)+\dfrac{\partial}{\partial y}\left(c_3\dfrac{\partial\overline{u}}{\partial y}+c_3\dfrac{\partial\overline{v}}{\partial x}\right)\\ +\dfrac{\partial}{\partial z}\left(c_3\dfrac{\partial\overline{u}}{\partial z}+c_3\dfrac{\partial\overline{w}}{\partial x}\right)=\gamma_w\dfrac{\partial H}{\partial x}\\ \dfrac{\partial}{\partial x}\left(c_3\dfrac{\partial\overline{u}}{\partial y}+c_2\dfrac{\partial\overline{v}}{\partial x}\right)+\dfrac{\partial}{\partial y}\left(c_2\dfrac{\partial\overline{u}}{\partial x}+c_1\dfrac{\partial\overline{v}}{\partial y}+c_2\dfrac{\partial\overline{w}}{\partial z}\right)\\ +\dfrac{\partial}{\partial z}\left(c_3\dfrac{\partial\overline{v}}{\partial z}+c_3\dfrac{\partial\overline{w}}{\partial y}\right)=\gamma_w\dfrac{\partial H}{\partial y}\\ \dfrac{\partial}{\partial x}\left(c_3\dfrac{\partial\overline{u}}{\partial z}+c_3\dfrac{\partial\overline{w}}{\partial x}\right)+\dfrac{\partial}{\partial y}\left(c_3\dfrac{\partial\overline{v}}{\partial z}+c_3\dfrac{\partial\overline{w}}{\partial y}\right)\\ +\dfrac{\partial}{\partial z}\left(c_2\dfrac{\partial\overline{u}}{\partial x}+c_2\dfrac{\partial\overline{v}}{\partial y}+c_1\dfrac{\partial\overline{w}}{\partial z}\right)=\gamma_w\dfrac{\partial H}{\partial z}+\gamma_s{}'\end{cases}\tag{9.58}$$

式中：
$$c_1=\frac{E(1-v)}{(1+v)(1-2v)};c_2=\frac{Ev}{(1+v)(1-2v)};c_3=\frac{E}{2(1+v)}\tag{9.59}$$

令方程中变量 $u_k=[\overline{u}\quad\overline{v}\quad\overline{w}]$，系数设置如下：

$$c_{lk}=\begin{bmatrix}\begin{bmatrix}c_1&0&0\\0&c_3&0\\0&0&c_3\end{bmatrix}&\begin{bmatrix}0&c_2&0\\c_3&0&0\\0&0&0\end{bmatrix}&\begin{bmatrix}0&0&c_2\\0&0&0\\c_3&0&0\end{bmatrix}\\ \begin{bmatrix}0&c_3&0\\c_2&0&0\\0&0&0\end{bmatrix}&\begin{bmatrix}c_3&0&0\\0&c_1&0\\0&0&c_3\end{bmatrix}&\begin{bmatrix}0&0&0\\0&0&c_2\\0&c_3&0\end{bmatrix}\\ \begin{bmatrix}0&0&c_3\\0&0&0\\c_2&0&0\end{bmatrix}&\begin{bmatrix}0&0&0\\0&0&c_3\\0&c_2&0\end{bmatrix}&\begin{bmatrix}c_3&0&0\\0&c_3&0\\0&0&c_1\end{bmatrix}\end{bmatrix}\tag{9.60}$$

$$F_l=\begin{bmatrix}-\gamma_w\dfrac{\partial H}{\partial x}\\ -\gamma_w\dfrac{\partial H}{\partial y}\\ -\left(\gamma_w\dfrac{\partial H}{\partial z}+\gamma'\right)\end{bmatrix}\tag{9.61}$$

其他系数设置为 0。

(3) 边界条件

1) 渗流和电场控制方程

对于透水边界及阴极排水边界在 COMSOL 中采用“狄利克雷边界”，设置为：

$$r_1=-p_0/r_w,r_2=0\tag{9.62}$$

对于阳极不透水边界在 COMSOL 中采用“狄利克雷边界”，设置为：

$$r_1 = 0, r_2 = V_0 \tag{9.63}$$

对于不透水边界，r 均为 0，在 COMSOL 中以“零通量”的形式存在，不用额外设置。

2）应力应变控制方程

对于固定边界在 COMSOL 中均采用“约束”。

对于 x 方向的滑动边界，设置为：

$$R = \begin{bmatrix} -\overline{u} \\ 0 \\ 0 \end{bmatrix} \tag{9.64}$$

对于 y 方向的滑动边界，设置为：

$$R = \begin{bmatrix} 0 \\ -\overline{v} \\ 0 \end{bmatrix} \tag{9.65}$$

对于 z 方向的滑动边界，设置为：

$$R = \begin{bmatrix} 0 \\ 0 \\ -\overline{w} \end{bmatrix} \tag{9.66}$$

对于自由边界，R 均为 0，在 COMSOL 中以“零通量”的形式存在，不用额外设置。

9.3.4 数值模拟对比室内试验

(1)模型参数

根据第 5 章试验数据，在 COMSOL 中建立多场耦合模型，具体参数如表 9.4～9.5 所示。

表 9.4 第 5.2 节模型输入的参数

参数	A 组	B 组	C 组	单位
水容重 r_w	9810	9810	9810	$N\cdot(m^3)^{-1}$
弹性模量 E	1.08×10^6	1.09×10^6	1.13×10^6	Pa
泊松比 v	0.3	0.3	0.3	/
土饱和容重 r_{sat}	15489	15296	14671	$N\cdot(m^3)^{-1}$
真空度 P_0	95000	95000	95000	Pa
孔隙比 e_0	1.88	1.96	2.34	/
电势 V_0	25	25	25	V
水力渗透系数 k_{h0}	9.362×10^{-8}	1.495×10^{-7}	4.352×10^{-7}	$m\cdot s^{-1}$
电渗透系数 k_{e0}	7.946×10^{-5}	9.571×10^{-5}	10.320×10^{-5}	$m^2\cdot s^{-1}\cdot V^{-1}$
电导率 σ_0	0.116	0.288	0.190	$S\cdot m^{-1}$

表 9.5　第 5.3 节模型输入的参数

参数	T1 组	T2 组	T3 组	T4 组	T5 组	T6 组	单位
水容重 r_w	9810	9810	9810	9810	9810	9810	$N\cdot(m^3)^{-1}$
弹性模量 E	1×10^6	1.06×10^6	1.01×10^6	1.1×10^6	1.2×10^6	1.16×10^6	Pa
泊松比 v	0.3	0.3	0.3	0.3	0.3	0.3	/
土饱和容重 r_{sat}	14585	14371	14476	13996	13752	13819	$N\cdot(m^3)^{-1}$
真空度 P_0	95000	95000	95000	95000	95000	95000	Pa
孔隙比 e_0	1.99	2.13	2.06	2.41	2.62	2.56	/
电势 V_0	11.4	11.4	11.4	11.4	11.4	11.4	V
水力渗透系数 k_{h0}	1.06×10^{-7}	3.315×10^{-7}	1.954×10^{-7}	4.441×10^{-7}	7.525×10^{-7}	6.329×10^{-7}	$m\cdot s^{-1}$
电渗透系数 k_{e0}	8.641×10^{-5}	10.645×10^{-5}	10.265×10^{-5}	11.014×10^{-5}	11.499×10^{-5}	11.431×10^{-5}	$m^2\cdot s^{-1}\cdot V^{-1}$
电导率 σ_0	0.108	0.133	0.282	0.192	0.208	0.245	$S\cdot m^{-1}$

(2)有限元模型的建立

COMSOL 多场耦合模型的建立包含以下步骤。

打开软件，点击“模型向导”，选择要建立的模型维度，本模型均选用三维，接着选择用到的物理场，点击“数学”中“系数型偏微分方程”，添加 2 个，分别作为渗流电场控制方程和应力应变控制方程，最后选择“瞬态”研究。

在“全局定义”下方点击“参数 1”，将表 9.4～9.5 中参数分别输入，输入格式如“9810[N/m³]”。接着，点击“定义”中“局部变量”，在模型树找到局部变量，将式(9.48)～(9.52)输入其中，这是为了考虑这些参数的非线性变化，可以提高数值模拟结果精度。

点击“几何”，按照第 5 章中的模型及阴阳极尺寸位置建立几何模型。

点击模型树中“系数型偏微分方程(c)”，因变量选择 2 个，输入 H、V(总水头和电势)，接着点击“系数型偏微分方程 1”输入式(9.55)(9.56)(9.57)中扩散系数 clk、质量系数 dlk、源项 Fl。第 2 个系数系数型偏微分方程(c2)按照以上方式输入。

根据第 9.3.3 节中的边界条件，点击“物理场”中的“边界”，选择“狄利克雷边界”，输入相应约束。需要注意的是第 5.2 节中是在 24.5h 后才开始电渗与第 5.3 节全过程电渗不同，根据第 5.2 节建立的模型需要定义阳极电势在 0～24.5h 为 0V，24.5h～238h 为 20V，在 COMSOL 中可以用阶跃函数的形式来实现。

点击模型树中“网格 1”划分网格，第 5 章模型网格如图 9.28～9.29 所示；在“研究 1”中“步骤 1：瞬态”，自定义时间单位和输出时步；在“求解器配置”中启动

"全耦合"的形式，这样容易使非线性模型收敛。

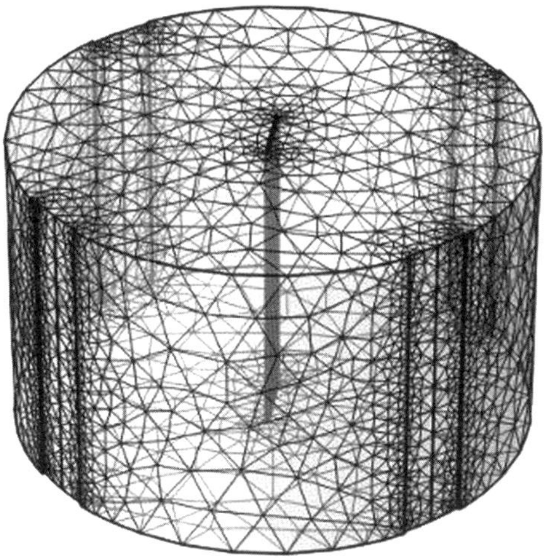

图 9.28　第 5.2 节数值模型网格

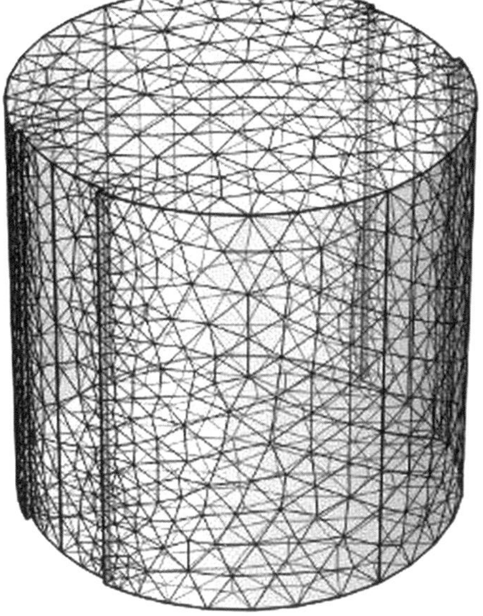

图 9.29　第 5.3 节数值模型网格

(3)数据对比

1)沉降

第 5 章沉降曲线的数值模拟与试验结果对比分别如图 9.30～9.31 所示。从图中可以看出，数值模拟的沉降曲线与试验得出来的曲线前期吻合度较低，后期吻合度较高。这主要是测量误差造成的，为了保证良好的真空度，密封膜通常面积较大、厚度较厚，试验前期沉降较小，密封膜存在较多褶皱，这些褶皱分布不均，会使测量沉降的仪器隆起，导致测出来的沉降与土体实际沉降差别较大，试验后期沉降较大，密封膜上褶皱逐渐随着土体沉降被展开，与土体充分接触，此时的沉降值比较符合土体的真实沉降。图 9.30 中 A、B、C 组最终沉降实测与模拟分别相差 2.8%、0.6%、0.42%，图 9.31 中 T1～T6 组最终沉降实测与模拟分别相差 1.3%、3.3%、1.8%、1.5%、2.3%、0.3%，误差值均在 5%以内，整体来说比较吻合。

不同截面的位移云图如 9.32～9.40 所示。从图中可以看出，在阴阳极附近的土体沉降较大，中间的土体沉降较小。这是因为真空度施加在阴极，阴极附近土体会迅速失水收缩，沉降较大，远离阴极真空度会逐渐减小，沉降会逐渐变小；而在电渗作用下，阳极附近土体水分会向阴极流动，阳极同时失水收缩就造成阴阳极沉降较大，中间沉降较小。从图 9.32～9.34 位移云图可以看出，同一时刻内不加絮凝剂的 A 组阴阳极附近土体的沉降量从大小和范围来说均小于加絮凝剂的 B、C 组，这主要是絮凝剂改变了水力渗透系数和电渗透系数的大小，水力渗透系数和电渗透系数越大，土体排水通道就越畅通，整体沉降就比较均匀，反之沉降越不均匀。图 9.35～9.40 位移云图反映了不同截面不同时间沉降变化的趋势，随着电渗真空加固时间的增加，表面沉降从阴阳极开始扩散然后逐渐稳定。

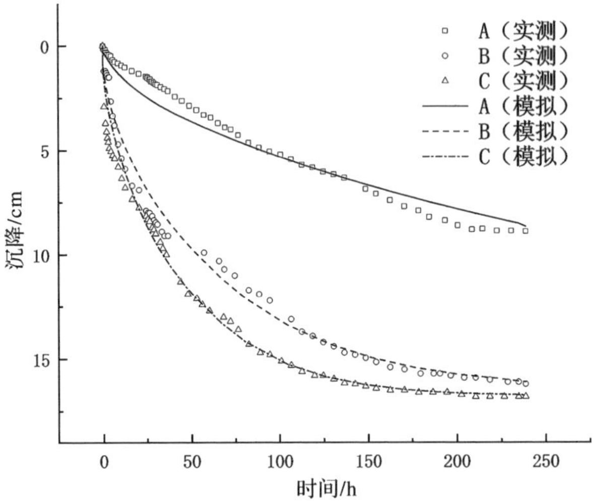

图 9.30　第 5.2 节沉降曲线对比

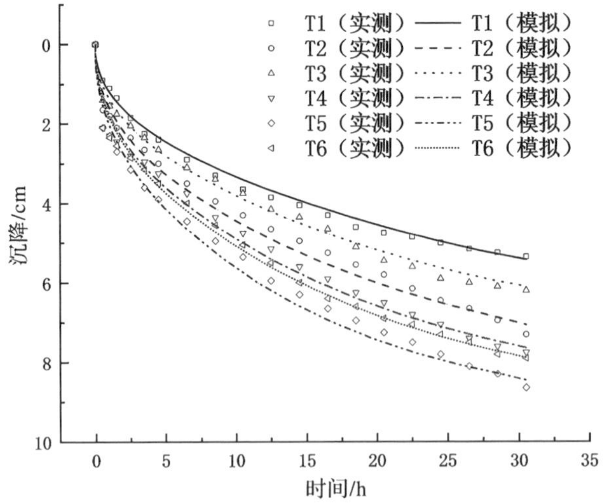

图 9.31　第 5.3 节沉降曲线对比

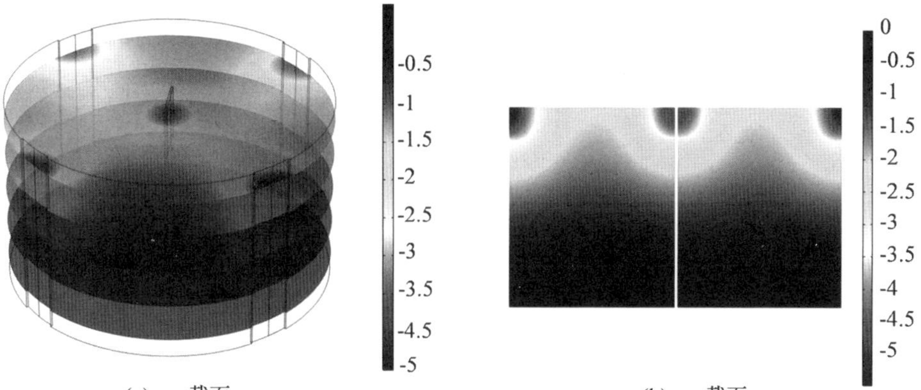

(a) *xoy*截面　　(b) *xoz*截面

图 9.32　50h A 组沉降云图

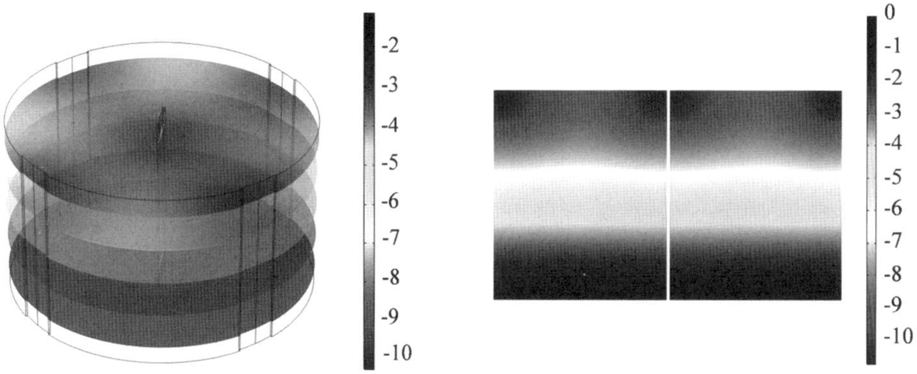

(a) *xoy*截面　　(b) *xoz*截面

图 9.33　50h B 组沉降云图

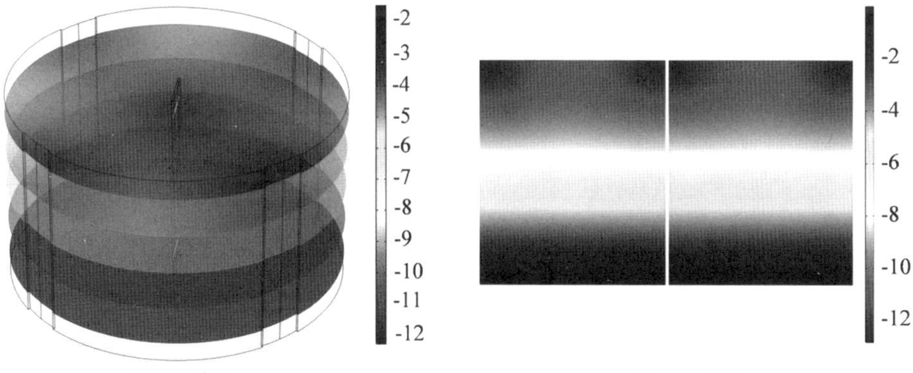

(a) *xoy*截面　　(b) *xoz*截面

图 9.34　50h C 组沉降云图

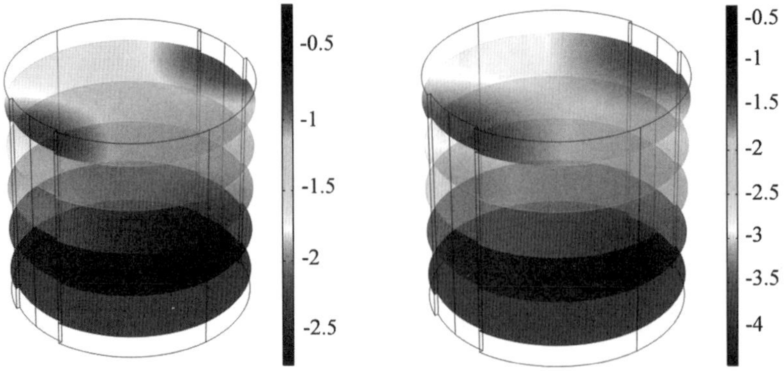

(a) T1组　　(b) T5组

图 9.35　5h xoy 截面沉降云图

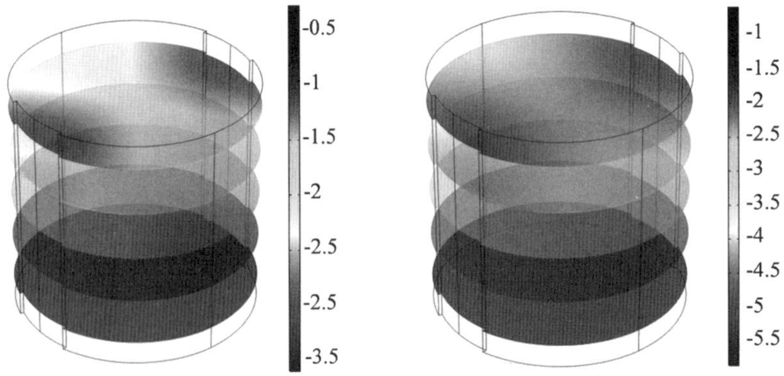

(a) T1组　　(b) T5组

图 9.36　10h xoy 截面沉降云图

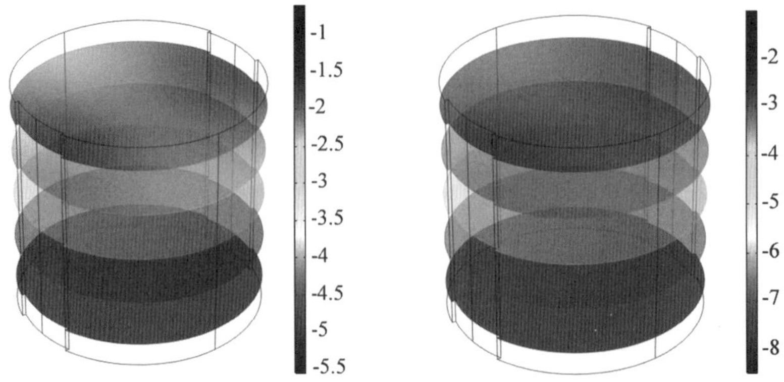

(a) T1组　　(b) T5组

图 9.37　30h xoy 截面沉降云图

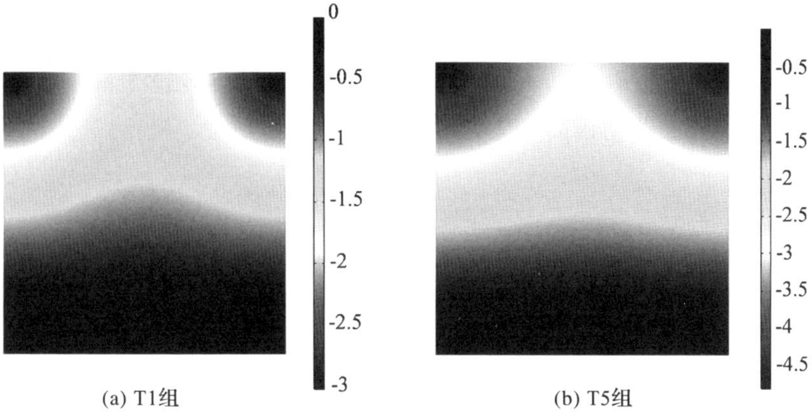

(a) T1组　　(b) T5组

图 9.38　5h xoz 截面沉降云图

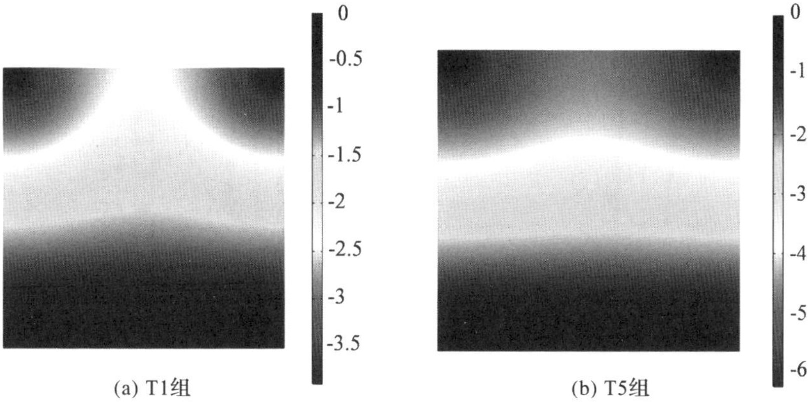

(a) T1组　　(b) T5组

图 9.39　10h xoz 截面沉降云图

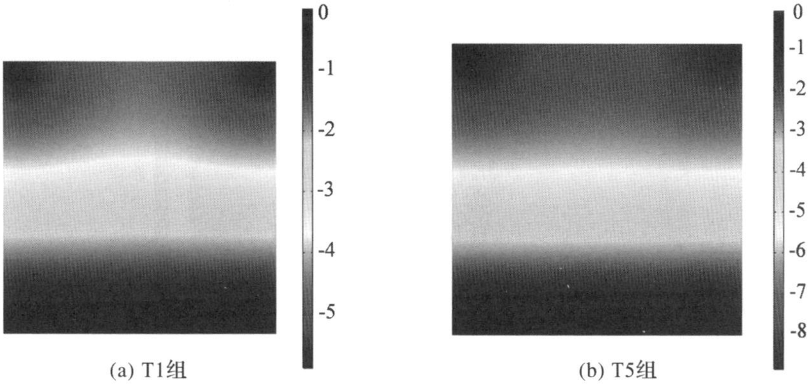

(a) T1组　　(b) T5组

图 9.40　30h xoz 截面沉降云图

2)电势分布

本书第 5.2 节采用矩形式布置,第 5.3 节采用平行式布置,它们的电势分布如图 9.41～9.42 所示。从图中明显可以看出,矩形式布置比平行式布置电势分布更均匀,这可以加固更大范围的土体。

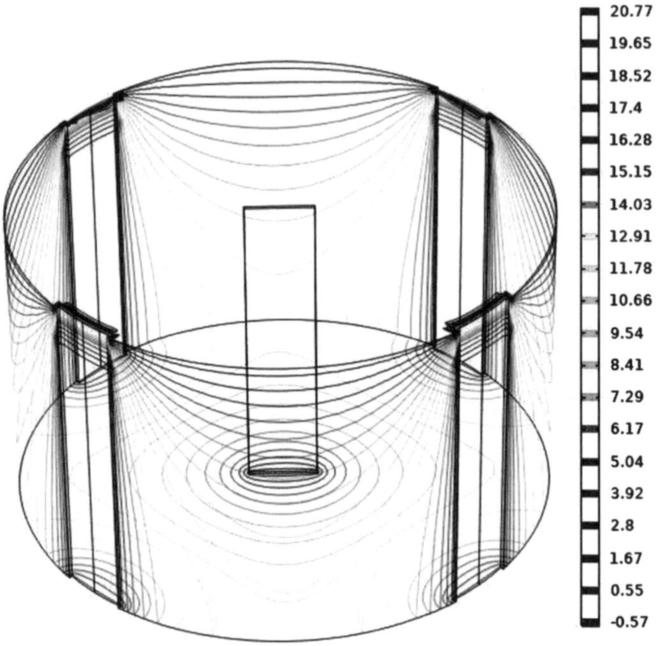

(a)等势线

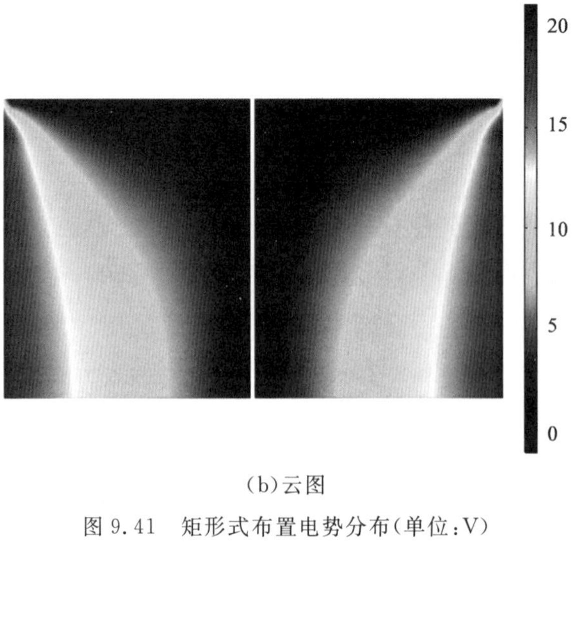

(b)云图

图 9.41　矩形式布置电势分布(单位:V)

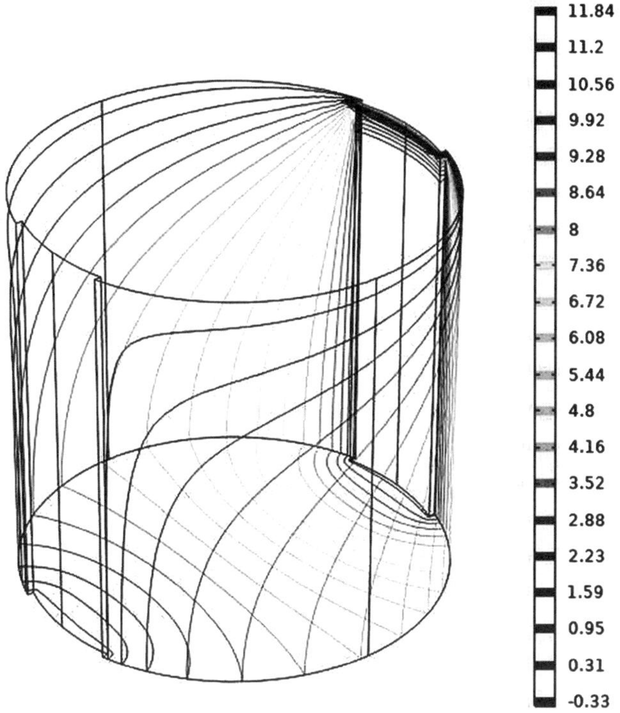

(a)等势线

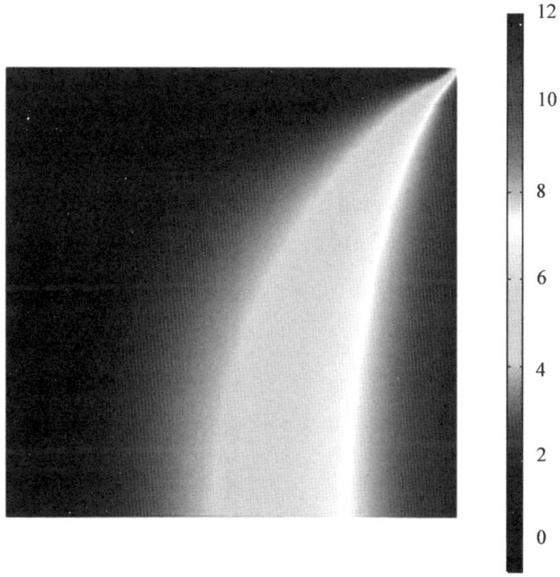

(b)云图

图 9.42　平行式布置电势分布(单位:V)

3)孔隙水压力

孔隙水压力的消散可以很好地看出土体固结情况,由于第 5.2 节中未测定孔隙水压力数据,所以孔隙水压力对比采用第 5.3 节测得的数据,孔隙水压力对比曲线如图 9.43 所示,不同组在同一时刻的位移云图如图 9.44～9.46 所示。从图 9.43 可以看出试验曲线和数值模拟曲线基本吻合,说明试验结果比较可靠,同时印证了数值模型的合理性。从图 9.44～9.46 中可以看出,试验将要结束时,阴阳极附近土体加固效果最好,孔隙水压力基本消散,整体孔隙水压力消散比较均匀的为 T5 组。

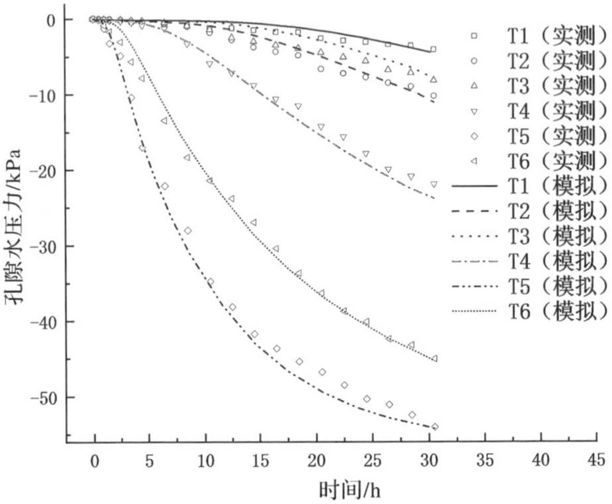

图 9.43　孔隙水压力对比曲线

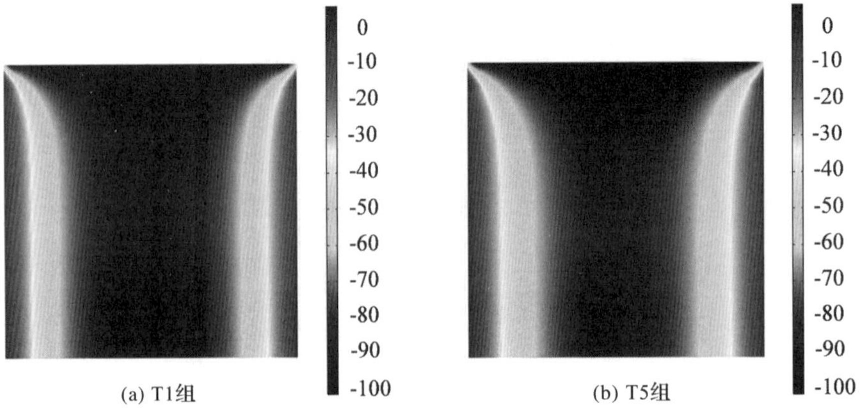

图 9.44　30h 孔隙水压力

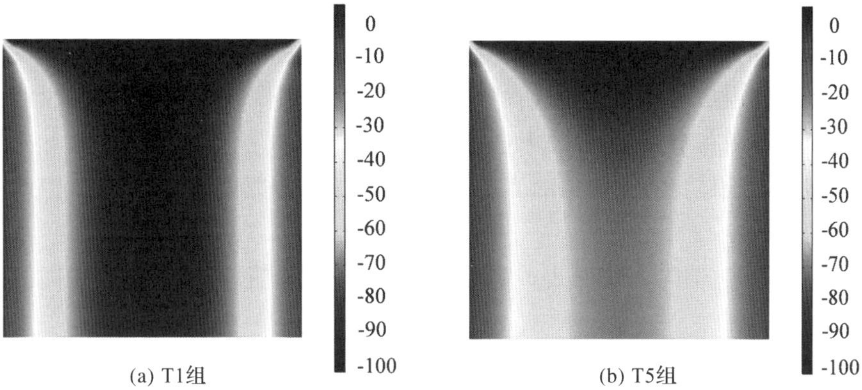

(a) T1组　　(b) T5组

图 9.45　30h孔隙水压力

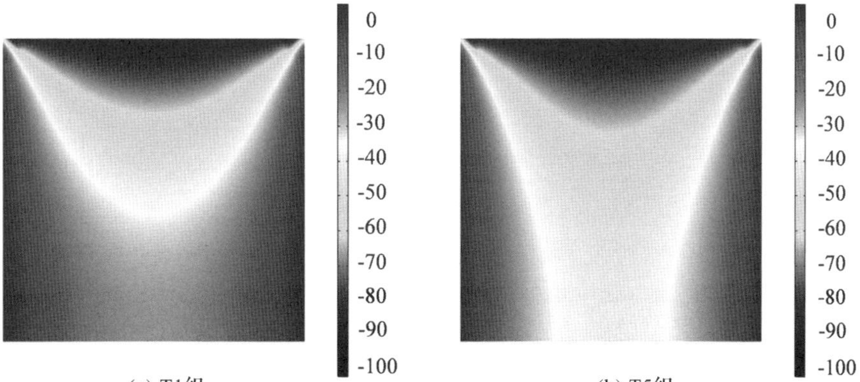

(a) T1组　　(b) T5组

图 9.46　30h孔隙水压力(单位:kPa)

9.4　本章小结

①提出了将电压转换成负孔压利用有限元软件模拟电渗固结的方法,并给出了转换公式,采用该方法虽然不能从本质上反映电渗固结机理,但是可以方便地利用有限元软件预测土体位移,其精度可以满足工程要求,在软土地基电渗加固工程中有一定的应用价值。

②针对原状软土的力学特性,改进了扰动状态本构模型并编写子程序嵌入ABAQUS,改进扰动状态本构模型能考虑体积应变引起的原状土结构扰动,为电渗联合真空预压处理软基有限元模拟提供了合理的材料本构模型及其程序。

③将所提出的电渗固结数值模拟方法和改进扰动状态本构模型子程序应用于工程实例，从而验证了所提方法的可行性并提高了计算精确度。

④考虑絮凝后土体参数非线性变化的数值模型和试验结果吻合度较高，该数值模型可以有效代替试验，节约大量时间，提高效率。

⑤絮凝后土体参数初始值的测量十分重要，关系着数值模拟的精度，因此需要精细化测量。

⑥关于电极的排布，矩形式布置明显优于平行式布置，因为其电动加固的范围比较广。

第10章 电渗复合技术现场实施例

10.1 引 言

我国沿海地区正在掀起进行大规模吹填造陆的热潮。通过吹填海底淤泥形成的吹填场地，其土体含水量高，压缩性大，渗透系数小，场地的承载力几乎为零，急需一种快速进行排水固结的方法进行地基处理。另外，国内已知的电渗联合真空预压法现场实施实例都是在一块空场地上进行一个小面积的现场试验，尚没有采用该方法处理一段公路软基的实例，因此，急需一种高效、低成本排水固结的方法来指导公路软基电渗真空预压处理。

针对新吹填场地土体的这种特性，比较合理的地基处理方法是分2个阶段对吹填场地进行加固处理：第一阶段对新吹填淤泥场地进行浅层处理，使场地具备一定的承载力，达到人员机械上场的条件；第二阶段进行深层处理，进一步提高场地的承载力，达到修建厂房和道路等使用要求。本研究的前期工作中已经为第一阶段处理提出了一种无砂垫层改性真空预压的方法，实现了在大面积吹填淤泥场地无法进行机械施工，也无法铺设砂垫层的情况下进行真空预压处理；本研究为第二阶段处理提出一种真空—电渗—堆载联合加固的系统和方法，并且通过发明新的电极形式和电渗排水系统，实现这种方法在现场施工的应用。本章的研究工作是开展现场试验研究提出的新方法处理吹填软土地基的有效性，分别开展了真空—电渗—堆载联合加固的现场试验和常规真空联合堆载预压现场试验并进行对比研究。

针对公路软基电渗真空预压处理实例不足，本研究依托某软土路基工程对其中40m长段落采用电渗联合真空预压法进行设计，绘制了工程设计图，施工图设计已获批复。本章采用阳极封闭、分级真空、太阳能电渗和常规真空预压4种方案分别处理一个区块，绘制了电渗联合真空预压处理设计图，并进行了精细化的技术经济比较分析。

10.2 吹填软土地基加固现场试验研究

10.2.1 工程背景

本研究的现场试验于2011年在浙江温州民营经济科技产业基地永兴园区吹填软土场地上进行。该场地通过吹填海底的海相淤泥形成，新吹填的吹填层厚度为3m左右。需要指出的是，新吹填土为没有任何强度的泥浆，通过浅层真空预压将流动状的泥浆变成软黏土，达到工作人员和机械上场施工的要求。然而，经过浅层真空预压过的场地的承载力仍然很低，不能直接用作道路、工厂等的地基。围垦区域的道路和工厂等建设工期往往十分紧迫，急需一种快速并且有效的地基处理方法加固这样的吹填软土场地。在这样一个工程背景下，本研究提出了真空—电渗—堆载联合加固软土地基的方法，并通过现场试验进行验证。

试验地点的现场勘察表明这个场地的土体大部分为高压缩性、高含水量、低渗透性、低强度的软黏土，地下水位在地面以下0.5m以上。平板载荷试验显示该场地的平均承载力为55kPa。

其土层描述如下。

①层：吹填软土，由吹填海底淤泥经真空预压处理后形成，为灰褐色淤泥质粉质黏土，含少量粉砂，从上至下性质逐渐变差，稍有光泽，干强度中等，韧性中等，高压缩性，力学性质较差，层厚1.3～2.3m。

②-1层：淤泥质粉质黏土，灰色，含少量粉砂、偶含贝壳碎屑，稍有光泽，干强度中等，韧性中等，高压缩性，力学性质差，层厚1.30～2.0m。

②-2层：淤泥质粉质黏土，灰色，含少量粉砂、偶含贝壳碎屑，稍有光泽，干强度中等，韧性中等，高压缩性，力学性质差，层厚3.5～6.0m。

③层：粉砂夹层，含少量淤泥质粉质黏土，灰色，松散～稍密，摇震反应中等～迅速，偶含贝壳碎屑，土质不均匀，中压缩性，力学性质一般，层厚1.1～1.8m。

④层：淤泥质黏土夹粉砂，灰色，厚层状，土质不均匀，局部粉、细砂含量较高，稍有光泽，干强度中等，韧性中等，高压缩性，力学性质较差，层厚＞30.0m。

预处理后的软土地基各土层的物理力学性质指标如表10.1所示。

表 10.1 土层物理力学性质指标统计

层号	含水率 /W	天然容重 /γ	饱和度 /Sr	孔隙比 /e	压缩模量/Es	黏聚力 /C	内摩擦角/Φ	水平渗透系数/k_h	竖向渗透系数/k_v
	%	kN·$(m^3)^{-1}$	%		MPa	kPa	o	$10^{-9}m\cdot s^{-1}$	$10^{-9}m\cdot s^{-1}$
①	48.8	16.9	98.5	1.29	2.42	7.9	10.6	6.6	3.8
②-1	44.5	17.6	99.2	1.38	2.83	14.5	9.3	8.6	5.4
②-2	44.8	17.4	98.7	1.36	2.86	12.3	8.9	8.2	4.6
③	43.4	17.8	94.2	1.25	3.25	7.5	24.1	84.7	71.5
④	45.1	17.1	95.3	1.34	2.94	9.5	12.7	9.8	4.5

10.2.2 试验设计

本研究设计了 2 个现场试验进行对比来验证提出的真空—电渗—堆载联合加固方法的有效性。一个是新方法的试验，另外一个是常规真空联合堆载预压试验。在设计电渗系统之前需要测量土体的电阻率来确定直流电源的输出功率，导线的截面积和仪表的量程。在真空—电渗—堆载联合加固大面积试验开始之前首先开展了一个 36m^2 的小面积常规电渗试验，用于为大面积试验确定上述指标。采用 25 根钢管作为电极，电极入土深 5.5m，相同极性的电极间距 2m×2m，电极平面布置如图 10.1 所示。从图 10.1(a)可以看出，常规电渗系统的电极不可压缩，电极、导线和排水管道都突出在地面以上，很难用真空膜覆盖并进行堆载。

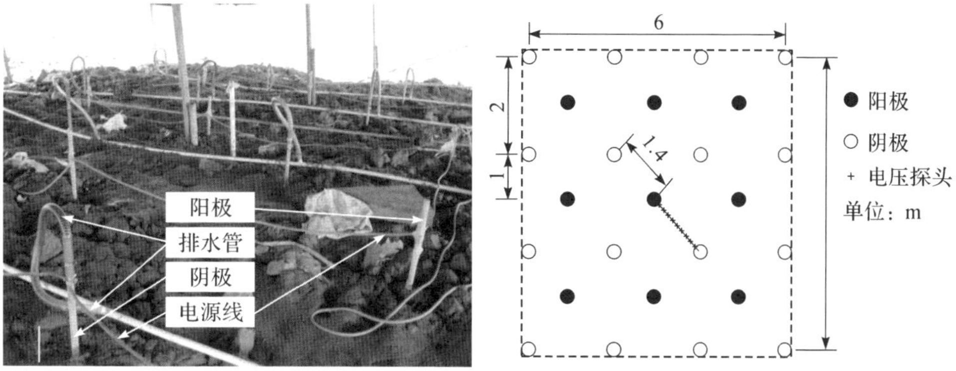

(a) 现场布置 (b) 二维

图 10.1 常规电渗试验电极布置

在电渗的初始阶段测得的电压和电流如表 10.2 所示。

表 10.2 电压电流监测数据

	电压/V	2	5	8	11
第 1d	电流/A	18	50	90	132
第 3d	电流/A	10	41	70	98

根据测得的电压电流数据可计算得到该电渗系统的初始电阻为 0.11Ω。根据王甦达等[151]建议的计算方法，土体的初始电阻率可确定为 6300Ω·cm。根据所计算的土壤初始电阻率可估算电渗区的总电流，进而根据总电流确定直流电源的负荷，确定导线的截面积和测量仪表的量程。

以阴极为中心，沿到阳极的方向每隔 0.1m 测量电压差，归一化后的电压分布如图 10.2 所示。根据文献[56,152]中报道的现场试验实例中的电压分布也体现在图 10.2 中，与本研究中的结果做对比。

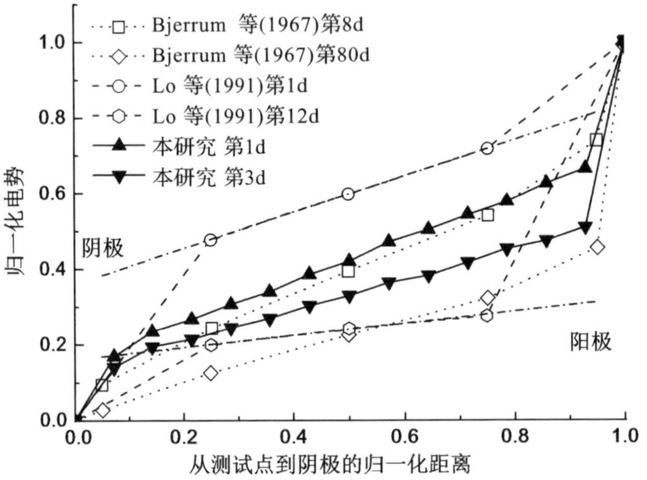

图 10.2 电极间的电压分布

在 Bjerrum 等[56]的实例中，第 8d 的电压测量结果表明，10%的电压损耗在阴极附近(归一化距离 0.05 以内)，25%的电压消耗在阳极附近，剩下 65%的电压传递到土体中。在第 80d，电压在阴极处的损耗可以忽略不计，但是在阳极处的损耗上升到 55%，只剩下 45%的电压有效传递到土体中。在 Lo 等[152]的实例中，由于电极与第一个电压探测点之间的距离比较大，所以对中间部分的数据点进行线性拟合，并外延到电极的归一化距离为 0.05 处，这样就可以与 Bjerrum 等[56]的实例进行对比。在第 1d，电压在阴极处的损耗为 35%，在阳极处为 20%，有效电压为 45%。在第 12d，土体中的有效电压降低到 15%，电压在两极处的损失达到 85%。在本研究的常规电渗试验中，观测到在电渗第 1d，17%的电压损失在阴极处，33%的电压损失在阳极处，剩下的 50%有效施加到土体上。在第 3d，传递到土体中的有效电压降低到 37%，损失在阴极和阳极处的电压分别为 14%和 49%。总体来说，本研究中电压比 Lo 等[152]的实例中更有效地传递到土体中，但是没有 Bjerrum 等[56]的实例中传递效率高。电渗系统中的电压传递效率取决于土体与电极之间的接触情况。从图10.2中可以看到，本研究中电压传递的变化趋势与Bjerrum等[56]和Lo等[152]的实例中的一致。电压在阳极处的消耗逐渐增大，在阴极处的消耗逐渐降低。图10.2还显示出电极之间中间部分的电压梯度要比施加在两极上的总电压梯度小很多。在阳极处的电压损耗比阴极处的电压损耗大很多。主要原因是阳极与土体的接触情况由于化学反应逐渐变差，由于水流流向阴极，阴极与土体的接触情况逐渐变好。

根据以上介绍的常规电渗试验结果，可以设计本研究提出的真空—电渗—堆载联合加固试验。同时也设计对应的常规真空联合堆载预压试验进行比较。

(1)试验区划分

设计的试验区总面积为1200m^2。将其划分成2个区域，分别为A区和B区。A区共900m^2，用来实施所提出的联合方法的试验。B区共300m^2，用于实施常规真空联合堆载预压试验。A区又分为3个小区，分别为A1、A2和A3区，各占300m^2，分别由一台直流电源提供直流电。3个小区的试验设计完全一样，划分为小区仅仅是为了采用较小功率的直流电源来降低直流电源的造价。

(2)电极和塑料排水板布置

在新的联合方法试验中，排水电极的间距为2m，塑料排水板的设置在排水电极之间，间距为1m，用于加密竖向排水通道。排水电极和塑料排水板的平面布置如图10.3(a)所示。在常规真空联合堆载预压试验中，塑料排水板的间距为1m，其平面布置如图10.3(b)所示。现场监测仪器和地基检测试验的布置如图10.3所示。

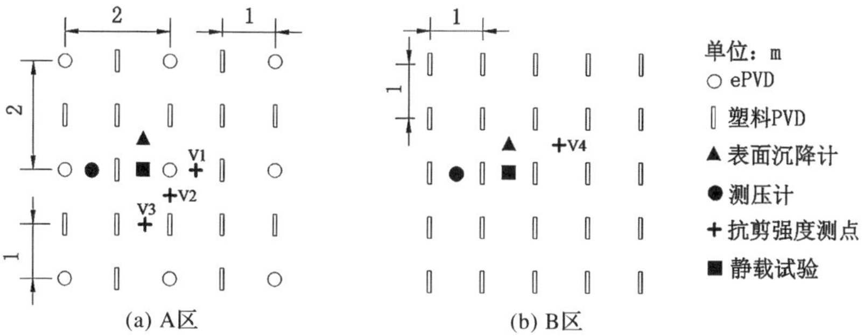

图10.3 排水电极和塑料排水板以及现场监测和地基检测平面布置

所有的塑料排水板(PVD，100mm×4mm)插入地基的深度为15m。所有的排水电极(ePVD，外径:24 mm;内径:20 mm)设置深度为7.5m。排水电极只有深度为1.5～7.5m的部分起电极的作用，1.5m深度以上的部分是柔性排水管。A区和B区的剖面图如图10.4所示。本现场试验设计与以往文献中的2个现场试验(Bjerrum等[56]和Lo等[152])的设计情况进行对比，如表10.3所示。

表 10.3　本研究和以往实例中的电渗设计对比

地点	Bjerrum 等[56]	Lo 等[152]	本研究
	挪威	加拿大 安大略省 格洛斯特	中国 温州
加固土体体积/m^3	≈2000	≈550 *	5400
总加固时间/d	120	33	45
黏土参数			
W/%	19	48	45**
PL/%	5	24	23**
k_h(10^{-8} cm · s^{-1})	2	2	3.8**
ρ/(Ω · cm)	4700	≈2000*	≈6300
电极参数			
直径/mm	19	60	24
加固深度/m	0～9.6	1.5～5.5	1.5～7.5
相同极性电极间距/m	0.6～0.65	3 和 6	2
不同极性电极间距/m	2	3 和 6	2
总电极数目	186	9	225
电极类型	普通钢筋	打孔铜管	打孔镀锌钢管
电压梯度/(V · m^{-1})	≈9－33*	≈10～40 和 5～30*	7～15

备注：* 为作者估计，* * 为所加固软黏土层的平均值，不包括细砂层。

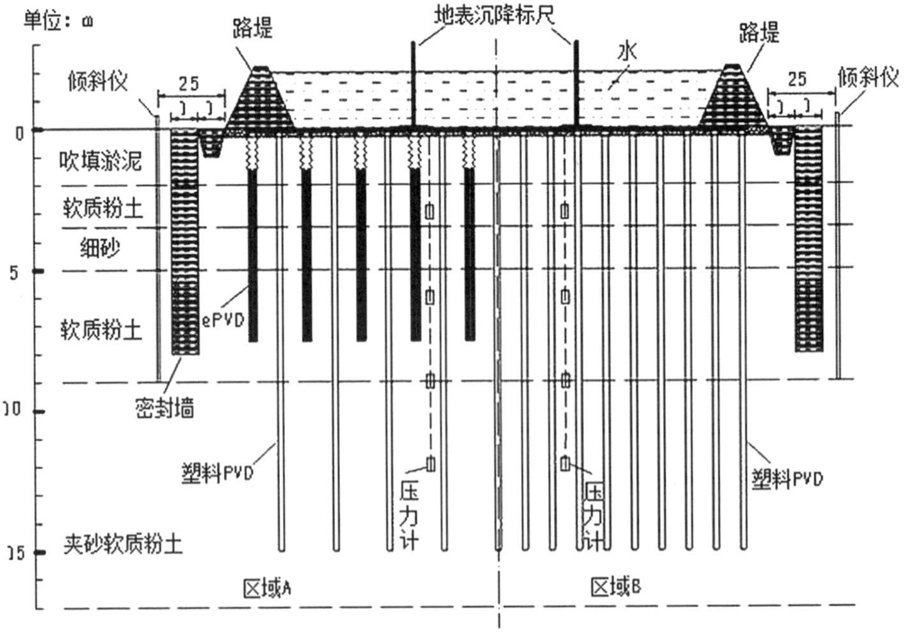

图 10.4　A 区和 B 区的剖面

(3)直流电源和电渗排水系统

新方法试验区总共由 3 个直流电源供电，每个电源分别控制 300m^2 试验区。根据王甦达等[151] 建议的计算方法确定电源的额定电压为 36V，额定电流为 1200A。电渗排水系统的水平排水管道采用直径为 65mm 的波纹滤管，周身打满小孔，并由滤布包裹。水平排水管道与排水电极和塑料排水板连接来均匀分布真空荷载和排水。所有的排水电极均通过密封铝导线连接直流电源形成电渗系统，如图 10.5 所示。所有的导线均通过穿刺型绝缘线夹连接，以保证整个导电线路密封，能长期在真空膜下工作。

图 10.5　电渗排水系统现场图及导线连接

(4)试验方法

A 区和 B 区同覆盖在一张完整的真空膜下。通过真空泵抽真空使膜下的真空度在 10d 内达到 80kPa 以上。同时启动直流电源在 A 区进行电渗。在真空预压和电渗共同工作 15d 以后，沿着试验区的边界修建围堰，然后往围堰内注水 2m 深进行堆载预压。保持电渗、真空预压和堆载预压共同工作 30d 以上。电渗工作 20d 以后，每间隔 5d 进行一次电极转换，即阳极作为阴极，阴极改变为阳极。电极转换可以防止相同极性下长期电渗以后，阳极处形成较大的界面电阻而降低电渗效率。

10.2.3　结果分析

(1)现场监测结果分析

真空荷载和堆载荷载如图 10.6 所示。图 10.6 中膜下真空度逐渐增加到 80kPa 以上，并保持在 85～90kPa。堆载荷载为围堰内水体重量，在注水至 2m 深后保持不变，约为 108kPa。

直流电源的输出电流设置为恒定的 850A。由于电渗过程中系统土体电阻逐渐增大，直流电源的输出电压也逐渐增大。根据电源的电压记录，施加在阳极和阴极之间的电压梯度如图 10.7 所示。这个电压梯度没有考虑由电渗线路和土体—电极接触造成的电压损失。在输出电流恒定的情况下，输出电压随电渗工作时间呈指数型升高。可以通过拟合电压记录数据得到如下电压变化公式：

$$V = 6.47 + 0.49e^{\frac{T}{16.21}} \tag{10.1}$$

式中：V 是施加在阴极和阳极之间的电压；T 是电渗工作时间。电压升高是由于土体含水量的降低和土体—电极接触情况的恶化。虽然电压升高对电渗进行地基处理有利，因为增大由电势差引起的水流梯度，但是另一方面电压升高也会降低电渗效率，因为土体—电极接触损耗的电压增加了。提高电渗效果的有效方法是在两极之间施加更高的电压或者是采取措施降低土体—电极接触损耗的电压。

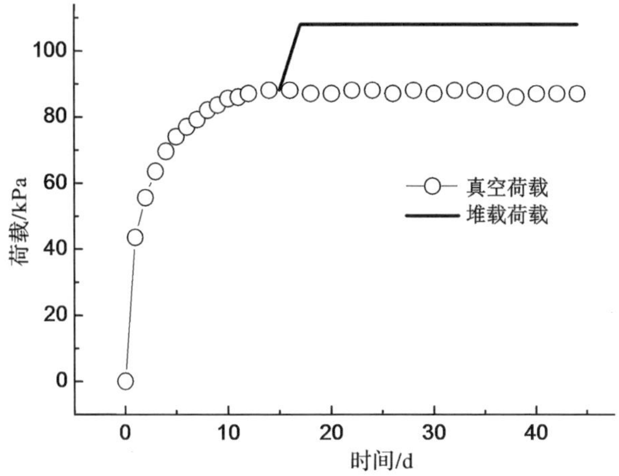

图 10.6 膜下真空度和堆载荷载

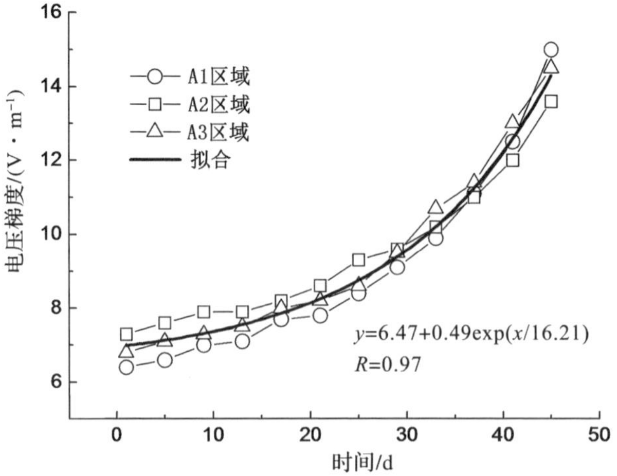

图 10.7 施加在阴极和阳极间的电压变化

在所有的试验区内均设置沉降板监测地基的表面沉降。所有的沉降板均设置在相邻的竖向排水通道的中间位置，以消除地基不均匀沉降的影响，如图 10.3 所示。真空—电渗—堆载联合加固试验区和常规真空联合堆载预压试验区均在施加堆载之后 30d 停止试验。场地表面沉降如图 10.8 所示。

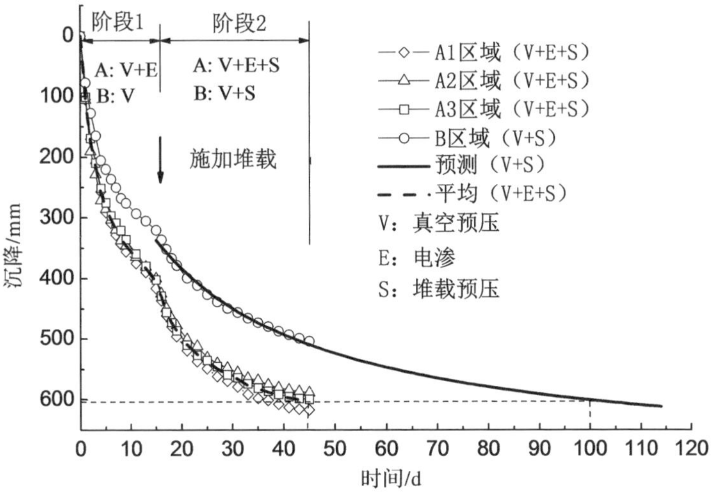

图 10.8　地表沉降

该试验的整个过程可以按照施加堆载预压的时间分为 2 个阶段。第 1 个阶段，A 区有真空预压和电渗共同作用，B 区只有真空预压作用。第 2 个阶段，从试验开始的第 15d，在 A 区和 B 区都开始施加堆载。从图 10.8 中沉降曲线的形态可以看到，施加堆载后沉降曲线呈现一个陡然下降的趋势。对比 A 区和 B 区的沉降，真空—电渗—堆载联合加固试验区的沉降比常规真空联合堆载预压试验区的沉降大 20%。由于电渗加固了孔隙水的排出，真空—电渗—堆载联合加固试验区的沉降速率更大。在第 45d 试验停止时，B 区的沉降仍然在增加，但是 A 区的沉降几乎已经停止。因为常规的真空联合堆载预压方法很难在这么短的工期内完成低渗透性的海相淤泥质软土的固结。可以通过 Tan 等[153]提出的双曲线方法进行 B 区的沉降预测来预测 B 区如果要达到 A 区的沉降所需的时间。双曲线预测方法的表达式如下：

$$s=s_0+\frac{t-t_0}{a+b(t-t_0)} \tag{10.2}$$

式中：s 为 t 时刻的沉降；s_0 为初始 t_0 时刻的初始沉降；参数 a 和 b 可以通过线性拟合$(t-t_0)/(s-s_0)$与 $t-t_0$ 的关系来确定。B 区的沉降预测结果显示常规真空联合堆载预压试验区需要 100d 的时间才能达到真空—电渗—堆载联合加固试验区

45d 内达到的沉降。因此,与常规真空联合堆载预压方法相比,真空—电渗—堆载联合加固方法可以节约 55%的处理工期。

本研究也监测了在地基处理工期内处理区域边界外的水平位移。测斜仪设置在处理区域边界外 3m 处,如图 10.9 所示。由于当时施工条件的限制,测斜管仅插到地面以下 9m 深度。图 10.9 显示了处理结束时各试验区的水平位移曲线。从图中可以看出,A 区和 B 区均产生向内的水平位移,真空—电渗—堆载联合加固试验区外的水平位移大于常规真空联合堆载预压试验区的水平位移。现场试验中发现试验区边界外围土体表面有很多与边界平行的裂缝。

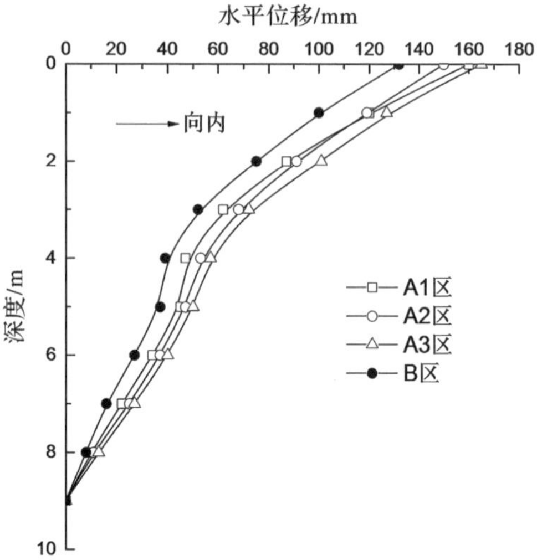

图 10.9　加固区域边界的水平位移

本研究埋设了孔压计来监测各试验区域内土体在一定深度的孔隙水压力。在 A 区,孔压计埋设在排水电极和相邻的塑料排水板中间位置,B 区孔压计埋设在相邻的 2 个塑料排水板之间,如图 10.3 所示。图 10.3 中可见,孔压计埋设在 3m、6m、9m 和 12m 深度的位置。图 10.10 展示了试验各区域在 3m 和 9m 处的孔压变化情况。9m 处 A 区和 B 区的孔压没有发现明显的差别,是因为 9m 处没有电渗发生,场地 7.5m 深度以下是没有电极的。然而 A 区和 B 区在 3m 处的孔压却有较大的差别。这种现象证明了电渗可以致使孔隙水压力降低。孔压差的大小与所施加到土体中的电压成比例。

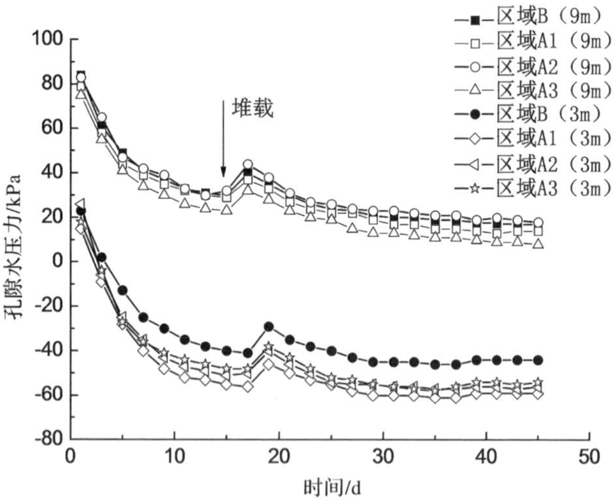

图 10.10　孔隙水压力变化

(2)地基检测结果分析

本研究开展了十字板剪切试验检测场地的加固效果。十字板剪切试验的位置设置在相邻 2 个竖向排水通道中间,如图 10.3 所示。通过本试验加固前和加固后场地的十字板不排水剪切强度对比如图 10.11 所示。由图 10.3 看到,V4 是常规真空联合堆载预压试验区,也就是 B 区的十字板剪切试验位置。V1、V2 和 V3 代表真空—电渗—堆载联合加固试验区(A 区)中排水电极周围土体不同位置的十字板强度。很明显,B 区的场地通过常规真空联合堆载预压加固十字板强度得到了很显著的提高。软黏土层的十字板强度从加固前的 17～25kPa 提高到 32～40kPa。需要说明的是,A 区中电极的有效深度是地面以下 1.5～7.5m 深,这个范围内的软黏土层的十字板强度得到了更显著的提高,提高到了 50～58kPa。如果只对电极有效深度范围内的软黏土层的强度加以比较的话,B 区在这个深度范围内的软黏土的十字板强度提高了 90%,A 区在这个深度范围内的软黏土层的十字板强度提高了 160%。A 区的十字板强度提高幅度更大说明了 A 区的真空—电渗—堆载联合加固试验成功将电压施加到土体上,从而使电渗加快了排水固结速度并提高了加固效果。

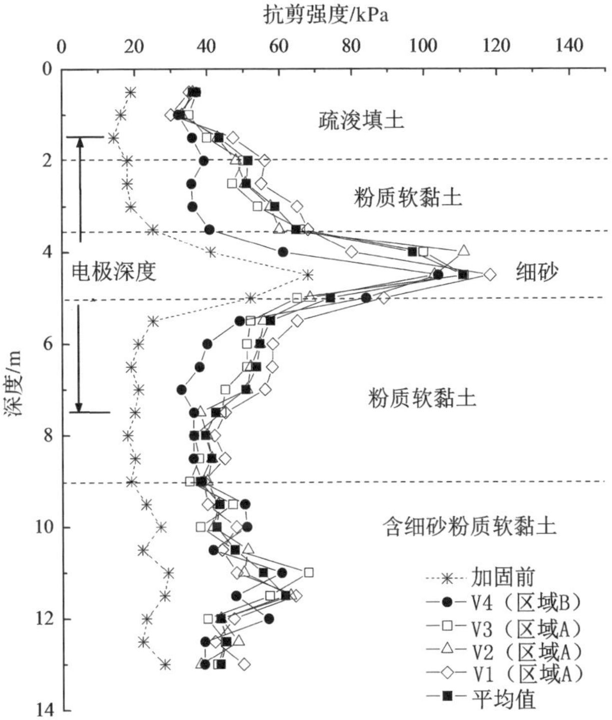

图 10.11 加固前和加固后的十字板不排水抗剪强度对比

本研究还开展了平板载荷试验来检测试验加固后场地的承载力。载荷板的尺寸为 0.707m×0.707m。平板载荷试验的位置设置在排水电极和相邻的塑料排水板中间的位置，如图 10.3 所示。平板载荷试验检测结果表明，真空—电渗—堆载联合加固试验区（A 区）的平均承载力为 120kPa，而常规真空联合堆载预压试验区（B 区）的平均承载力为 96kPa。试验场地加固之前的平均承载力为 55kPa。因此，总的来说，常规真空联合堆载预压使场地的承载力提高了 75%，而真空—电渗—堆载联合加固使场地的承载力提高了 118%。

(3)影响因素及造价分析

根据电渗系统的构成，电渗系统的电阻包括土壤电阻、土和电极接触的界面电阻、电极电阻和导线电阻。当电极和导线均为金属材料时，其电阻相对较小，可忽略不计，系统电阻主要由土壤电阻和界面电阻组成。准确测定或计算土壤电阻率和界面电阻是正确进行电渗设计的关键。土壤电阻率与土体的成分、颗粒大小、含水率、密度、温度、pH 等各种复杂的物理化学性质有关，因此，准确测量土体的电阻率有一定的难度。工程中可利用 Miller Soil Box[8] 装置进行粗略测定，也可以通过现场试验，记录电压电流数据，反算土壤的电阻率。按本研究初始电压电流反算土壤电阻率为 12200Ω·cm，与之前小面积常规电渗试验结果反算的电阻率 14500Ω·cm 比较接近。

界面电阻即为电极与土体接触面处的电阻，它与电极和土体的导电面积比有关。传统的电渗理论中重视土壤电阻率而轻视界面电阻的影响。但是大量的电渗试验结果表明，土体—电极界面处产生了很大的界面电压降，这个电压降有时甚至比土体中的有效电压降还要大。这说明界面电阻对电渗效率有非常大的影响，在电渗理论中需要着重考虑。界面电阻除了与导电面积比有关外，还与电极与土体的接触状况有关。但是大部分文献[151, 154]只考虑了导电面积比的影响，而忽略了土体—电极接触情况的影响。可以肯定的是，土体—电极接触情况也对界面电阻有很显著的影响。一方面，随着电渗的进行，阳极处的土体最先疏干，土体干燥，水位线以上电极处土体裂开，电极与土体不能很好地接触，电流就很难通过，因而产生很大的界面电阻；另一方面，随着电渗的进行电极表面逐渐腐蚀，表面的氧化物将电极与土体隔离开，也增大了界面电阻。

将现场试验的各项直接花费转换成的单位造价列入表 10.4。表 10.4 不包括工作人员工资和管理费。密封墙的费用也不包括在表 10.4 中，因为在很多情况下如果场地内没有夹砂层则不需要设置密封墙。排水电极和塑料排水板的施工费都包括在机械施工费中。

表 10.4 新方法和常规真空联合堆载法现场试验的直接花费

项目	新方法		常规真空联合堆载	
	单位造价 /(元·$(m^2)^{-1}$)	所占比例 /%	单位造价 /(元/$(m^2)^{-1}$)	所占比例 /%
直流电源	10	5.5	N/A	N/A
导线	8	4.4	N/A	N/A
排水电极	19	10.5	N/A	N/A
直流电费	19	10.5	N/A	N/A
塑料排水板	20	11.05	26	19.85
其他土工材料	18	9.9	18	13.74
机械施工费	30	16.6	30	22.9
堆载费	15	8.3	15	11.45
其他电费	16	8.84	16	12.21
砂垫层	26	14.36	26	19.85
总费用	181		131	

从表 10.4 可以看出，常规真空联合堆载预压加固试验的单位面积的费用是 131 元/m^2，真空—电渗—堆载联合加固试验的单位面积费用是 181 元/m^2，比常规真空联合堆载预压加固费用高出 38%。需要指出的是，这 2 个试验单位面积的费用都是按照 45d 工期计算的。但是在实际工程中，常规真空联合堆载预压的工期往往需要 90～120d。因此，常规真空联合堆载预压的单位面积费用往往会比表 10.4 中所列的高出很多。也就是说，与常规真空联合堆载预压在正常的工期情况下的费用相比，本研究提出的真空—电渗—堆载联合加固法所需的花费是可以接受的。因此可以说，真空—电渗—堆载联合加固法处理软土地基能够在一个可承受的价格下既节约工期又提高加固效果。综上所述，本方法对那种工期要求紧，加固效果要求高的工程特别适用。

从表 10.4 还可以看到，直流电费仅占总费用的 10.5%，这与人们经常认为电渗需要花费非常高的电费的观点并不一致，实际上电费所占的比例并不大。电极的费用占总费用的 10.4%，电极用费受限于电极所用的材料、电极间距和插入深度等。在实际工程中，为了减少电极的费用，可以采取较大的电极间距，因为电渗效果主要跟施加在电极间的电压的高低有关，而极间电压又可以通过提高电源的电压输出来提高。然而，提高电压又会增加直流电费，因此需要寻找到一个电极间距与电压的最优组合来提高电渗效率。本研究发明的电极由镀锌钢管和铜芯电缆线等组成，这些材料费用都比较高，这也决定了电极的费用占总费用的比例比较高，因此优化电极材料、降低电极造价也是降低本方法总造价的重要途径之一。

10.3 电渗联合真空预压设计实例与技术经济分析

10.3.1 工程概况

根据某软土路基工程，选取主线 K2＋720 至 K2＋760 段进行设计电渗联合真空预压处理设计。该段落地面以下 0～－3.2m 为粉质黏土覆盖层，－3.2～－24.4m为淤泥层，－24.4m 以下为淤泥质黏土。地质纵断面如图 10.12 所示。

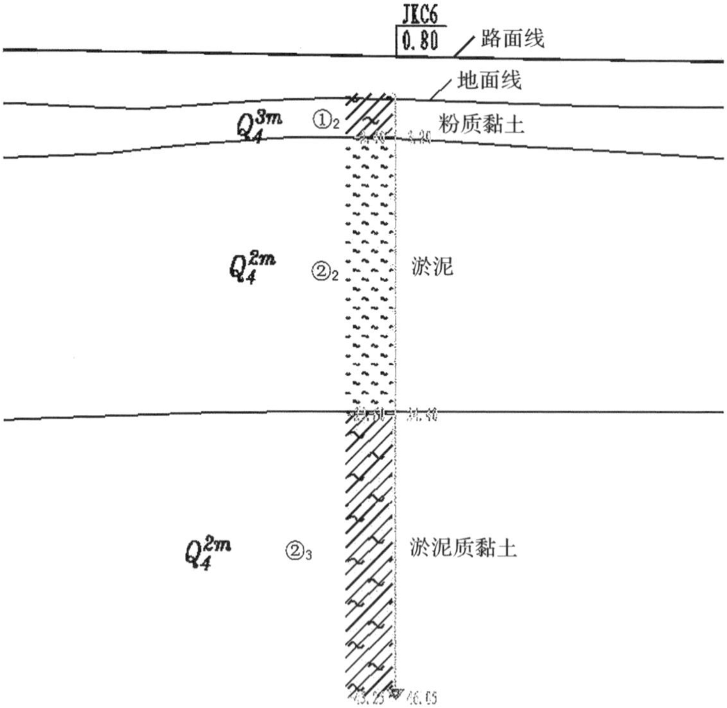

图 10.12 地质纵断面

该段落土层物理力学性质参数如表 10.5 所示。

表 10.5 土层物理力学性质参数

层号	含水率 /W	天然容重 /γ	饱和度 /Sr	孔隙比 /e	压缩模量/Es	黏聚力 /C	内摩擦角/Φ	水平渗透系数/k_h	竖向渗透系数/k_v
	%	kN·$(m^3)^{-1}$	%		MPa	kPa	o	$10^{-9}m\cdot s^{-1}$	$10^{-9}m\cdot s^{-1}$
①-2	45.8	17.6	98.3	1.265	2.75	9.0	1.7		
②-2	60	16.5	98.4	1.67	1.84	9.1	1.7	4.0	3.1
②-3	42.6	17.7	97.0	1.199	2.78	13.0	2.4		

10.3.2 设计说明

试验段采用电动塑料排水板+真空堆载预压处理。塑板间距为 1.2m,三角形布置,处理深度为 25m。试验段面积共 40m×40m=1600m^2,共分为 A、B、C、D 这 4 个区域,如图 10.13 所示,每个区域尺寸均为 20m×20m,分别进行真空预压联合电渗试验、常规真空预压试验、分级真空电渗试验、阳极封闭真空电渗试验。

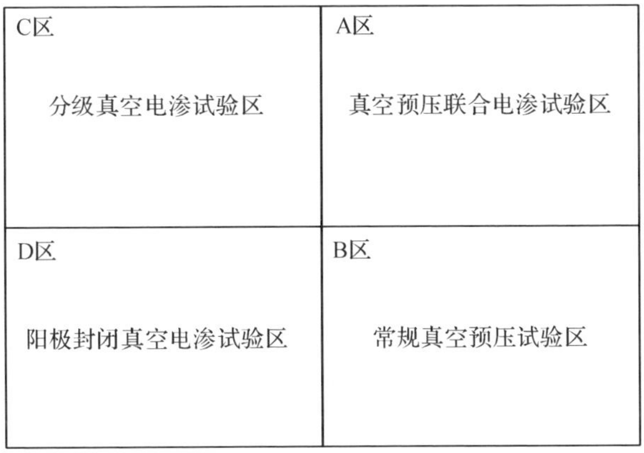
C区
分级真空电渗试验区
A区
真空预压联合电渗试验区
D区
阳极封闭真空电渗试验区
B区
常规真空预压试验区

图 10.13 试验段分区

各区域电渗和抽真空方案:①区域 A:采用太阳能电池板系统供直流电,与区域 B 保持真空压力相同,太阳能电池板系统电压保持 0～36V,膜下真空度不小于 85kPa。②区域 B:不进行电渗,仅进行真空堆载预压,真空压力与区域 A 保持相同。③区域 C:采用高频开关电源供直流电,与区域 D 覆盖在一张真空膜下,保持 2 个区域真空压力相同,按照分级施加电压和真空压力的方式进行电渗和真空预压,电渗电压和真空压力逐级提高,0～15d 电压保持 12V,真空压力 50kPa,15～30d,电压 24V,真空压力 70kPa,30～120d,电压 36V,真空压力 90kPa。④区域 D:

采用高频开关电源供直流电，与区域C保持真空压力和电压相同，阳极处电渗塑料排水板做特殊处理，只把导电塑料排水板塑料芯打入地基，阳极处导电塑料排水板保持不排水状态。

监测方案：每个区域在中间位置设置分层沉降孔2个，每孔深28m，配6个沉降环，沉降环埋置深度分别为0.5m、1.0m、5.0m、15.0m、25.0m、27.0m；每个区域在中间位置设置孔隙水压力孔2个，每孔深28m，配6个孔隙水压力计，沉降环埋置深度分别为1.0m、5.0m、10.0m、15.0m、25.0m、27.0m；每个区域在中间位置设置2个真空膜下真空度探头；每个区域在距离边界外1.5m处设置测斜孔2个，每孔深28m。另外，需记录各区域电压电流和泵上真空表。

监测频率：前15d每天测量一次，后一个月每2d监测一次，再往后每周监测一次直至真空结束。

检测方案：地基处理前后分别做一次地基检测，包括承载板试验、静力触探试验和十字板剪切试验。每个区域在中间位置做3个承载板试验，2个静力触探试验（试验深度为28m），2个十字板剪切试验（试验深度为28m）。

10.3.3 设计图纸

如图10.14～10.15所示。

10.3.4 技术经济比较分析

根据所选取的40m长路段进行了采用电渗联合真空预压法设计和采用传统真空预压法设计和堆载预压法经济比较，详细预算如表10.6所示。

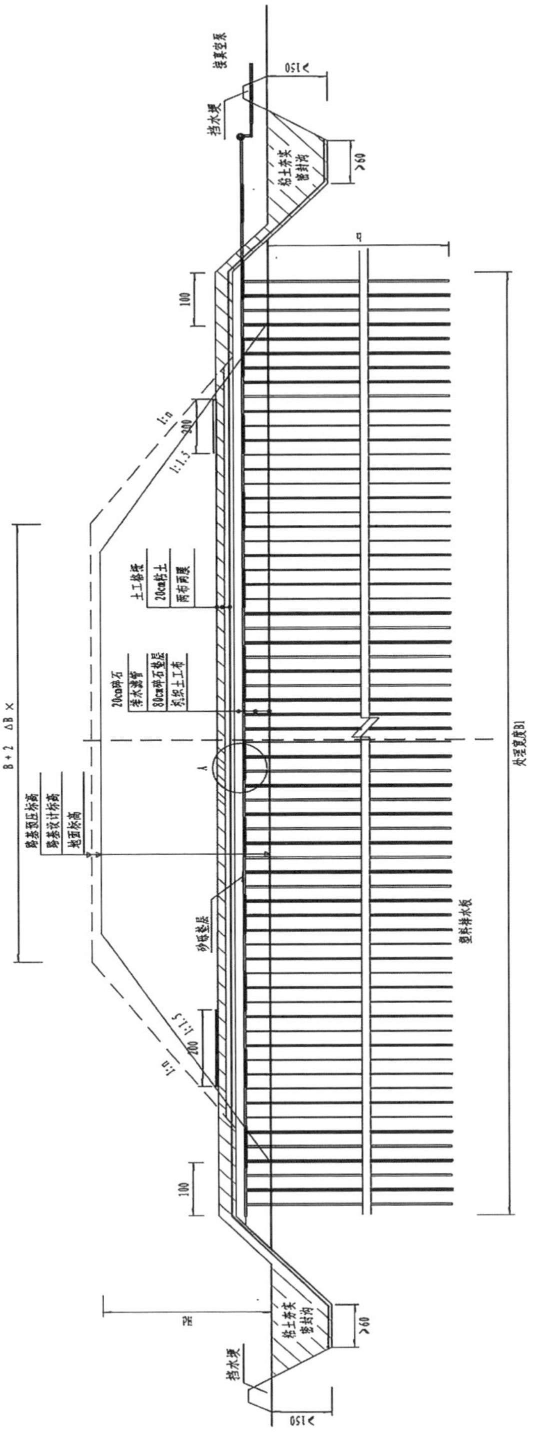

图 10.14　横断面布置

表 10.6 试验段设计建筑安装费预算对比

建设项目名称:某软土路基工程									
编制范围:试验段									
序号	工程名称	单位	电渗真空预压		真空预压		堆载预压		
			数量	合计/元	数量	合计/元	数量	合计/元	单价/元
1	2	3	4	5	6	7	8	9	10
	试验段	m	40.00	2045267	40.00	1583419	40.00	1221276	
定额	软土地基碎(砾)石垫层	$1000m^3$	1.75	273582	1.75	273582	1.75	273582	156153.93
定额	土工格栅	$1000m^2$	1.78	38135	1.78	38135	1.78	38135	21387.84
计算项	导电塑料排水板	m	26400.00	475200	0.00	0	0.00	0	18.00
定额	塑料排水板	m	8800.00	58784	35200.00	235136	35200.00	235136	6.68
计算项	真空泵	台	4.00	20000	4.00	20000	0.00	0	5000.00
计算项	直流电源	台	2.00	60000	0.00	0	0.00	0	30000.00
计算项	太阳能电池板供电系统	套	1.00	30000	0.00	0	0.00	0	30000.00
定额	有纺土工布	$1000m^2$	7.66	147636	7.66	147636	0.00	0	19283.67
定额	真空膜	$1000m^2$	5.74	119818	5.74	119818	0.00	0	20859.70
定额	软土地基砂垫层	$1000m^3$	0.36	86519	0.36	86519	0.36	86519	240331.38
材料	黏土	$1000m^3$	1.18	41689	1.18	41689	0.00	0	35450.00
计算项	排水管	m	2600.00	13000	2600.00	13000	0.00	0	5.00
计算项	绝缘导线	m	2600.00	13000	0.00	0	0.00	0	5.00
定额	20t 以内振动压路机碾压	$1000m^3$ 压实方	1.11	102894	1.11	102894	1.11	102894	92613.46
材料	宕渣材料	m^3	1210.99	76413	1210.99	76413	1210.99	76413	63.10
定额	$2.0m^3$ 以内挖掘机装次坚石	$1000m^3$ 天然密实方	1.11	4360	1.11	4360	1.11	4360	3924.84
定额	10t 内自卸汽车运石第一个 1km	$1000m^3$ 天然密实方	1.11	11730	1.11	11730	1.11	11730	10557.70
定额	20t 以内振动压路机碾压	$1000m^3$ 天然密实方	2.43	225236	2.43	225236	2.43	225236	92613.45
材料	宕渣	m^3	2650.88	167271	2650.88	167271	2650.88	167271	63.10
计算项	用电	项	1.00	80000	0.20	20000	0.00	0	100000.00

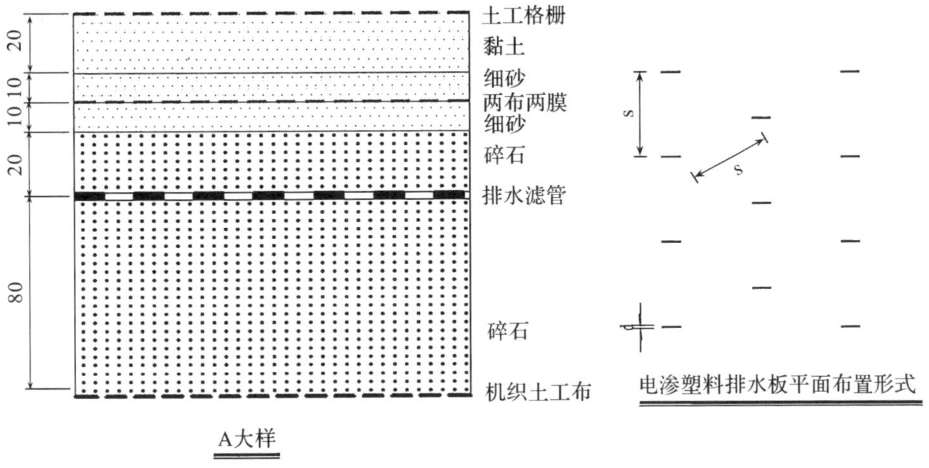

图 10.15 大样和排水板平面布置

从表 10.6 中可知,40m 路段采用电渗联合真空预压处理需要建设安装费(建安费)204.5 万,采用常规真空预压处理需要建安费 158.3 万元,采用堆载预压处理需要建安费 122.1 万元,电渗联合真空预压建安费比常规真空预压多约 29%,比堆载预压处理建安费多 67.5%。主要差别在于电渗联合真空预压采用的导电塑料排水板的价格比普通塑料排水板价格高出许多,导电塑料排水板目前的报价为 18 元/m,普通塑料排水板 6.68 元/m,导电塑料排水板价格是普通塑料排水板价格的 2.7 倍,导电塑料排水板成本约占总成本的 23%。导电塑料排水板价格较高的主要原因是导电塑料排水板的使用量较小,仅仅实施一个 40m 长的试验段,将来大面积推广应用以后导电塑料排水板的使用量大,大批量导电塑料排水板的生产成本也会降低,其价格也会随之下降。电渗联合真空预压成本较高的另外一个原因是电渗施工需要使用电渗电源,目前小面积实施考虑采购电源,如果大面积推广应用可以租用电源,电源费用也会相应下降。电渗联合真空预压用电与普通真空预压相比,除了都需要真空泵用电外,电渗联合真空预压还需要电渗电源用电,但电渗电源用电费用只占总建安费的 3%,电渗用电对总成本影响不大。

比较建安费,电渗联合真空预压与普通真空预压相比投入更高,但是考虑到电渗联合真空预压可以节约处理工期,其经济效益就凸显了。堆载预压处理公路软基需要 12 个月,常规真空预压需要 6～9 个月,但电渗联合真空预压只需要 4～6 个月,显著节约了施工工期,从而降低了工程成本。另外,电渗联合真空预压比普通真空预压处理软基可以显著减少工后沉降,且可以显著减少公路后期运营养护费用,从施工运营一体化角度考虑可以体现本技术的优越性。

采用本章的设计方法对本试验段进行沉降计算，普通真空预压方法预压期沉降 215.3cm，总沉降 239.9cm，工后沉降 24.6cm，采用电渗联合真空预压预压期沉降 232.6，总沉降 248.8cm，工后沉降 16.2cm，工后沉降比普通真空预压降低约 34%，效果显著。对于滩涂软基采用堆载预压或者搅拌桩处理路基稳定性难以保证，采用真空预压地基承载力较低，工后沉降较大，采用电渗联合真空预压具有一定的应用价值。

从上述分析可知，在工期紧张、工后沉降要求较高的深厚淤泥地基处理中，本项目技术具有较明显的优势。当常规真空预压无法在规定的工期内完成地基处理，或者无法满足工后沉降要求时，在常规真空预压的基础上附加电渗可以满足设计要求。

10.4 本章小结

本章根据 2 个实际工程分别进行了电渗真空预压现场试验研究。具体结论如下。

①新方法比常规真空联合堆载预压法在相同的处理工期内产生的地面沉降大 20%。新方法只需要 45d 就可完成地基处理，根据双曲线法对常规真空联合堆载预压沉降曲线的预测，新方法与常规真空联合堆载预压法相比可节省 55% 的工期。

②十字板剪切试验结果表明，在电极有效深度范围内，新方法使软黏土层的十字板强度提高了 160%，而常规真空联合堆载预压法只使其提高了 90%。平板载荷试验结果表明，新方法加固后场地的平均承载力从 55kPa 提高到 120kPa，提高了 118%，而常规真空联合堆载预压法在相同的工期内只使承载力提高了 75%。

③当直流电源的输出电流被控制为恒定时，施加在阴极和阳极之间的电压随着电渗处理时间呈指数型升高。大部分的电压损耗在电极附近，真正有效传递到土体中的电压实际上只有总电压的 50%。因此，在电渗设计中应该采用较高的电压或者采取措施降低界面电阻从而提高电渗效率。土壤电阻率是电渗设计的重要参数，设计高效的电渗系统需要首先通过室内试验或者现场试验确定土壤电阻率的大小。

④价格分析表明直流电费并不是真空—电渗—堆载联合加固方法现场实施中花费最高的一部分。该方法的总造价是可以接受的。

⑤对电渗联合真空预压和常规真空预压进行了详细的建安费计算和技术经济

分析，本试验段电渗联合真空预压处理比常规真空预压处理建安费高 29%，主要原因是导电塑料排水板和电渗电源价格较高，大面积应用可降低成本。

⑥电渗联合真空预压处理比常规真空预压工后沉降减少约 34%，工期减少 2～3 个月，滩涂软基采用堆载预压或者搅拌桩处理，路基稳定性难以保证，采用真空预压地基承载力较低，工后沉降较大，电渗联合真空预压在滩涂软基处理中具有较好的应用价值。

参考文献

[1] Liu J J, Lei H Y, Zheng G, et al. Improved synchronous and alternate vacuum preloading method for newly dredged fills: Laboratory model study [J]. International Journal of Geomechanics. 2018, 18(8): 1-15.

[2] W J, Cai Y Q, Fu H T, et al. Experimentalstudy on a dredged fill ground improved by a two-stage vacuum preloading method[J]. Soils and Foundations, 2018, 58(3): 766-775.

[3] Karadoan M, Evikbilen G, Korkut S, et al. Dewatering of golden horn sludge with geotextile tube and determination of optimum operating conditions: A novel approach[J]. Marine Georesources and Geotechnology. 2021, 40(7): 1-13.

[4] 甘淇匀. 软土电渗的电场作用机理与多场耦合理论研究[D]. 杭州:浙江大学,2022.

[5] Archie, G. E. The electrical resistivity log as an aid in determining some reservoir characteristics[J]. Transactions of the Aime, 1942, 146(1):54-62.

[6] Waxman M H . Electrical Conductivities in oil-bearing shaly sands [J]. Society of Petroleum Engineers Journal, 1968, 8(2):107-122.

[7] Abu-Hassanein Z S, Benson C H, Blotz L R. Electrical resistivity of compactedclays[J]. Journal of Geotechnical Engineering, 1996, 122(5):397-406.

[8] 刘国华,王振宇,黄建平. 土的电阻率特性及其工程应用研究[J]. 岩土工程学报, 2004(1):83-87.

[9] 查甫生,刘松玉,杜延军,等. 非饱和黏性土的电阻率特性及其试验研究[J]. 岩土力学,2007(8):1671-1676.

[10] 储旭,刘斯宏,王柳江,等. 电渗法中含水率和电势梯度对土体电阻率的影响[J]. 河海大学学报(自然科学版), 2010,38(5):575-579.

[11] 李瑛,龚晓南,郭彪,等. 电渗软黏土电导率特性及其导电机制研究[J]. 岩石力学与工程学报, 2010, 29(S2):4027-4032.

[12] 储亚,查甫生,刘松玉,等. 基于电阻率法的膨胀土膨胀性评价研究[J]. 岩土力学,

2017,38(1):157-164.

[13] 吴辉,胡黎明.考虑电导率变化的电渗固结模型[J].岩土工程学报,2013,35(4):734-738.

[14] 吴伟令.软黏土电渗固结理论模型与数值模拟[D].北京:清华大学,2009.

[15] Park H M, Lee W M. Helmholtz-Smoluchowski velocity for viscoelastic electroosmotic flows [J]. Journal of Colloid and Interface Science, 2008, 317(2): 631-636.

[16] 陈明华.软土电渗特性及电渗效率的理论与试验分析[D].广州:华南理工大学,2016.

[17] Win B M, Choa V, Zeng X Q, et al. Laboratory investigation on electro-osmosis properties of singapore marine clay [J]. Soils and Foundations, 2001, 41(5): 15-23.

[18] Xie X Y, Liu Y M, Zheng L W. Experimental study on the effect of soil saturation on the electric permeability coefficient during electroosmosis process[J]. Marine Georesources andGeotechnology, 2019, 37(10): 1188-1195.

[19] Zhou J, Tao Y, Li C, et al. Experimental study of electro-kinetic dewatering of silt basedon the electro-osmotic coefficient [J]. Environmental Engineering Science, 2019, 36(6): 739-748.

[20] 吴建奇,周晨阳,袁国辉,等.阳离子半径对电化学法加固软黏土效果的影响试验研究[J].土木与环境工程学报(中英文),2022:1-9.

[21] 周亚东,王保田,邓安.分段线性电渗—堆载耦合固结模型[J].岩土工程学报,2013,35(12):2311-2316.

[22] Lockhart N C . Electroosmotic dewatering of clays. Ⅱ. Influence of salt, acid and flocculants [J]. Colloids & Surfaces, 1983, 6(3): 239-251.

[23] Reddy K R, Urbanek A, Khodadoust A P. Electroosmotic dewatering of dredged sediments: Bench-scale investigation [J]. Journal of Environmental Management, 2006, 78(2): 200-208.

[24] 胡平川.软黏土电渗系数影响因素及提高方法的试验研究[D].杭州:浙江大学,2015.

[25] Reuss F F. Charge-induced flow[C]// Proceedings of the Imperial Society of Naturalists of Moscow. Moscow:Moscow State University, 1809: 327-344.

[26] Casagrande I L. Electro-osmosis in soils [J]. Geotechnique, 1949, 1(1): 159-177.

[27] Lo K Y, Inculet I I, Ho K S. Electroosmotic strengthening of soft sensitive clays

[J]. Canadian Geotechnical Journal, 1991, 26(1): 62-73.

[28] Micic S, Shang J Q, Lo K Y, et al. Electrokinetic strengthening of a marine sediment using intermittent current[J]. Canadian Geotechnical Journal, 2001, 38(2): 287-302.

[29] 龚晓南.地基处理技术及发展展望:纪念中国土木工程学会岩土工程分会地基处理学术会成立三十周年(1984—2014)(上、下册)[J]. 岩土力学, 2015, 36(S2):701.

[30] 曾国熙,高有潮.软黏土的电化学加固[J].浙江大学学报, 1956,8(1):12-35.

[31] 李瑛,龚晓南.含盐量对软黏土电渗排水影响的试验研究[J].岩土工程学报, 2011,33(8):1254-1259.

[32] 李瑛,龚晓南.等电势梯度下电极间距对电渗影响的试验研究[J].岩土力学, 2012,33(1):89-95.

[33] 龚晓南, 焦丹. 间歇通电下软黏土电渗固结性状试验分析[J]. 中南大学学报(自然科学版), 2011, 42(6): 1725-1730.

[34] 焦丹,龚晓南,李瑛.电渗法加固软土地基试验研究[J].岩石力学与工程学报, 2011,30(S1):3208-3216.

[35] 陈雄峰, 荆一凤, 吕鲤, 等. 电渗法对太湖环保疏浚底泥脱水干化研究[J]. 环境科学研究, 2006, 19(5): 5458.

[36] 李一雯,周建,龚晓南,等.电极布置形式对电渗效果影响的试验研究[J].岩土力学,2013,34(7):1972-1978.

[37] 王柳江,刘斯宏,朱豪,等.电极布置形式对电渗加固软土效果的影响试验[J].河海大学学报(自然科学版), 2013,41(1):64-69.

[38] 王协群,邹维列.电动土工合成材料的特性及应用.武汉理工大学学报[J]. 2002(6): 62-65.

[39] 胡俞晨,王钊,庄艳峰.电动土工合成材料加固软土地基实验研究[J].岩土工程学报,2005,27(5):582-586.

[40] 孙召花,高明军,刘志浩,等.导电塑料排水板加固吹填土现场试验[J].河海大学学报(自然科学版),2015,43(3):255-260.

[41] Esrig M I. Pore pressure, consolidation and electrokinetics[J]. Journal of the SMFD, American Society of Civil Engineers, 1968, 94(SM4): 899-921.

[42] Wan T Y, Mitchell J K. Electro-osmotic consolidation of soils[J]. Journal of Geotechnical and Geoenvironmental Engineering, 1976, 102(5):473-491.

[43] Feldkamp J R, Belhomme G M. Large-strain electrokinetic consolidation: Theory and experiment in one dimension[J]. Geotechnique, 1990, 40(4): 557-568.

[44] Shang J Q. Electrokinetic dewatering of clay slurries as engineered soil covers[J]. Canadian Geotechnical Journal, 1997(34): 78-86.

[45] Su J Q, Wang Z. The two-dimensional consolidation theory of electro-osmosis[J]. Geotechnique 2003, 53(8), 759-763.

[46] 胡黎明,吴伟令,吴辉.软土地基电渗固结理论分析与数值模拟[J].岩土力学,2010,31(12):3977-3983.

[47] 李瑛,龚晓南,焦丹,等.软黏土二维电渗固结性状的试验研究[J].岩石力学与工程学报,2009,28(S2):4034-4039.

[48] 徐伟,刘斯宏,王柳江,等.真空预压联合电渗法加固软基的固结方程[J].河海大学学报(自然科学版),2011,39(2):169-175.

[49] 吴辉, 胡黎明. 真空预压与电渗固结联合加固技术的理论模型[J]. 清华大学学报: 自然科学版, 2012, 52(2): 182-185.

[50] Hu L M, Wu W L, Wu H. Numerical model of electro-osmotic consolidation in clay[J]. Geotechnique 2012, 62(6): 537-541.

[51] Yuan J, Hicks M A. Large deformation elastic electro-osmosis consolidation of clays[J]. Computers and Geotechnics, 2013(54): 60-68.

[52] Yuan J, Hicks M A. Numerical modelling of electro-osmosis consolidation of unsaturated clayat large strain[C] // Proc. 8th Euro. Conf. on Numerical Methods in Geotechnical Engineering, NUMGE 2014. 2014(2): 1061-1066.

[53] Yuan J, Hicks M A. Numerical analysis of electro-osmosis consolidation: A case study[J]. Geotech. Lett, 2015, 5(3): 147-152.

[54] Yuan J, Hicks M A. Numerical simulation of elasto-plastic electro-osmosis consolidation at large strain[J]. Acta Geotechnica 2016, 11(1):127-143.

[55] Lewis R W. Humpheson C. Numerical analysis of electro-osmotic flow in soils[J]. Journal of the soil Mechanic sand Foundation Division, ASCE, 1973, 99(8): 603-616.

[56] Bjerrum L, Moum J, Eide O. Application of electro-osmosis to a foundation problem in a norwegian quick clay[J]. Geotechnique, 1967, 17(3): 214-235.

[57] 何汉灏.电渗喷射井点降水在铁水包坑施工中的应用[J].建筑施工,1980(4):21-24.

[58] 钟显奇,杨丽容,谢沃林.珠江电厂深层电渗喷射井点施工技术[J].广东省基础工程,1983(1):10.

[59] 苏德新,李伟.新民排涝站电渗井点降水施工实例[J].安徽建筑,2001(5):41.

[60] 积庆臣,孙永军,刘伟.电渗技术在吹填泥袋坝固结中的应用研究[J].东北水利水

电,2001,19(9):14-16.

[61] Burnotte F, Lefebvre G, Grondin G. A case record of electroosmotic consolidation of soft clay with improved soil electrodecontact [J]. Canadian Geotechnical Journal, 2004, 41(6): 1038-1053.

[62] 胡勇前.高等级公路电渗法软基处理试验研究[J].城市道路与防洪,2004(4):127-129,158.

[63] 张迎春,谭祥韶,魏金霞.电渗法在公路软基处理中的应用实录[C]//高速公路地基处理理论与实践:全国高速公路地基处理学术研讨会论文集,北京:人民交通出版社,2005.

[64] 卞有新.用电渗井点法排出淤泥质土中的水[J].工程质量,2006(10):37-39.

[65] 朱文元.电渗法如何用于弱透水层基坑降水的探讨[J].中国科技信息,2007(21):61-62.

[66] 王甦达,张林洪,费维水.电渗法处理过湿填料的施工技术[J].公路工程,2009,34(3):15-19.

[67] 王柳江,刘斯宏,汪俊波,徐伟.真空预压联合电渗法处理高含水率软土模型试验[J].河海大学学报(自然科学版),2011,39(6):671-675.

[68] Wang J, Ma J J, Liu F Y, et al. Experimental study on the improvement of marine clay slurry by electroosmosis-vacuum preloading[J]. Geotextiles and Geomembranes, 2016, 44(4): 615-622.

[69] 孙召花,余湘娟,高明军,等.真空—电渗联合加固技术的固结试验研究[J].岩土工程学报,2017,39(2):250-258.

[70] Fu H, Cai Y, Wang J, et al. Experimental study on the combined application of vacuum preloading-variable-spacing electro-osmosis to soft ground improvement [J]. Geosynthetics International, 2017, 24(1): 72-81.

[71] Zhang L, Hu L M. Laboratory tests of electro-osmotic consolidation combined with vacuum preloading on kaolinite using electrokineticgeosynthetics [J]. Geotextiles and Geomembranes, 2019, 47(2): 166-176.

[72] 王柳江,陈强强,刘斯宏等.水平排水板真空预压联合电渗处理软黏土模型试验研究[J].岩石力学与工程学报,2020,39(S2):3516-3525.

[73] Liu F Y, Li Z, Yuan G H, et al. Improvement of dredger fill by stepped vacuum preloading combined with stepped voltage electro-osmosis [J]. Marine Georesources and Geotechnology, 2020, 39(7): 1-10.

[74] 刘飞禹,李哲,袁国辉,等.真空预压联合间歇电渗加固疏浚淤泥试验研究[J].土木与环境工程学报(中英文),2021,43(5):1-9.

[75] Wang J, Yang Y L, Fu H T, et al. Improving consolidation of dredged slurry by vacuum preloading usingprefabricated vertical drains (PVDs) with varying filter pore sizes[J]. Canadian Geotechnical Journal, 2020, 57(2):294-303.

[76] Xie Z W, Wang J, Fu H T, et al. Effect of pressurization positions on the consolidation of dredged slurry in air-booster vacuum preloading method[J]. Marine Geotechnology, 2020, 38(1):122-131.

[77] 蔡袁强.吹填淤泥真空预压固结机理与排水体防淤堵处理技术[J].岩土工程学报,2021,43(2):201-225.

[78] Cui Y L, Pan F R, Zhang B B, et al. Laboratory test of waste mud treated by the flocculation-vacuum-curing integrated method[J]. Construction and Building Materials , 2022(328):1-10.

[79] Zhang R J, Zheng Y L, Dong, et al. Strength behavior of dredged mud slurry treated jointly by cement, flocculant and vacuum preloading [J]. Acta Geotechnica,2022,17(6):2581-2596.

[80] 武亚军,陆逸天,骆嘉成,等.药剂真空预压法在工程废浆处理中的防淤堵作用[J].岩土工程学报,2017,39(3):525-533.

[81] 武亚军,牛坤,陆逸天,等.工程废浆处理过程中药剂真空预压法的防淤堵机理[J].土木工程学报,2017,50(6):95-103.

[82] Liu F Y, Wu W, Fu H, et al. Application of flocculation combined with vacuum preloading to reduce river-dredged sludge [J]. Marine Georesources and Geotechnology, 2019, 38(3): 1-10.

[83] 蒲诃夫,潘友富,Khoteja D,等.絮凝—水平真空两段式脱水法处理高含水率疏浚淤泥模型试验研究[J].岩土力学,2020,41(5):1502-1509.

[84] 王东星,唐弈锴,伍林峰.疏浚淤泥化学絮凝—真空预压深度脱水效果评价[J].岩土力学,2020,41(12):3929-3938.

[85] Pu H. Khoteja D, Zhou Y, et al. Dewatering of dredged slurry by horizontal drain assisted with vacuum and flocculation [J]. Geosynthetics International, 2022, 29 (3): 299-311.

[86] Chuang C J, Wang P W, Hu C C, et al. Electroosmotic flow through particle beds packed with conditioned sludges[J]. Journal of watersupply, 2006, 55(7/8): 527-533.

[87] 刘飞禹,吴文清,海钧,等.絮凝剂对电渗处理河道疏浚淤泥的影响[J].中国公路学报,2020,33(2):56-63,72.

[88] Wang J, Ran Z, Cai Y, et al. Vacuum preloading and electro-osmosis consolidation of

dredged slurry pre-treated with flocculants[J]. Engineering Geology, 2018(246): 123-130.

[89] Hu J, Li X, Zhang D, et al. Experimental study on the effect of additives on drainage consolidation in vacuum preloading combined with electroosmosis[J]. KSCE Journal of Civil Engineering, 2020, 24(4):2599-2609.

[90] 袁国辉,胡秀青,刘飞禹,等.絮凝—逐级加压电渗法改良疏浚淤泥试验研究[J].岩石力学与工程学报,2020,39(S1):2995-3003.

[91] 杨佳乐,李双洋,刘德仁,等.絮凝—电渗法联合治理淤泥质土试验研究[J].岩土力学,2022(10):1-12.

[92] Hu Z. Experimental study on flocculation-vacuum-electroosmosis method for strengthening soft soil foundation in coastal area[J]. IOP Conference Series: Earth and Environmental Science, 2021, 643(1): 012167.

[93] Ma J, Zheng H, Tan M, et al. Synthesis, characterization, and flocculation performance of anionic polyacrylamide P (AM-AA-AMPS)[J] Journal of Applied Polymer Science, 2013, 129(4):1984-1911.

[94] Wei H, Gao B, Ren J, et al. Coagulation flocculation in dewatering of sludge: A review[J]. Water Research, 2018, 143(15): 608-631.

[95] Fan Y P, Ma X M, Dong X S, et al. Characterisation of floc size, effective density, and sedimentation under various flocculation mechanisms[J]. Water Science and Technology, 2020, 82(7): 1261-1271.

[96] Lee K E, Morad N, Teng T T, et al. Development, characterization and the application of hybrid materials in coagulation/flocculation of wastewater: A review [J]. Chemical Engineering Journal, 2012(203): 370-386.

[97] 羊小玉,周律.混凝技术在印染废水处理中的应用及研究进展[J].化工环保,2016,36(1):1-4.

[98] Huang Z Q, Lu J P, Li X H, et al. Effect of mechanical activation on physico-chemical properties and structure of cassava starch [J]. Carbohydrate Polymer, 2007,68(1):128-135.

[99] 董琦.多种絮凝剂协同作用的实验[D].唐山:华北理工大学,2019.

[100] Wang H F, Hu H, Wang H J, et al. Impact of dosing order of the coagulant and flocculant on sludge dewatering performance during the conditioning process[J]. Science of The Total Environment, 2018(643):1065-1073.

[101] Mssaa B, Suk B, Ssaa B, et al. Recent advancement in the application of hybrid coagulants in coagulation-flocculation of wastewater: A review[J]. Journal of

Cleaner Production, 2022(345): 1-13.

[102] Wang D, Di S, Wu L, et al. Sedimentation behavior of organic, inorganic, and composite flocculant-treated waste slurry from construction works[J]. Journal of Materials in Civil Engineering, 2021, 33(7): 1943-5533.

[103] Khoteja D, Zhou Y, Pu H F, et al. Rapid treatment of high-water-content dredged slurry using composite flocculant and PHD facilitated vacuum[J]. Marine Georesources and Geotechnology, 2021, 40(3):297-307.

[104] Wang J, Shi W, Wu W Q, et al. Influence of composite flocculant $FeCl_3$-APAM on vacuum drainage of river-dredged sludge[J]. Canadian Geotechnical Journal, 2018, 56(6):868-875.

[105] Wang J , Huang G , Fu H T, et al. Vacuum preloading combined with multiple-flocculant treatment for dredged fill improvement[J]. Engineering Geology, 2019 (259):1-8.

[106] Shang J Q. Electro-osmosis-enhanced preloading consolidation via vertical drains [J]. Canadian Geotechical Journal, 1998, 35(3): 491-499.

[107] 苏金强,王钊. 电渗的二维固结理论[J]. 岩土力学,2004(1):125-131.

[108] 王柳江,刘斯宏,汪俊波,等. 电场—渗流场—应力场耦合的电渗固结数值分析[J]. 岩土力学,2012,33(6):1904-1911.

[109] 吴辉. 软土地基电渗加固方法研究[D]. 北京:清华大学水利水电工程系,2015.

[110] Zhang L, Hu L M. Numerical simulation of electro-osmotic consolidation considering tempo-spatial variation of soil pH and soil parameters[J]. Computers and Geotechnics, 2022(147):1-9.

[111] Gan Q Y, Zhou J, Li C Y, et al. Vacuum Preloading Combined with electroosmotic dewatering of dredger fill using the vertical-layered power technology of a novel tubular electrokinetic geosynthetics: test and numerical simulation[J]. International Journalof Geomechanics,2022,22(1):1-10.

[112] 刘凤松,刘耘东. 真空—电渗降水—低能量强夯联合软弱地基加固技术在软土地基加固中的应用[J]. 中国港湾建设,2008(5):5.

[113] 廖敬堂,廖宏志. 真空电渗井点降水及低能量强夯加固技术在软基加固中的应用[J]. 华南港工,2009,1(No. 114):32-38.

[114] 顾孜昌,张铭强. 电渗联合真空预压加固吹填土技术应用[J]. 港工技术,2017,54(6):91-95.

[115] 蒋楚生,司文明,曾惜,等. 电渗联合真空预压技术处理高速铁路软土地基[J]. 铁道工程学报,2019,36(6):28-32,96.

[116] 陈建峰,胡芸川. EKG电渗联合真空预压法在某水闸软基处理中的应用[J]. 珠江水运,2022(9):6-8.

[117] Butterfield R, Johnston IW. The influence of electro-osmosis on metallic piles in clay[J]. Geotechnique, 1980,30(1): 17-38.

[118] Davis E, Poulos H. The relief of negative skin friction on piles by electro-osmosis [C] // Proceedings of the 3rd Australian and New Zealand Conference on Geomechanics, 1980, pp: 71-77.

[119] Milligan V. First application of electro-osmosis to improve the friction pile capacity-three decades later[J]. Proceedings of the Institution of Civil Engineers-Geotechnical Engineering, 1995, 113(2): 112-116.

[120] Soderman L G, Milligan V. Capacity of friction piles in varved clay increased by electro-osmosis[C] // Proceedings of the Fifth International Conference on Soil Mechanics and Foundation Engineering, Paris, 1961, pp: 143-148.

[121] Abdel-Meguid M, EI Naggar M H, Shang J Q. Axial response of piles in electrically treated clay [J]. Canadian Geotechnical Journal, 1999, 36(3): 418-429.

[122] Chung H I. Field applications on electrokinetic reactive pile technology for removal of Cu from in-situ and excavated soils [J]. Separation Science and Technology, 2009, 44(10): 2341-2353.

[123] 孔纲强,杨庆,杨钢. 一种电渗协助沉桩技术及其施工方法[P]. 中国发明专利,申请号:CN201110355411.9.

[124] 孔纲强,杨庆,杨钢. 一种化学电渗法联合微型抗滑桩治理滑坡工程的方法[P]. 中国发明专利,申请号:CN201110175164.4.

[125] 余飞,王小刚,陈善雄,等. 软土电化学桩加固室内模型试验研究[J]. 岩石力学与工程学报,2013,32(S1):2716-2722.

[126] 项鹏飞. 电渗增强桩处理软土地基模型试验研究[D]. 淮南:安徽理工大学,2017.

[127] 孔纲强,杨庆. 一种扩底预应力锥形管桩及其施工方法[P]. 中国专利:200810011854.4,2008-6-12.

[128] 陈力恺,孔纲强,刘汉龙,金辉. 一种减小沉管灌注桩负摩阻力的技术装置及其使用方法[P]. 中国专利:201210130282.8,2012-4-17.

[129] 鲁嘉星,王彩辉,孙家龙. 一种消除桩基负摩阻力的装置[P]. 中国专利:201020517004.4,2010-9-02.

[130] 孔纲强,邓宗伟,郭杏林,等. 一种减少灌注桩桩侧负摩阻力的施工方法[P]. 中国专利:201310292899.4,2013-07-12.

[131] 崔允亮，王新泉，魏纲，等.一种电渗增强桩加固软基装置及施工方法[P].中国专利：201510745963.9，2015-11-05.
[132] 王新泉，项鹏飞，崔允亮，等.一种褶皱桩及其施工方法[P].中国专利：201610708956.6，2016-08-22.
[133] 项鹏飞，王新泉，崔允亮，等.一种用于电渗加固软土地基的囊袋扩底桩[P].中国专利：201620898008.9，2016-08-17.
[134] 魏纲，崔允亮，王新泉，等.竹节套管桩联合电渗加固软土路基系统及施工方法[P].中国专利：201610600303.6，2016-07-26.
[135] 王士权，魏明俐，何星星，等.基于核磁共振技术的淤泥固化水分转化机制研究[J].岩土力学，2019，40(5)：1778-1786.
[136] 罗战友，陶燕丽，周建，等.杭州淤泥质土的电渗电导率特性研究[J].岩石力学与工程学报，2019，38(S1)：3222-3228.
[137] Lee C S, Robinson J, Chong M F, et al. A review on application of flocculants in wastewater treatment[J]. Process Safety and Environmental Protection. 2014，92(6)：489-508.
[138] 徐国栋，吴大志，王俊.工程废弃泥浆的絮凝试验研究[J].科技通报，2021，37(5)：97-103.
[139] 邱晨辰，沈扬，励彦德，等.EKG电极真空—电渗处理软黏土室内试验研究[J].岩土工程学报，2017，39(S1)：251-255.
[140] Liu S J, Sun H L, Geng X Y, et al. Consolidation considering increasing soil columnradius for dredged slurries improved by vacuum preloading method[J]. Geotextiles and Geomembranes, 2022, 50(3): 535-544.
[141] Feng J T, Shen Y, Xu J H, et al. Analytical solution of vacuum preloading technology combined with electroosmosis coupling considering impacts of distribution of soil's electrical potentia[J]. Journal of Central South University, 2021，28(8)：2544-2555.
[142] Liu H L, Cui Y L, Shen Y. A new method of combination of electroosmosis, vacuum and surcharge preloading for soft ground improvement[J]. China Ocean Engineering，2014，28(4)：511-528.
[143] 王梁志，齐昌广，郑金辉，等.电渗复合地基模型试验研究[J].岩石力学与工程学报，2020，39(12)：2557-2569.
[144] 任连伟，肖扬，孔纲强，等.化学电渗法加固软黏土地基对比室内试验研究[J].岩土工程学报，2018，40(7)：1247-1256.
[145] 鲍佳文，齐昌广，崔允亮，等.塑料套管混凝土桩荷载—沉降特性现场试验[J].地

下空间与工程学报,2017,13(5):1194-1199,1257.
[146] 刘飞禹,宓炜,王军,等.逐级加载电压对电渗加固吹填土的影响[J].岩石力学与工程学报,2014,33(12):2582-2591.
[147] 庄艳峰,王钊.电渗固结中的界面电阻问题[J].岩土力学,2004(1):117-120.
[148] 赵维炳.平面应变有限元分析中砂井的处理方法[J].水利学报,1998(6):54-58.
[149] Mitchell J K. Conduction phenomena: From theory to geotechnical practice[J]. Geotechnique, 1991(41): 299-340.
[150] Cui Y L, Tu J B, Wang XQ, et al. Design method and verification of electroosmosis-vacuum preloading method for sand-Interlayered soft foundation [J]. Advances in Civil Engineering, 2020: 1-9.
[151] 王甦达,张林洪,吴华金,等.电渗法处理过湿土填料中有关参数设计的探讨[J].岩土工程学报,2010(2):211-215.
[152] Lo K Y, Ho K S, Inculeti I. Field test of electroosmotic strengthening of soft sensitive clay[J]. Canadian Geotechnical Journal, 1991(28): 74-83.
[153] Tan T, Inoue T, Lee S. Hyperbolic method for consolidation analysis [J]. Journal of Geotechnical. Engineering, 1991, 117(11): 1723-1737.
[154] Zhuang Y F, Wang Z. Interface electric resistance of electroosmotic consolidation[J] Journal of Geotechnical and Geoenvironmental Engineering, 2007, 133 (12): 1617-1621.

ISBN 978-7-308-24093-2
9 787308 240932 >
定价：80.00 元